"十四五"高等职业教育计算机类专业系列教材

PHP 程序设计基础（微课版）

（第2版）

陈学平◎主编 | 李 响◎副主编

中国铁道出版社有限公司
CHINA RAILWAY PUBLISHING HOUSE CO., LTD.

内 容 简 介

本书为“十四五”高等职业教育计算机类专业系列教材之一，全面讲述了 PHP 程序开发的相关基础知识和详细技术。全书共分 12 章，包括 PHP 概述、基本语法、PHP 函数、PHP 数组、PHP 面向对象编程、PHP 与 Web 页面交互、PHP 的 Cookie 和 Session 技术、PHP 正则表达式、MySQL 数据库、PHP 操作数据库等内容，最后给出 PHP 用户注册与登录、PHP 留言板制作两个完整的开发实例。

本书内容丰富、结构合理、思路清晰、语言简练流畅、示例翔实，共提供了 223 个实例。

本书适合作为高等职业教育本、专科层次网站设计与制作、Web 编程及其相关课程的教材，还可作为 Web 应用开发人员的参考书。

图书在版编目（CIP）数据

PHP 程序设计基础：微课版 / 陈学平主编 .—2 版 .—北京：中国铁道出版社有限公司，2024.8

“十四五”高等职业教育计算机类专业系列教材

ISBN 978-7-113-31220-6

Ⅰ. ① P… Ⅱ. ①陈… Ⅲ. ① PHP 语言 - 程序设计 - 高等职业教育 - 教材 Ⅳ. ① TP312.8

中国国家版本馆 CIP 数据核字（2024）第 088337 号

书　　名： PHP 程序设计基础（微课版）
作　　者： 陈学平

策　　划： 翟玉峰　　　**编辑部电话：**（010）51873135
责任编辑： 翟玉峰　包　宁
封面设计： 尚明龙
责任校对： 苗　丹
责任印制： 樊启鹏

出版发行： 中国铁道出版社有限公司（100054，北京市西城区右安门西街 8 号）
网　　址： https://www.tdpress.com/51eds/
印　　刷： 河北燕山印务有限公司
版　　次： 2020 年 1 月第 1 版　2024 年 8 月第 2 版　2024 年 8 月第 1 次印刷
开　　本： 850 mm × 1 168 mm　1/16　**印张：** 18.5　**字数：** 448 千
书　　号： ISBN 978-7-113-31220-6
定　　价： 49.80 元

前　言

信息技术的飞速发展大大推动了社会的进步，已经逐渐改变了人们的生活、工作和学习方式。PHP 是全球最普及、应用最广泛的 Web 应用程序开发语言之一，多年来始终保持在最流行编程语言排行榜的前五位。PHP 是一种跨平台的、开源的服务器端嵌入式脚本语言，因其简单易学、功能强大的特点在全球范围内受到广大程序员的认同和青睐。

在过去的十年间，PHP 已经从一套为 Web 站点开发人员提供的简单工具演变成完整的面向对象编程语言。在 Web 应用开发方面，PHP 现在可与 Java 和 C# 等主流编程语言抗衡，越来越多的公司为了给站点提供更加强大的功能而采用 PHP。

本书编者具有多年的开发和教学经验，筛选出适合教学的不同难度的实例，详细介绍了 PHP 程序设计所涉及的程序开发技术，深入介绍了 PHP 入门知识及开发环境的安装和配置、PHP 相关的基本语法、运算符和表达式、流程控制语句、PHP 数组和函数、面向对象编程基础、字符串操作、PHP 与 Web 页面交互、PHP 会话控制，最后给出了两个完整的开发实例。

本书共提供 223 个实例，分布在各章中，以帮助读者巩固所学的基本概念。针对各章重点设计了编程题，以培养读者的实际动手能力，增强其对基本概念的理解和实际应用能力。

本书以 PHP 7.X 为基础，对第一版的内容进行了修订，对第 1 章、第 4 章、第 5 章、第 7 章、第 8 章、第 10 章、第 11 章、第 12 章涉及的相关案例进行了重新调试，重新制作了微课教学视频及其他教学资源，并将微课视频制作成二维码放在相关案例旁边，实现扫码即学。本书实例也可以在 PHP 8 中运行。

本书由重庆电子科技职业大学陈学平任主编，重庆电子科技职业大学李响任副主编，重庆电子科技职业大学陈冰倩、重庆一记文化传媒有限公司张一力参与编写。其中，陈冰倩编写第 1 章和第 2 章，李响编写第 4 章，张一力编写第 11 章和第 12 章，其余内容由陈学平编写。本书的出版得到了重庆电子科技职业大学在读学生的大力支持，他们在上课过程中调试了所有的实例。

本书提供配套的教学视频、PPT 教学课件、Word 教案、教学计划、课程标准，将 PHP 程序设计课程制作成在线课程供老师们在教学时使用，教学资源可以在在线课程平台选择使用，也可以到中国铁道出版社教育资源数字化平台（https://www.tdpress.com/51eds/）下载。

PHP 程序设计在线课程学习网址：

https://mooc1-1.chaoxing.com/course/201337889.html

http://www.cqooc.com/course/online/detail?id=334565194&prev=1

说明：该网址的学习资源会不定时更新，教学视频和微课 PPT 会同步更新。

由于编者水平有限，书中难免有不足与疏漏之处，欢迎广大读者批评指正。

编　者

2024 年 4 月

目 录

第 1 章 PHP 概述

本章介绍PHP的概念、PHP的功能和特点、PHP的开发工具，建议读者使用sublime text3。本章还介绍了两种方式搭建PHP开发环境的方法：一种是通过分别安装Apache、MySQL、PHP软件搭建PHP开发环境；另一种是通过安装集成开发环境来搭建PHP开发环境，集成开发环境有wampserver、phpStudy等。

学习目标

- ◆了解 PHP 程序的工作流程。
- ◆掌握在 Windows 中安装、配置 PHP 开发环境以及运行环境。
- ◆能够编写、运行简单的 PHP 程序。

1.1 Web 程序工作原理

1. Web 一词的含义

Network：计算机网络，网络。

Web：万维网（world wide web），互联网（internet）。

Web 程序，顾名思义，即可工作在 Web 上的程序。实际上，它也可工作于企业内网（内联网：intranet）、企业间网（外联网：extranet），只不过它在 Web 上更具应用优势，更为常见，所以人们称其为 Web 程序。

2. 单机程序工作原理

单机，即不连接到其他计算机的计算机，不在网络中。两单机 A、B，只在 A 上安装有程序 X，若要在 B 上得到 X 的运行结果，必须在 B 上安装程序 X，然后运行它，若与 B 类型相同的计算机比较多，则需要逐一安装运行，非常麻烦；它们之间不能直接进行通信和协作，如图 1-1 所示。

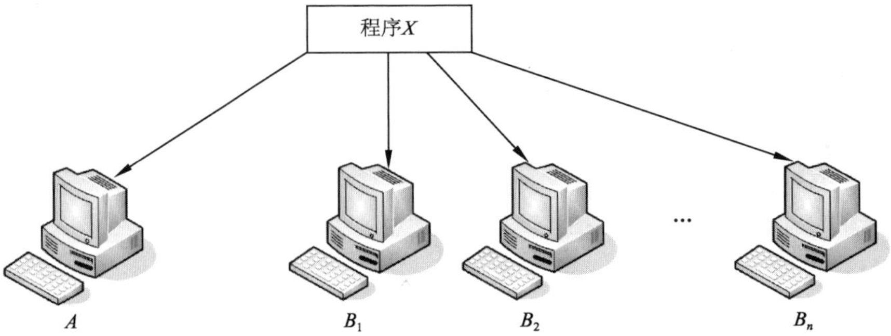

图 1-1　单机程序工作示意图

3. 客户机 / 服务器程序工作原理

将单机连成网络，如将 A 与 B 连成网络，则可以使它们之间提供服务，如 A 向 B 提供服务。常见的服务是文件共享、FTP 文件下载等。把提供（响应）服务的计算机称为服务器（server），接受（请求）服务的计算机称为客户机（client），又称工作站（workstation）。服务器一般用性能较高的计算机担当。客户机 / 服务器程序的工作原理如图 1-2 所示。

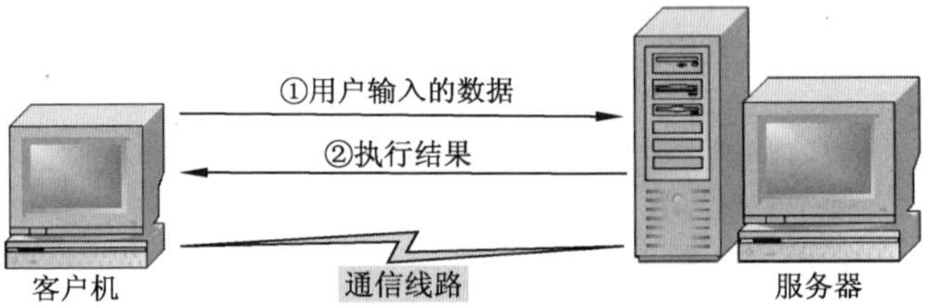

图 1-2　客户机 / 服务器程序的工作原理

服务器和客户机的角色可以转换。一台计算机，可以对自己提供服务，这时，它既是服务器，又是客户机。例如，计算机 A 把自己的文件夹 a 共享，然后在网络上找到 A，则可以下载 a，即自己对自己提供了服务，自己请求并响应了服务。

客户机 / 服务器的这种计算机间的协作方式称为 C/S 方式或 C/S 架构。

C/S 程序分为两部分，即服务器端部分和客户机端（以下简称客户端）部分，分别称为服务器端程序（或服务程序）和客户端程序（或客户程序）。对于客户端程序，对每个客户机都需要分别安装，这一点与单机程序的分发相同。但是，安装好了客户端程序后，就可以通过通信线路与服务器交互，或通过服务器与其他客户机通信。典型的实例是大家常用的聊天程序 QQ，如图 1-3 所示。

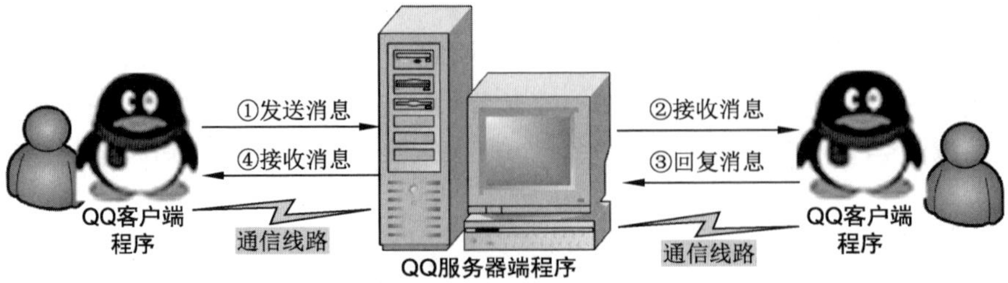

图 1-3　C/S 程序 QQ 的工作原理

4. 浏览器 / 服务器程序工作原理

若通过客户机中的浏览器（browser）向服务器发出请求，接收其响应的结果，这样的协作方式称为 B/S 方式或 B/S 架构，其工作原理如图 1-4 所示。

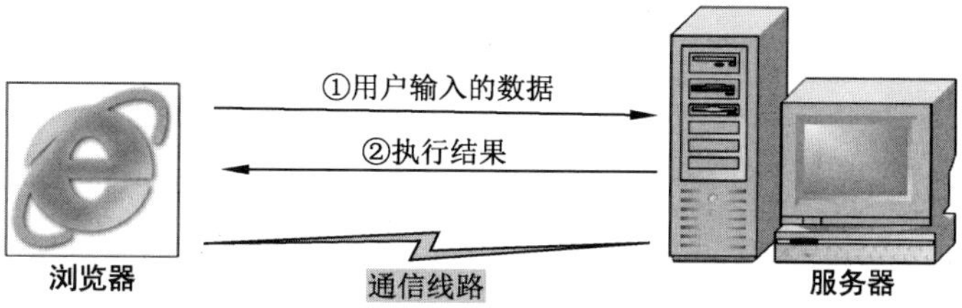

图 1-4　浏览器 / 服务器程序的工作原理

这时，客户端程序就是浏览器，而浏览器的安装是随着操作系统的安装完成的，不需要用户额外安装。如大多数情况下人们使用的是 Windows 操作系统，使用 B/S 程序（如上网看新闻、收发电子邮件）可不需要安装专门的客户端程序，直接在浏览器中操作即可。这使得 B/S 程序的维护十分方便，因为不用管客户端程序，只要维护好服务器端程序即可。

本书中的 Web 程序就是指这种 B/S 程序。

5. C/S、B/S 中服务器的组成

服务器是担负服务任务的计算机。这些服务任务一般需要专门的软件来完成。一般地，把具有某种服务功能的服务器软件及其所在的计算机统称 ×× 服务器（×× 表示某种具体服务）。这些软件可以集中于一台计算机中（见图 1-5），这样的计算机称为集中式服务器；也可以单独存在于某台计算机中（见图 1-6），这样的计算机称为独立式服务器，多个独立式服务器可组成服务器群或矩阵。

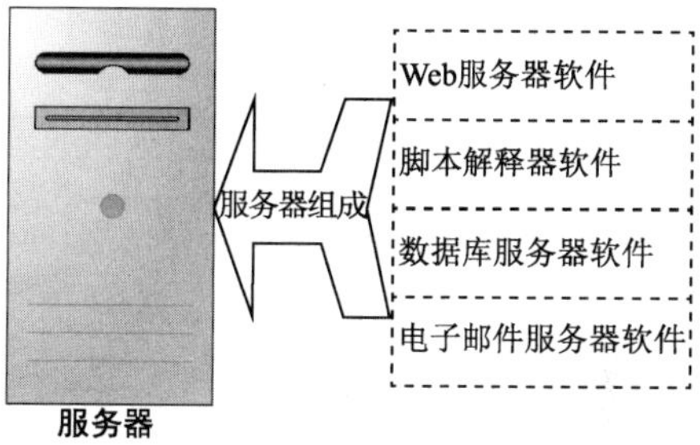

图 1-5　集中式服务器

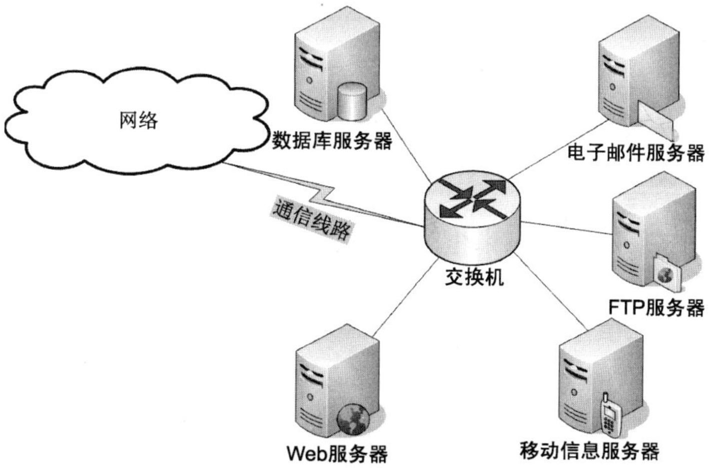

图 1-6　由独立服务器组成的服务器群

按照服务任务，常见服务器软件的功能介绍见表 1-1。

表 1-1　常见服务器软件的功能介绍

服务器软件类别	服务器软件举例	功　能
Web 服务器软件	Apache、IIS、PWS 等	接收来自浏览器的任务请求，分派任务给其他服务器软件，接收其他服务器软件对任务的处理结果，将该结果返回给浏览器
服务器端脚本解释软件（一般与 Web 服务器软件处于同一台计算机上）	PHP、ASP 等	接收来自 Web 服务器软件分派给自己的服务器端脚本，执行任务，进行脚本的语法分析，若语法有错误，则向 Web 服务器返回出错信息，否则，执行脚本，将解析结果 / 执行结果返回给 Web 服务器软件
数据库服务器软件	MySQL、Oracle、MS SQL Server 等	接收来自其他服务器软件的数据处理任务请求，执行该任务，将执行结果返回给请求者
电子邮件服务器软件	MS Exchange、Sendmail 等	接收来自其他服务器软件的邮件处理任务请求，执行该任务，将执行结果返回给请求者

服务器端脚本：用服务器端编程语言编写的程序。

服务器端编程语言：只运行在服务器端，被服务器所解释和执行的编程语言，如 PHP 语言。

6. B/S 程序工作的具体过程

B/S 程序工作的具体过程如图 1-7 所示。

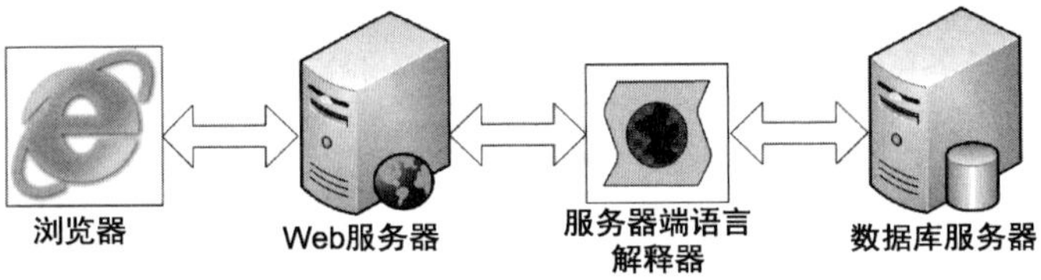

图 1-7　B/S 程序工作的具体过程

说明： *在以后的 B/S 程序图示中，通信线路不再特别表示。*

7. PHP 程序工作的具体过程

PHP 程序工作的具体过程如图 1-8 所示。

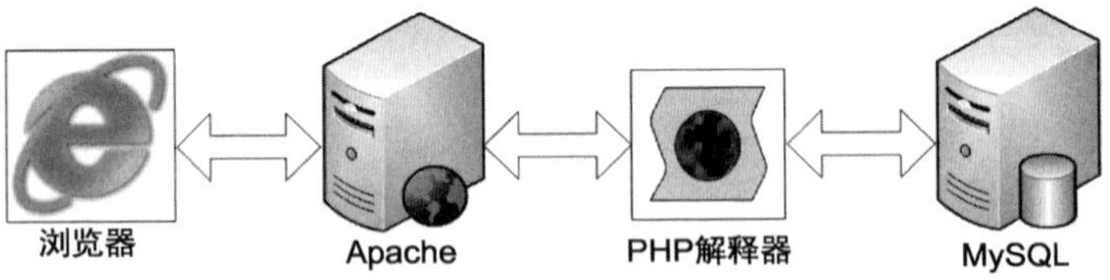

图 1-8　PHP 程序工作的具体过程

具体过程是 Apache、PHP、浏览器之间的协作过程：用户通过浏览器向服务器请求 PHP 文件（如在地址栏输入 http://127.0.0.1/index.php），Apache 在服务器上的用户文档发布目录下查找浏览器所请求的 PHP 文件，若找不到，则向浏览器返回错误信息，否则，将其提交给 PHP 解释器解释执行，PHP 解释器对该 PHP 文件进行语法分析，若发现语法错误，则经 Apache 返回错误信息（以浏览器能识别的代码表示）到浏览器，否则执行该 PHP 程序（可能包含对数据库 MySQL 的操作），将 PHP 程序执行结果（以浏览器能识别的代码表示）经 Apache 返回到浏览器，浏览器对返回的结果进行解释、执行，执行的结果显示在浏览器窗口中。

如果浏览器所请求的文件不是 PHP 文件，而是 HTML 文件（.htm 文件）或 JavaScript 文件（.js 文件），该过程将简化：Apache 在服务器上的用户文档发布目录下查找浏览器所请求的 HTML 文件或 JavaScript 文件，若找不到，则向浏览器返回错误信息，否则，将其返回给浏览器，浏览器对返回的结果进行解释、执行，执行的结果显示在浏览器窗口中。

1.2　PHP 简介

1.2.1　什么是 PHP

PHP（hypertext preprocessor，超文本预处理器）是一种广泛使用的通用开源脚本语言，特别适合于 Web 网站开发，它可以嵌入 HTML 中。

视 频

PHP简介

除了 PHP 之外，JavaScript、Perl、Python、Ruby 等可作为脚本语言包含在内。

在 C 语言中，有必要描述命令以便在浏览器中显示它，而 PHP 将代码嵌入 HTML 中使用。因此，与 C 语言相比，PHP 更容易描述。

PHP 代码被 <?php 和 ?> 标签包围，它们之间的描述就是 PHP 指令。<?php 标签称为 PHP 代码开始指令。?> 标签称为 PHP 代码终止指令。

1.2.2　PHP 可以做什么

在 PHP 中，可以做些什么？

1. 创建博客

使用 PHP 可以轻松创建博客。

2. 网站开发

全球互联网网站大多采用 PHP 技术，国内互联网网站也较多采用 PHP 开发，这些网站包含购物网站、政府企业网站、QQ 空间、论坛博客等。

3. 移动端微网站开发以及小程序开发

移动设备的普及为移动互联网的快速发展奠定了基础，如手机淘宝网站、手机京东网站，以及微信公众号应用中的微网站。将来微网站、公众号和小程序肯定会取代 App 的地位。

使用 PHP，能够构建各种 Web 服务，而不仅仅是以上这些。

1.2.3　PHP 的特点

1. 开源免费

和其他技术相比，PHP 是开源的，并且免费使用，所有的 PHP 源代码都可以免费得到。

2. 跨平台性

PHP 的跨平台性很好，方便移植，在 Linux 平台和 Windows 平台上都可以运行。

3. 面向对象

由于 PHP 提供了类和对象的特征，使用 PHP 进行 Web 开发时，可以选择面向对象方式编程，在 PHP4、PHP5 中，面向对象都有了很大的改进，现在 PHP 完全可以用来开发大型商业程序。

4. 支持多种数据库

由于 PHP 支持 ODBC，因此 PHP 可以连接任何支持该标准的数据库，如 Oracle、SQL Server、DB2 和 MySQL 等。其中，PHP 与 MySQL 是最佳搭档，MySQL 使用得最多。

5. 快捷性

PHP 中可以嵌入 HTML，而且编辑简单、实用性强、程序开发快，更适合读者。目前比较流行基于 MVC 架构模式的 PHP 框架，如 Zend Framework、CakePHP、Yii、Symfony、CodeIgniter、ThinkPHP 等。

1.2.4 PHP 的优点

PHP 有哪些优点？总结如下：

1. 相对简单

PHP 比其他编程语言相对容易学习。学习编程并不容易，为了尽可能降低学习难度，PHP 做了一些优化，使 PHP 成为一种易于学习的语言。

2. 大量的参考资料

PHP 是世界上使用最多的编程语言之一，已经出版了许多有关 PHP 的经典书籍，并且互联网上也有大量与 PHP 相关知识。

3. 使用广泛

国内的网站大多使用 PHP 语言开发，如百度、腾讯、淘宝、新浪、搜狐、美团等，在全球，wordpress、Google、Youtube 也用 PHP 构建，并且租赁空间支持 PHP，很少有 PHP 无法使用的情况。

1.2.5 PHP 常用编译工具

工欲善其事，必先利其器，一个好的编辑器或开发工具，能够极大地提高程序开发效率。在 PHP 中，常用的编辑工具有 EditPlus、Notepad++ 和 Zend Studio，接下来分别介绍它们的特点。

1. EditPlus

EditPlus 是一款由韩国 Sangil Kim（ES-Computing）推出的小巧但功能强大的可处理文本、HTML 和程序语言的 Windows 编辑器，用户甚至可以通过设置工具将其作为 C、Java、PHP 等语言的一个简单的 IDE。

2. Notepad++

Notepad++ 是一款 Windows 环境下免费开源的代码编辑器，支持的语言包括 C/C++、Java、C#、XML、HTML、PHP、JavaScript 等。

3. Zend Studio

Zend Studio 是专业开发人员在使用 PHP 整个开发周期中唯一的集成开发环境（IDE），它包括了 PHP 所有必需的开发组件。通过一整套编辑、调试、分析、优化和数据库工具，Zend Studio

加速开发周期，并简化复杂的应用方案。

在上述三种编辑工具中，EditPlus 和 Notepad++ 的特点是小巧，占用资源较少，非常适合读者使用。而 Zend Studio 虽然功能强大，但过于庞大，占用较多资源，使用也较为复杂，适合于专业的开发人员使用。推荐读者使用 EditPlus，读者也可以使用 Sublime Text3 编辑器编写 PHP 代码。

1.3　PHP 开发环境的搭建

1.3.1　分别安装 Apache+PHP+MySQL 搭建 PHP 开发环境

在 Windows 操作系统中分别安装 Apache 2.4.29+PHP 7.2.10+MySQL 5.1.51 软件实现 PHP 开发环境的搭建。

注意：安装以上软件的其他版本，安装方法一样。

软件具体版本如下，读者可到官方网站下载。

（1）Apache 2.4：此处使用的版本是 httpd-2.4.29-o102m-x64-vc14。

（2）PHP 7.2：此处使用的版本是 php7.2.30Win32VC15x64。

（3）MySQL 5.1：此处使用的版本是 mysql-5.1.51-win32.msi。

具体介绍如下：

视 频

Apache 2.4 安装

1. Apache 2.4 安装

实例 1-1　Apache 的安装与测试

操作过程如下：

（1）解压安装包到 E:wamp/apache2.4 文件夹下。

（2）进入 E:\wamp\apache2.4\conf 目录，打开 httpd.conf 文件，对其默认配置进行修改。将

```
Define SRVROOT "/Apache24"
ServerRoot "${SRVROOT}"
```

修改为

```
ServerRoot "E:\wamp\apache24"
ServerRoot "${SRVROOT}"
```

（3）以管理员身份运行 cmd，进入 E:\wamp\apache24\bin 目录，如图 1-9 所示。

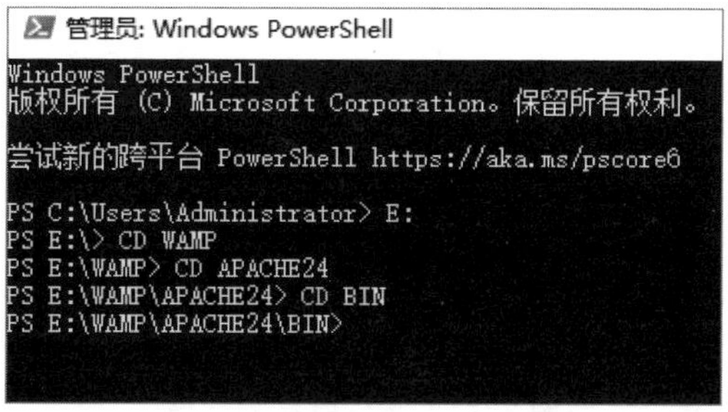

图 1-9　进入 E:\wamp\apache24\bin 目录

（4）输入 .\httpd.exe 安装 Apache 服务，如图 1-10 所示。

图 1-10　输入安装命令

（5）看到图 1-11 所示信息说明安装成功。

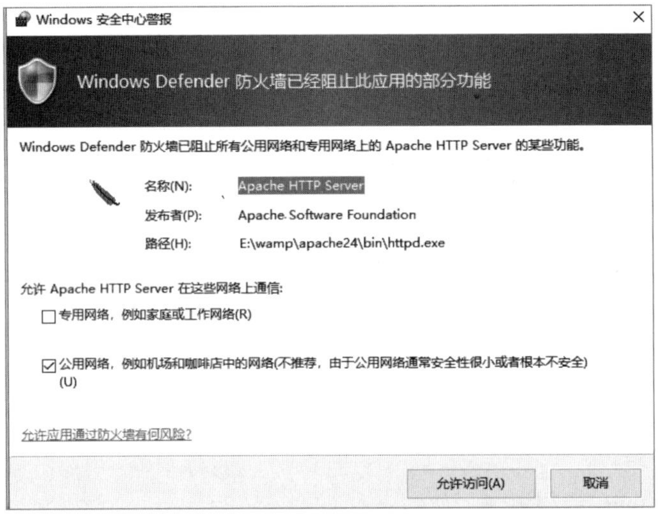

图 1-11　安装服务

（6）单击“允许访问”按钮，在浏览器地址栏中输入测试地址 http://localhost/，按【Enter】键后，出现图 1-12 所示的界面，说明服务器配置正常。

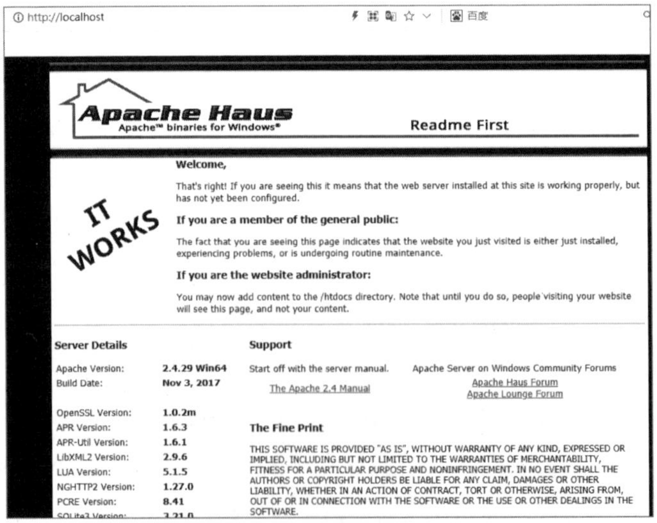

图 1-12　测试服务器正常

2. PHP 7.2 安装

视 频

PHP 7.2 安装

实例 1-2　PHP 的安装与测试

操作过程如下：

（1）将 php7.2.30Win32VC15x64 解压到 E:\WAMP 目录下，如图 1-13 所示。

图 1-13　解压文件

（2）将刚解压出来的文件夹重命名为 php7.2，如图 1-14 所示。

（3）找到 php7.2 目录下的 php.ini-development 文件，将其重名为 php.ini，如图 1-15 所示。

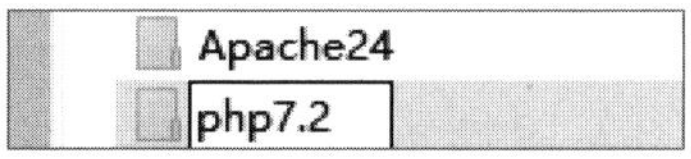

图 1-14　重命名文件

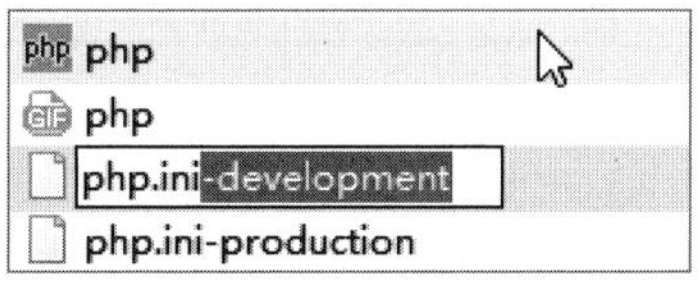

图 1-15　重命名

（4）出现提示对话框，单击“是”按钮即可。现在，PHP 7.2 已经安装完成。

接下来配置 Apache 服务器支持 PHP 文件的解析。

（5）打开 E:\WAMP\Apache24，找到并打开 conf 文件，如图 1-16 所示。

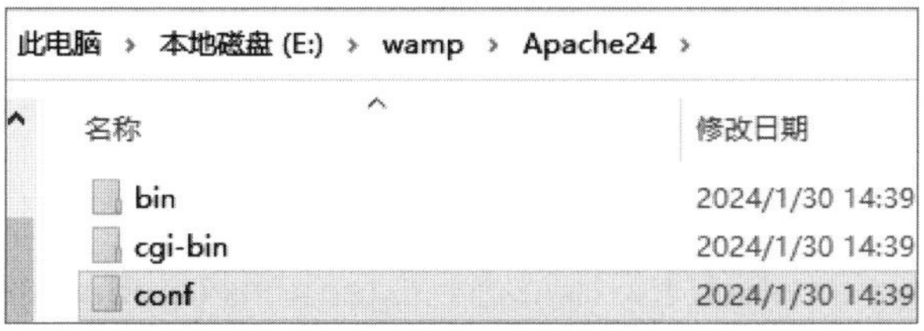

图 1-16　打开 conf

（6）找到 httpd.conf 文件，如图 1-17 所示。

（7）用文本编辑工具打开 httpd.conf 文件，查找 #LoadModule rewrite_module modules/mod_rewrite.so 语句。

注意：去掉该语句前的 # 开启重写模块。

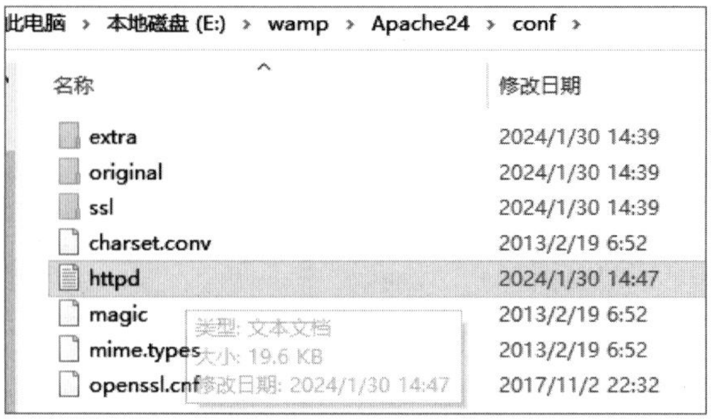

图 1-17　找到 httpd.conf

然后在这句代码的下面写上以下代码：

```
LoadModule php7_module "E:\wamp\php7.2\php7apache2_4.dll"
   PHPIniDir "E:/wamp/php7.2"
   AddType application/x-httpd-php .php
```

如图 1-18 所示。

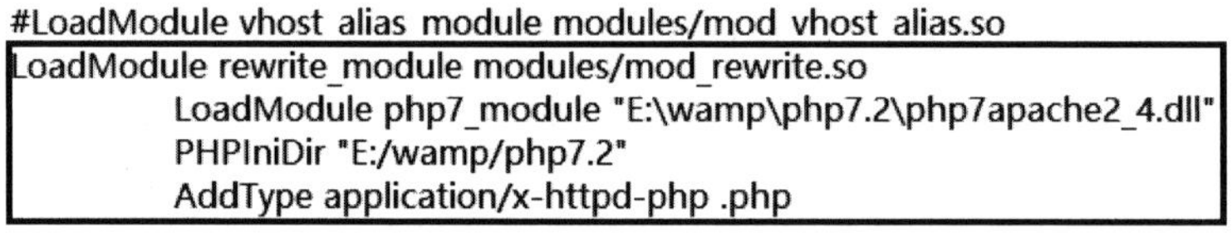

图 1-18　增加代码

（8）其中的 php7apache2_4.dll 就在 php7.2 之下，如图 1-19 所示。

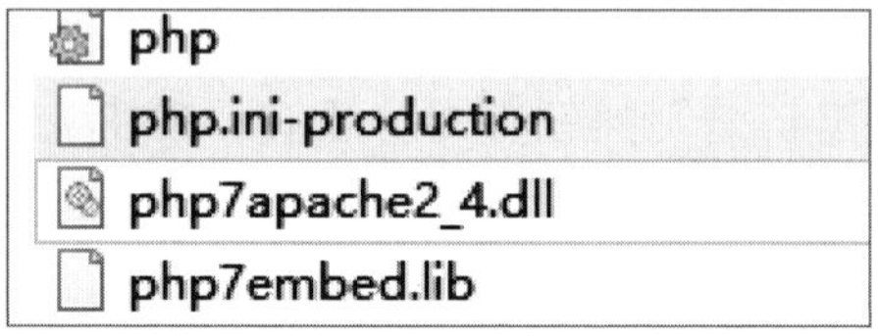

图 1-19　php7apache2_4.dll 位置

（9）用文本编辑工具打开 php7.2 文件夹下的 php.ini 文件，查找 extension_dir 位置，如图 1-20 所示。

图 1-20　查找 extension_dir 位置

（10）打开 php7.2 文件夹下的 ext 文件夹，复制路径，如图 1-21 所示。

（11）将查找到的 extension_dir 语句前面的“;”去掉，并将复制的路径粘贴到图 1-22 所示位置处。

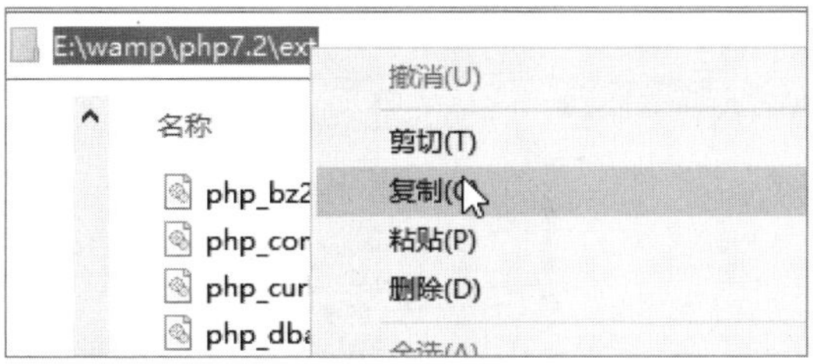

图 1-21　复制路径

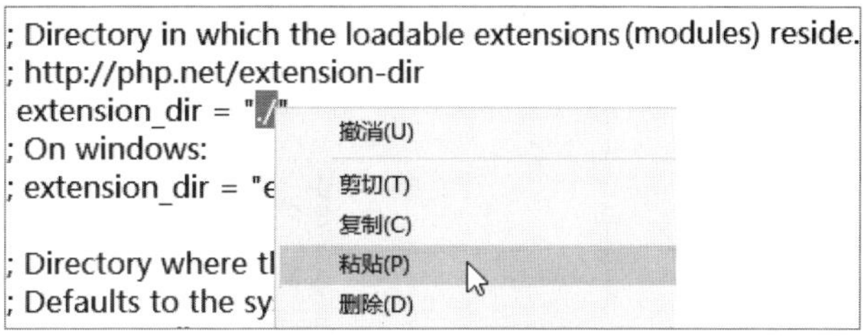

图 1-22　粘贴路径

（12）在刚刚粘贴的路径中，将 \ 改成 /，如图 1-23 所示。

（13）单击“保存”按钮保存 php.ini 文件。

（14）单击右下角小三角，找到图 1-24 所示 Apache 小图标并右击，在弹出的快捷菜单中选择 Open Apache Monitor 命令。

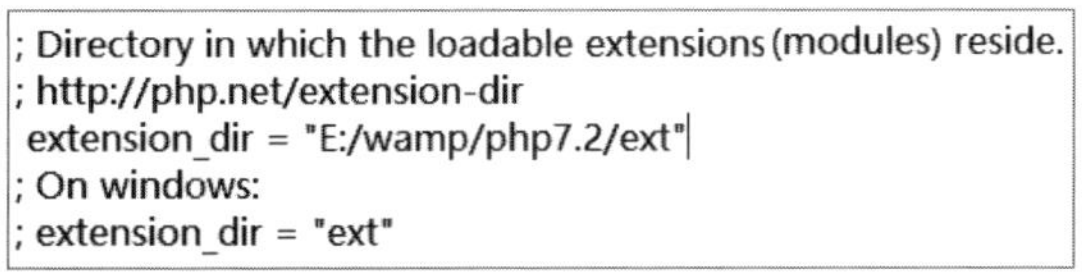

图 1-23　更改斜杠

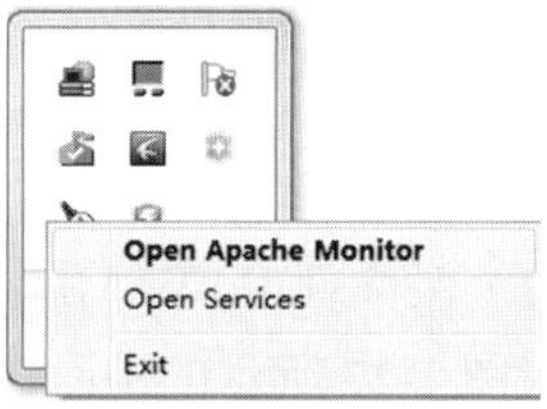

图 1-24　选择 Open Apache Monitor 命令

（15）出现 Apache Service Monitor 窗口，单击 Restart 按钮重启 Apache 让刚刚修改的配置生效，如图 1-25 和图 1-26 所示。

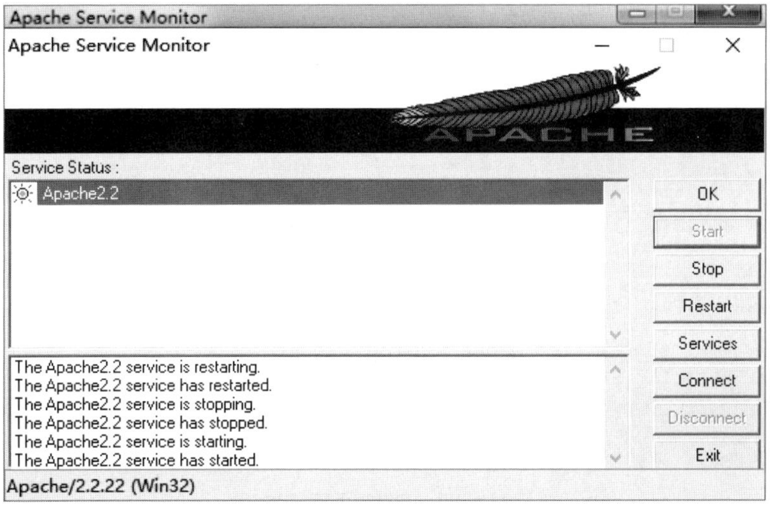

图 1-25　Apache Service Monitor 窗口

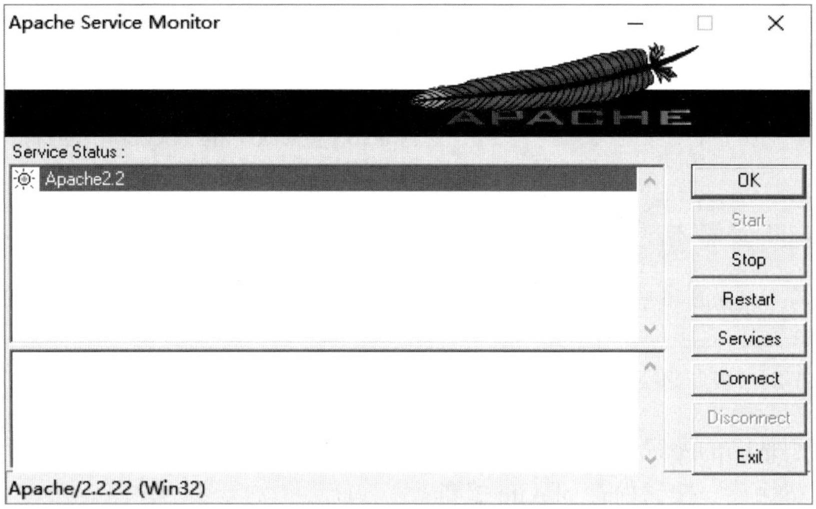

图 1-26　启动 Apache

（16）用记事本编写下面的代码。

```
<?php
  phpinfo();
?>
```

（17）保存到 E:/WAMP/Apache24/hocts/ 目录下，命名为 phpinfo.php。打开浏览器，在地址栏中输入图 1-27 所示的地址，出现 PHP 的基本配置信息，此时的 PHP 还不能支持 MySQL，在页面上也找不到 MySQL 功能模块。

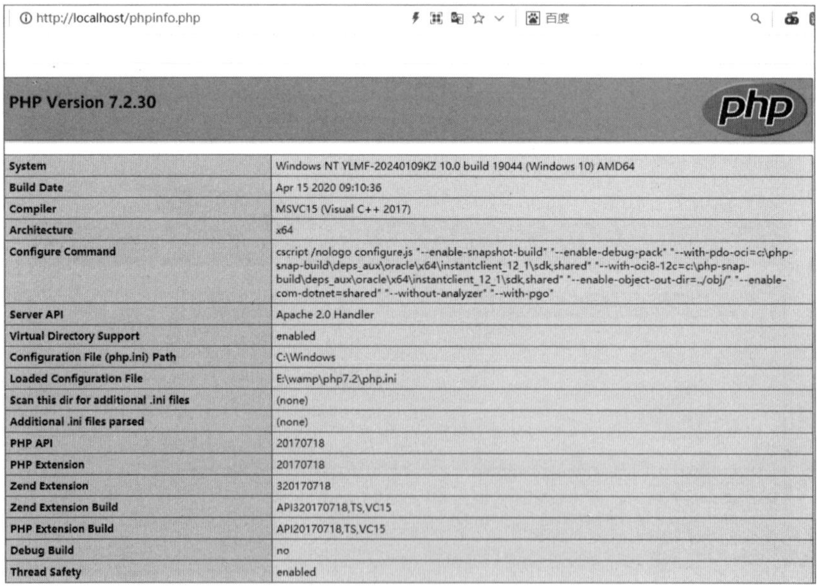

图 1-27　PHP 页面正常

（18）用文本编辑工具打开 php7.2 下的 php.ini 文件，把 ;extension=php_mysql.dll，;extension =php_mysqli.dll 语句前的“;”去掉，如图 1-28 所示。

```
;extension=php_ldap.dll
;extension=php_mbstring.dll
;extension=php_ming.dll
;extension=php_mssql.dll
extension=php_mysql.dll
extension=php_mysqli.dll
```

图 1-28　去掉“;”

说明：如果找不到，可以直接添加相应语句，即

```
extension=php_mysql.dll
extension=php_mysqli.dll
```

此时的 PHP 已经支持 MySQL 了，为什么没有安装 MySQL，就首先配置 MySQL 模块呢？其实 PHP 和 MySQL 只是能够调用 php_mysql.dll、extension=php_mysqli.dll 这两个库文件达到访问 MySQL 的目的。所以在这里只需要模块支持就可以了。MySQL 安装和配置将在后面介绍。

（19）重启 Apache。

（20）在浏览器中重新访问 phpinfo.php，在页面中可以看到 mysql 模块被加载，PHP 已经支持 MySQL 连接了，如图 1-29 所示。

mysqli

MysqlI Support	enabled
Client API library version	mysqlnd 5.0.12-dev - 20150407 - $Id: 3591daad22de08524295e1bd073aceeff11e6579 $
Active Persistent Links	0
Inactive Persistent Links	0
Active Links	0

Directive	Local Value	Master Value
mysqli.allow_local_infile	Off	Off
mysqli.allow_persistent	On	On
mysqli.default_host	no value	no value
mysqli.default_port	3306	3306
mysqli.default_pw	no value	no value
mysqli.default_socket	no value	no value
mysqli.default_user	no value	no value
mysqli.max_links	Unlimited	Unlimited
mysqli.max_persistent	Unlimited	Unlimited
mysqli.reconnect	Off	Off
mysqli.rollback_on_cached_plink	Off	Off

mysqlnd

mysqlnd	enabled
Version	mysqlnd 5.0.12-dev - 20150407 - $Id: 3591daad22de08524295e1bd073aceeff11e6579 $
Compression	supported

图 1-29　支持 MySQL

视 频

MySQL安装与配置

3. MySQL 安装与配置

通过上面的操作，Apache 2.4 已经配置完成了。下面介绍安装 MySQL。

实例 1-3　MySQL 的安装

操作过程如下：

（1）双击 mysql-5.1.51-win32，出现 MySQL 安装向导，单击 Next 按钮，如图 1-30 所示。

（2）出现图 1-31 所示界面，单击 Change 按钮。

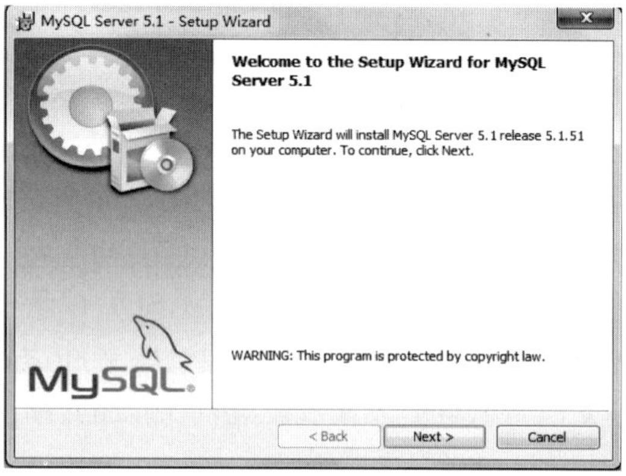

图 1-30　安装向导

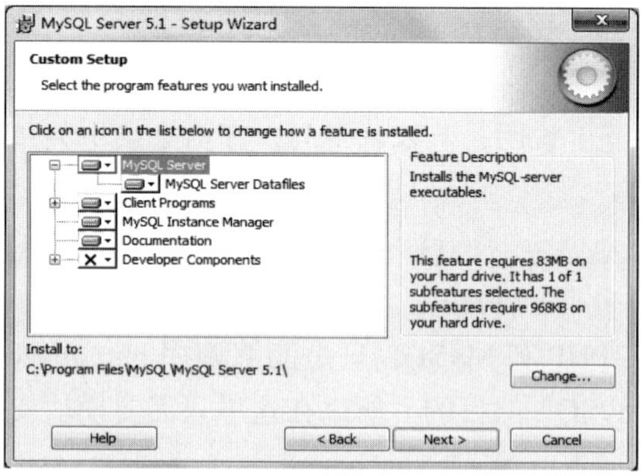

图 1-31　单击 Change 按钮

（3）修改安装路径如图 1-32 所示，完成后单击 OK 按钮。

（4）单击 Developer Components 按钮，选择 This feature,and all subfeatures,will be installed on local hard driver 选项，如图 1-33 所示，这步也可跳过，设置后可方便以后的开发。

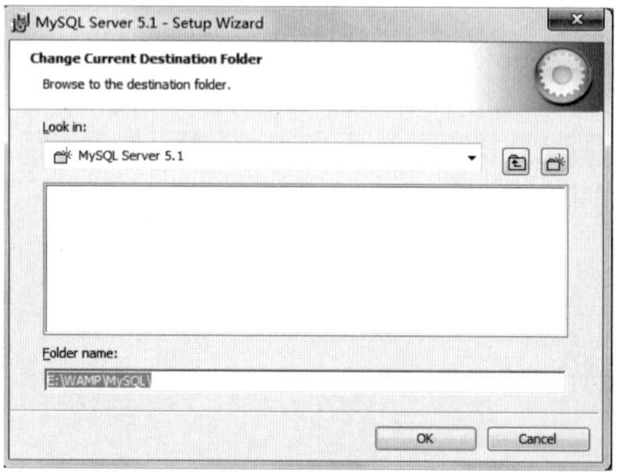

图 1-32　选择安装路径

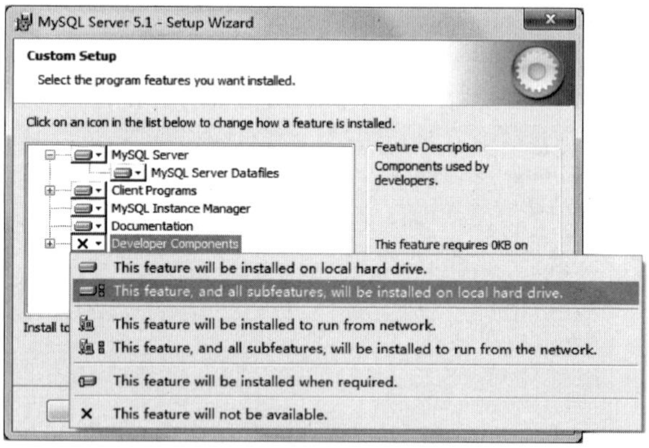

图 1-33　选择开发选项

（5）选择安装在 E:\WAMP\MySQL 目录之下，单击 Next 按钮，如图 1-34 所示。

（6）进入配置信息界面，确认安装路径后单击 Install 按钮进行安装，如图 1-35 所示。

（7）整个安装过程大约需要几分钟时间，直到出现完成对话框，选中 Configure the MySQL Server now 复选框，单击 Finish 按钮，MySQL 安装完成，如图 1-36 所示。

（8）接下来配置 MySQL。进入图 1-37 所示界面后，单击 Next 按钮。

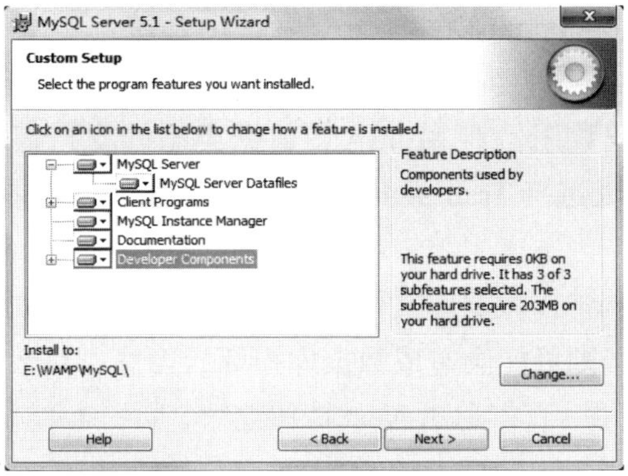

图 1-34　单击 Next 按钮

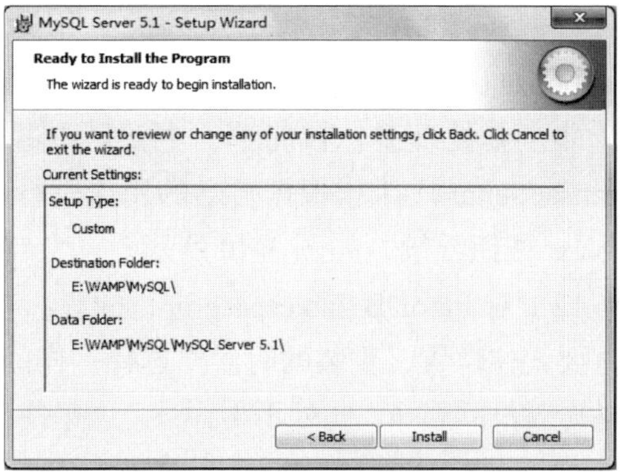

图 1-35　开始安装

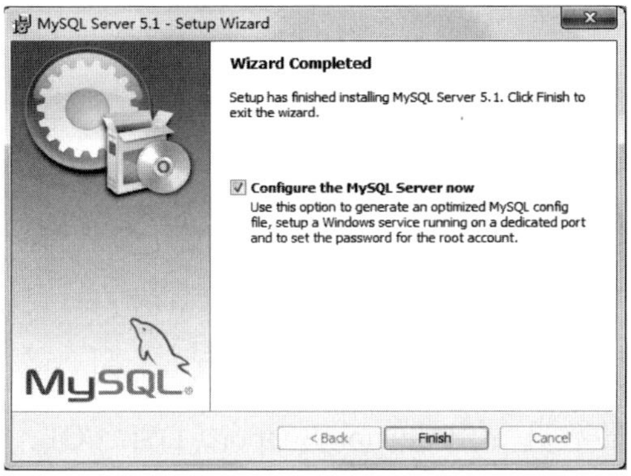

图 1-36　完成安装

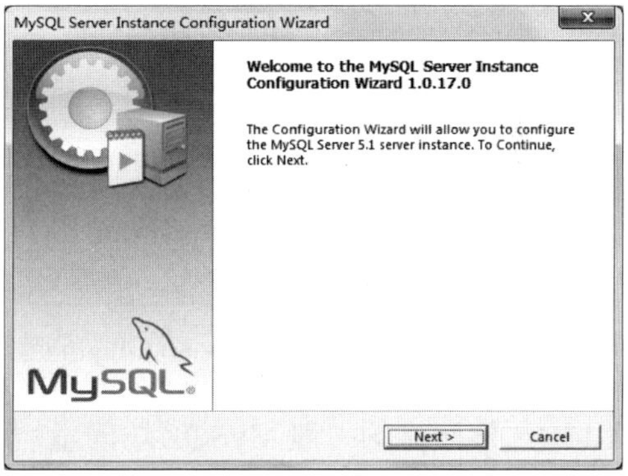

图 1-37　配置向导

（9）选择图 1-38 所示选项，单击 Next 按钮。

（10）选择服务器类型：Developer Machine（开发测试类，MySQL 占用很少资源）、Server Machine（服务器类型，MySQL 占用较多资源）、Dedicated MySQL Server Machine（专门的数据库服务器，MySQL 占用所有可用资源），大家根据自己的类型进行选择，此处选择 Developer Machine 类型，如图 1-39 所示。

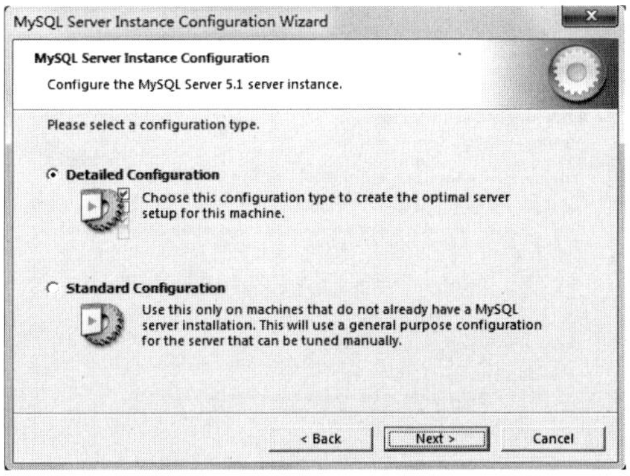

图 1-38　选择详细配置

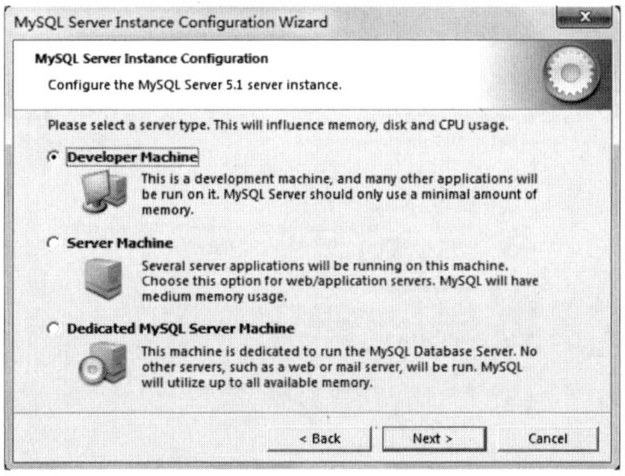

图 1-39　选择 Developer Machine 单选按钮

（11）选择 MySQL 数据库的大致用途：Multifunctional Database（通用多功能型，好）、Transactional Database Only（服务器类型，专注于事务处理，一般）、Non-Transactional Database Only（非事务处理型，较简单，主要做一些监控、记数用，对 MyISAM 数据类型的支持仅限于 non-transactional），大家根据自己的用途进行选择，此处选择 Transactional Database Only 单选按钮，单击 Next 按钮继续，如图 1-40 所示。

（12）对 InnoDB Tablespace 进行配置，就是为 InnoDB 数据库文件选择一个存储空间，如果修改了，要记住位置，重装的时候要选择一样的地方，否则可能会造成数据库损坏，当然，对数据库做个备份就没问题了，此处不再详述。这里使用默认位置，直接单击 Next 按钮继续，如图 1-41 所示。

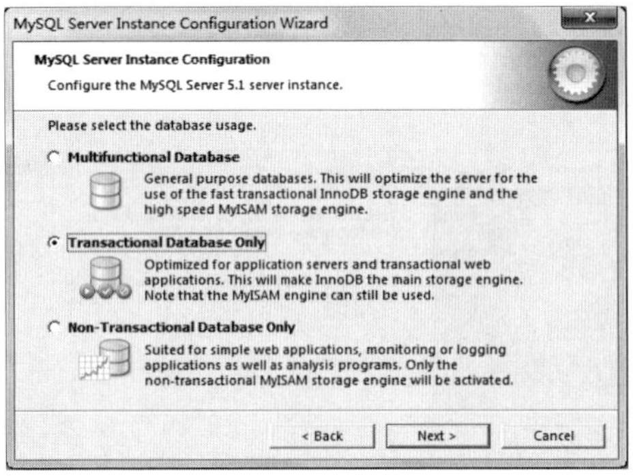

图 1-40 选择 Transactional Database Only 单选按钮

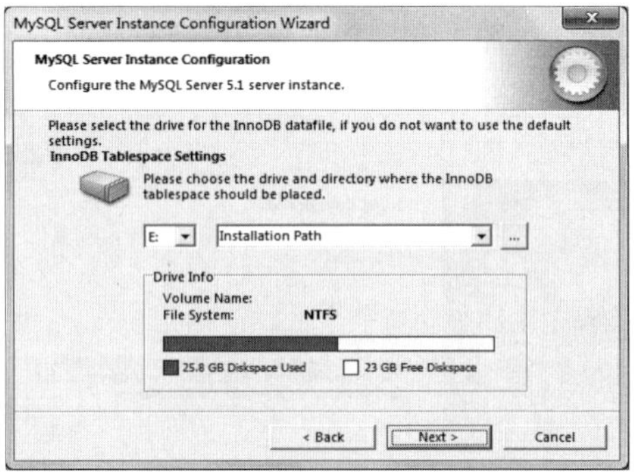

图 1-41 选择存储空间

（13）选择网站的一般 MySQL 访问量、同时连接的数目，有 Decision Support（DSS）/OLAP（20 个左右）、Online Transaction Processing（OLTP）（500 个左右）、Manual Setting（手动设置，自己输一个数），这里选中 Decision Suppor（DSS）/OLAP 复选框，单击 Next 按钮继续，如图 1-42 所示。

（14）是否启用 TCP/IP 连接，设定端口，如果不启用，就只能在自己的计算机访问 MySQL 数据库，这里选中 Enable TCP/IP Networking 复选框，设置 Port Number 为 3306，选中 Add firewall exception for this port 复选框，为了使防火墙支持，选择 Enable Strict Mode（启用标准模式）复选框，这样 MySQL 就不会允许细小的语法错误。如果是初学者，建议取消标准模式以减少麻烦。但熟悉 MySQL 以后，尽量使用标准模式，因为它可以降低有害数据进入数据库的可能性。单击 Next 按钮继续，如图 1-43 所示。

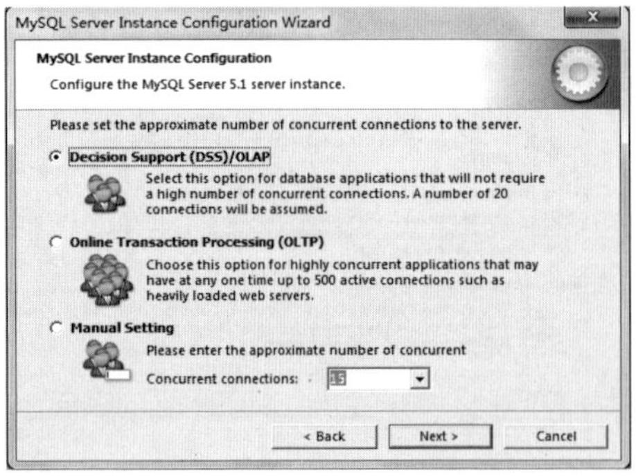

图 1-42 MySQL 访问量

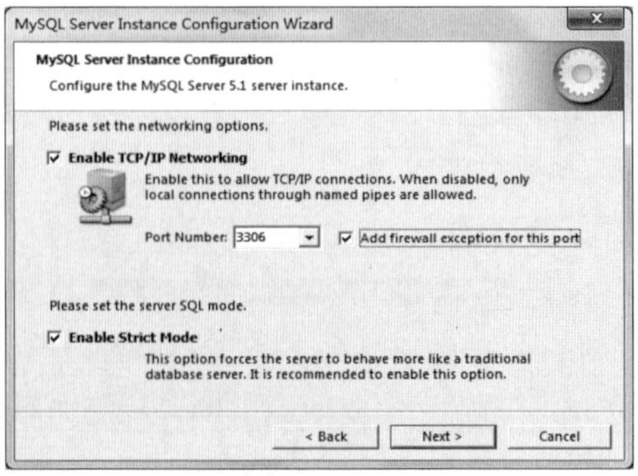

图 1-43 设置端口及模式

（15）对 MySQL 默认数据库语言编码进行设置，第一个是西文编码，第二个是多字节的通用 utf8 编码，都不是通用的编码，这里选择第三个，然后在 Character Set 下拉列表框中选择或输入“gbk”，当然也可以用“gb2312”，区别是 gbk 的字库容量大，包括了 gb2312 的所有汉字，并且加上了繁体字和其他字——使用 MySQL 时，在执行数据操作命令之前运行一次“SET NAMES GBK;”（GBK 可以替换为其他值，视这里的设置而定）就可以正常使用汉字（或其他文字），否则不能正常显示汉字。单击 Next 按钮继续，如图 1-44 所示。

（16）选择是否将 MySQL 安装为 Windows 服务，还可以指定 Service Name（服务标识名称），以及是否将 MySQL 的 bin 目录加入到 Windows PATH（加入后，就可以直接使用 bin 下的文件，而不用指出目录名，比如连接，“mysql.exe -uusername -ppassword;”就可以了，不用指出 mysql.exe 的完整地址，很方便），这里选中相应复选框，Service Name 不变，如图 1-45 所示。

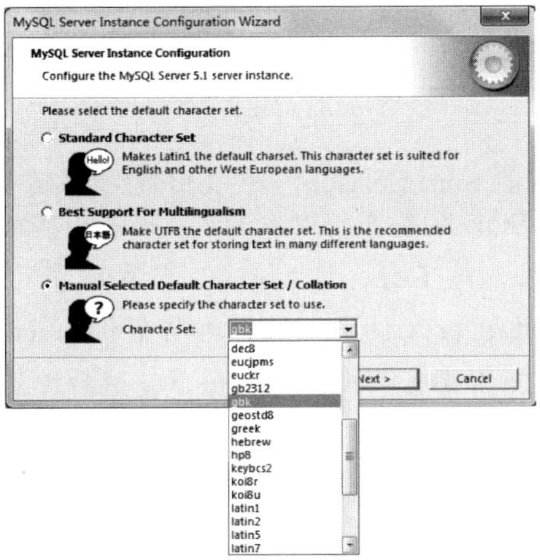

图 1-44　对 MySQL 默认数据库语言编码进行设置

图 1-45　选择 Windows 服务

（17）单击 Next 按钮继续。这一步询问是否要修改默认 root 用户（超级管理）的密码（默认为空），如果要修改，就在 New root password 文本框中输入新密码（如果是重装，并且之前已经设置了密码，在这里更改密码可能会出错，请留空，并取消选中 Modify Security Settings 复选框，安装配置完成后另行修改密码），Confirm（再输一遍）文本框用于再次输入密码，防止输错。

Enable root access from remote machines 复选框的意思是“是否允许 root 用户在其他计算机上登录”如果要安全，就不要选中，如果要方便，可选中。

Create An Anonymous Account（新建一个匿名用户）复选框一般不要选中，这样匿名用户可以连接数据库，不能操作数据（包括查询）。设置完毕，单击 Next 按钮继续，如图 1-46 所示。

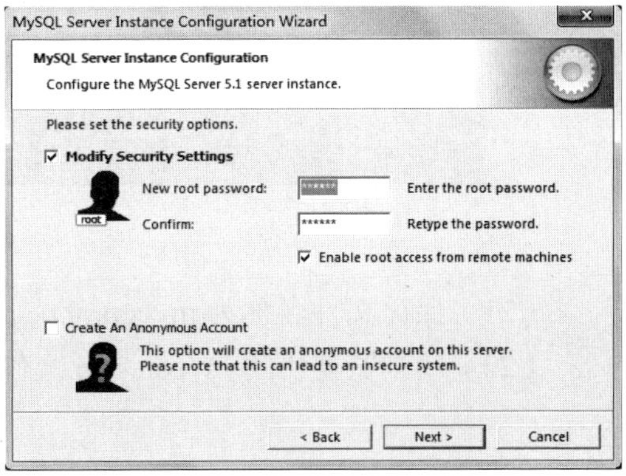

图 1-46　设置 root 用户和密码

（18）确认设置。如果有误，单击 Back 按钮返回检查。单击 Execute 按钮使设置生效，如图 1-47 所示。

（19）设置完毕，单击 Finish 按钮结束 MySQL 的安装与配置，如图 1-48 所示。

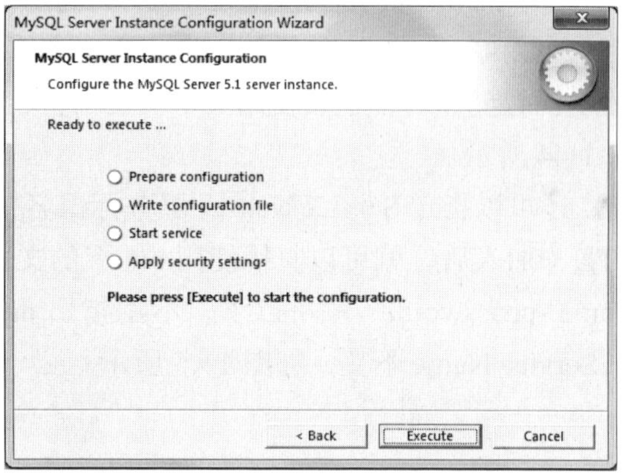

图 1-47　单击 Execute 按钮使设置生效

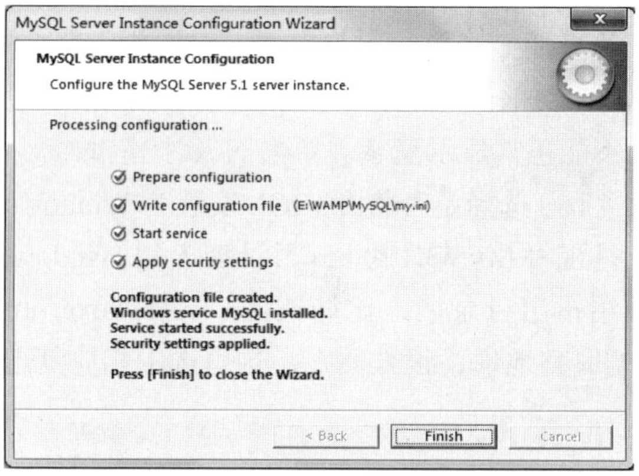

图 1-48　结束安装

注意：这里有一个比较常见的错误，就是不能 Start Service，一般出现在以前安装有 MySQL 的服务器上。解决办法：先保证以前安装的 MySQL 服务器已彻底卸载；如果还不行的话，检查是否按顺序逐步操作，之前的密码是否修改；如果依然不行，将 MySQL 安装目录下的 data 文件夹备份，然后删除，在安装完成后，将安装生成的 data 文件夹删除，再将备份的 data 文件夹移回来，再重启 MySQL 服务即可，这种情况下，可能需要将数据库检查一下，然后修复一次，防止数据出错。

（20）测试一下。用记事本编写如下代码保存到 E:\WAMP\Apache24\htdocs 目录下，如图 1-49 所示。

视频　数据库的连接测试

```
<?php
header("Content-Type:text/html;charset=UTF-8");

$link=@mysqli_connect("localhost", "",""); //选择数据库之前需要先连接数据库服务器

if($link){

    echo  "连接成功";
}
else {
    echo  "连接失败";
}
?>
```

图 1-49　编写代码

（21）保存文件名称为 mycon.php，如图 1-50 所示。

（22）用浏览器访问 mycon.php 文件，如果正常，则会出现连接成功，如图 1-51 所示。

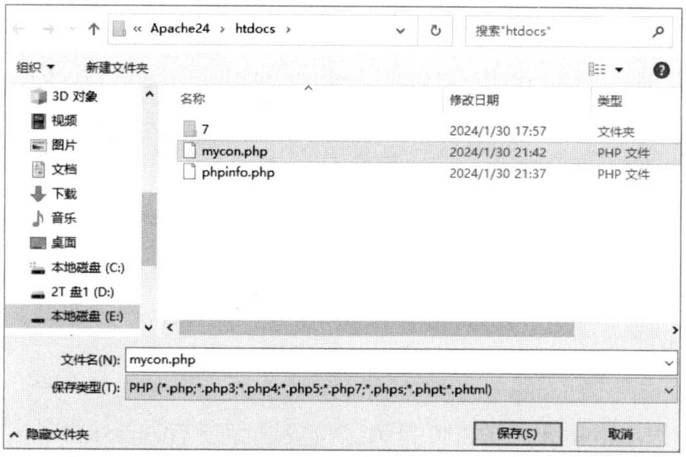

图 1-50　保存文件

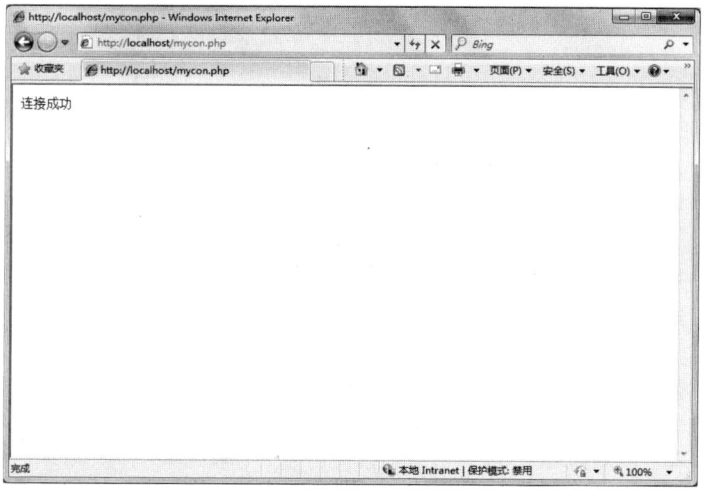

图 1-51　连接成功

如果出现下面的提示：

Warning: mysql_connect() [function.mysql-connect]: [2002] 由于连接方在一段时间后没有正确答复或连接的主机没有反应，连接尝试 (trying to connect via tcp://localhost:3306) in E:\apache\htdocs\mycon.php on line 2。

Warning: mysql_connect() [function.mysql-connect]: 由于连接方在一段时间后没有正确答复或连接的主机没有反应，连接尝试失败。 in E:\apache\htdocs\mycon.php on line 2。

需要修改 hosts 文件，进入 C:\WINDOWS\system32\drivers\etc 目录后，用记事本打开，进行修改：

```
#    127.0.0.1        localhost
```

将“#”删除后保存。如果无法修改，就复制到其他地方修改好后再粘贴过来。

到此为止，Apache、PHP、MySQL 的安装配置就完成了。

1.3.2 PHP 集成开发环境的搭建

phpStudy 集成最新的 Apache+PHP+MySQL+phpMyAdmin+Zend Loader，支持 Zend 和 rewrite，是非常方便、好用的 PHP 调试环境，该程序是免费使用的。可以在官网直接下载。

本书以 phpStudy 为例进行介绍。

注意：phpStudy 官网已经有了 phpStudy 8.1 版，会增加对高版本 PHP 的支持。如果要完成 Thinkphp 框架程序的学习，需要安装高版本的 phpStudy。

视频

phpStudy数据库问题解决和启动

实例 1-4 PHP 集成开发环境的安装与测试

操作过程如下：

1. PHP 集成环境（phpStudy）的安装

（1）本书以 phpStudy 2018 版为例进行安装，下载 phpStudy.zip，解压得到 phpStudy.exe，双击启动安装程序。选择安装路径，如图 1-52 所示。

（2）安装完成后的初始界面如图 1-53 所示。

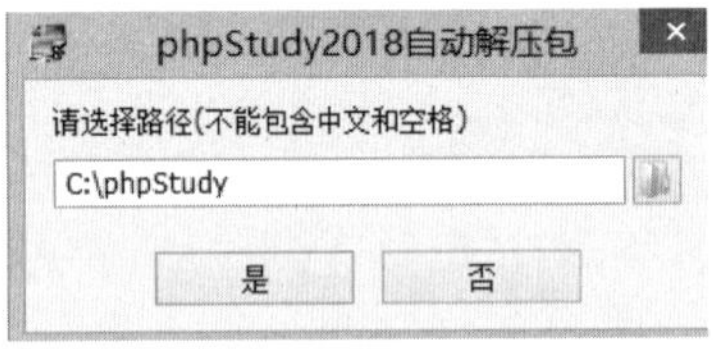

图 1-52 选择安装路径

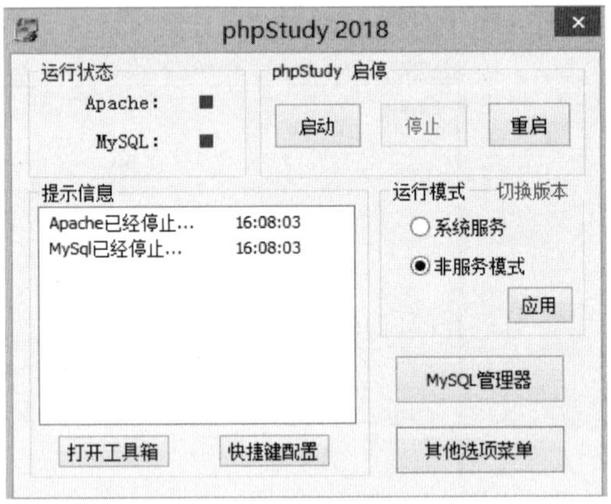

图 1-53 初始界面

（3）选择版本，切换到 php-7.2.10，如图 1-54 所示。

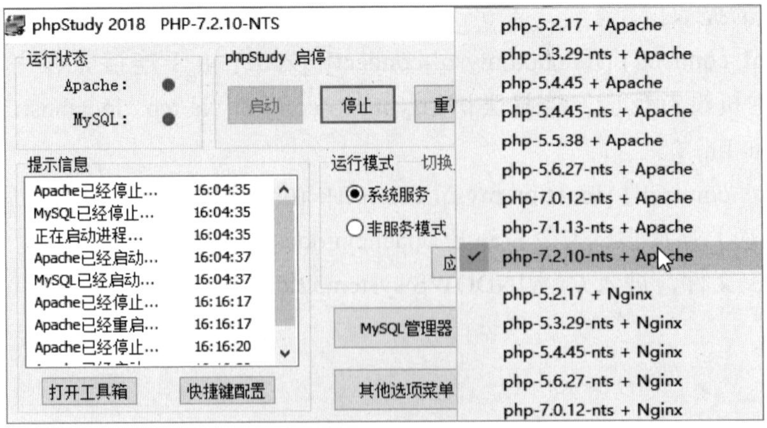

图 1-54 切换版本

注意：切换到 php-7.2.10，需要安装 vc14 运行库，如图 1-55 所示。

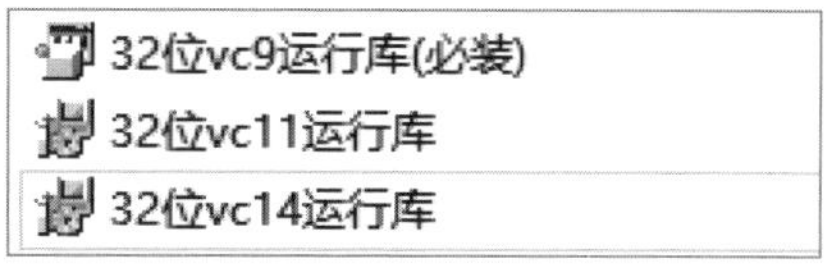

图 1-55　32 位 VC14 运行库

注意：由于前面章节安装了 MySQL 5.1，两个 MySQL 冲突，MySQL 服务器不能启动，如图 1-56 所示。

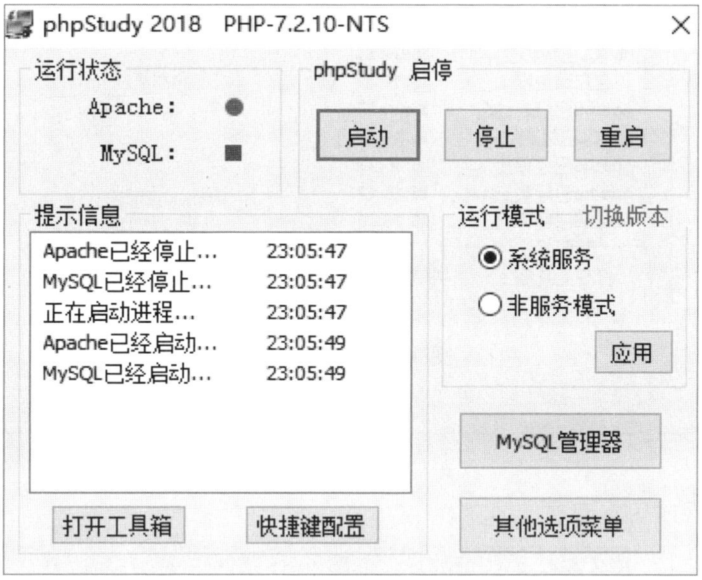

图 1-56　MySQL 不能启动

用管理员用户运行命令，进入 PhpStudy2018 中 MySQL 的安装目录，输入图 1-57 所示命令启动 MySQL，这是给 MySQL 重新命名。

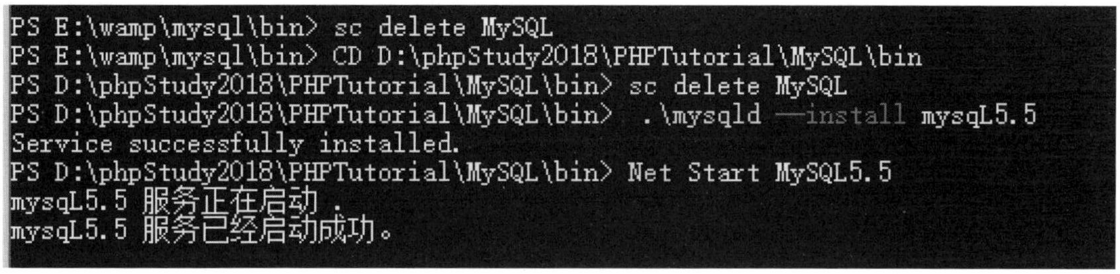

图 1-57　启动 MySQL

（4）再启动 phpStudy 后会看到两个绿点，说明 phpStudy 服务启动正常，如图 1-58 所示。

注意：如果停止服务后再次启动，MySQL 5.5 服务还是不能启动，需要打开服务启动，如图 1-59 所示。

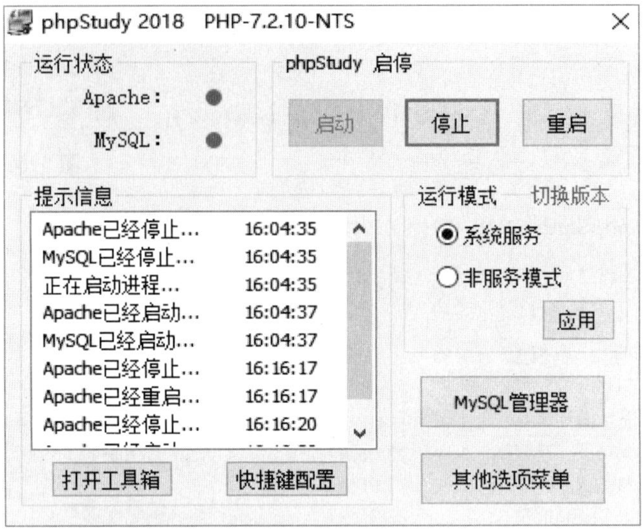

图 1-58　启动正常

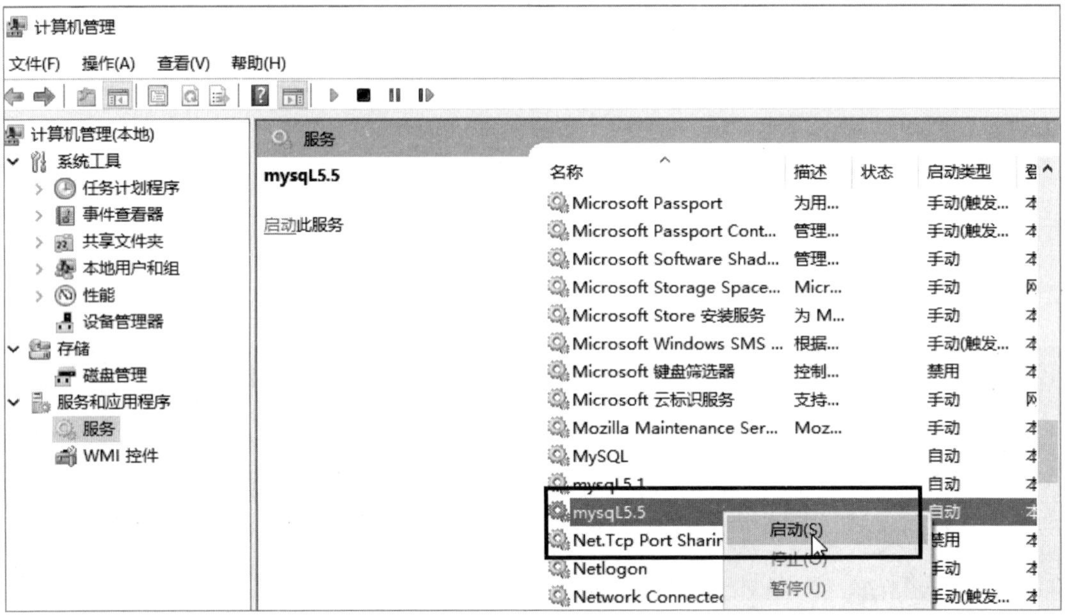

图 1-59　启动 MySQL 5.5

注意：为了减少出错概率，安装路径中不得有空格和汉字，如有防火墙开启，会提示是否信任 httpd、mysqld 运行，请选择全部允许，如图 1-60 和图 1-61 所示。

（5）分别右击“启动”“停止”“重启”按钮，可以有选择地进行启停，单击将控制全部的启停，如图 1-62 和图 1-63 所示。

图 1-60　选择允许

图 1-61　选择允许访问

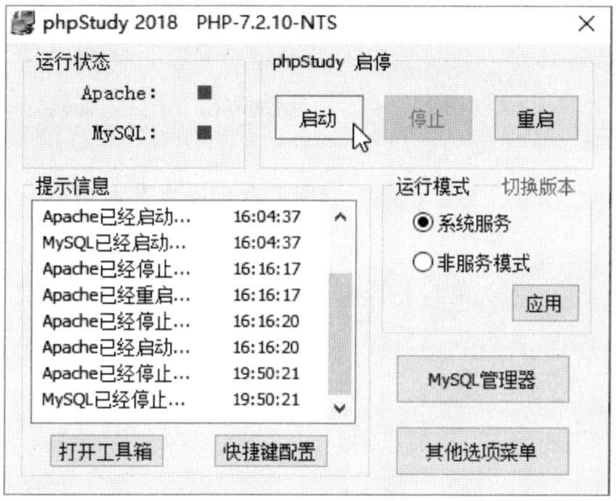

图 1-62　选择启动

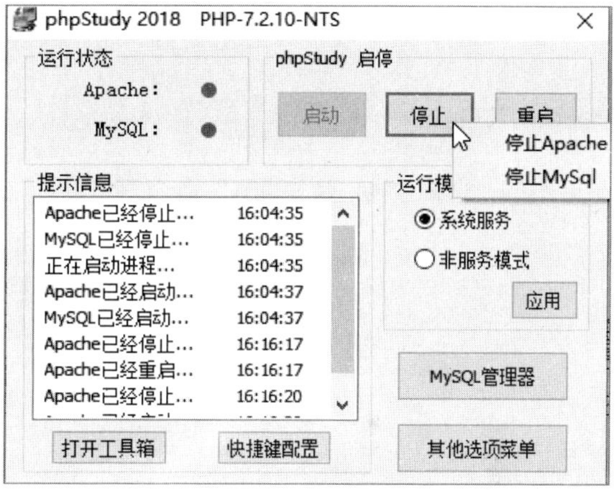

图 1-63　选择停止

2. phpStudy 配置

（1）在图 1-62 中单击“其他选项菜单”按钮，可以进行 PHP、Apache 的相关设置。单击“其他选项菜单”按钮，在弹出的菜单中选择“phpStudy 设置”→“端口常规设置”命令（见图 1-64），弹出“端口常规设置”对话框，可以修改站点的主目录，单击“网站目录”文本框后面的“打开”按钮，可以修改网站的主目录。修改网站端口，当 80 端口被占用时，可以修改。另外，还可以对 MySQL 进行修改，如图 1-65 所示。

（2）单击“其他选项菜单”按钮，在弹出的菜单中选择“站点域名管理”命令，弹出“站点域名管理”对话框，选择网站目录并设置网站的虚拟主机域名，如图 1-66 所示。

此处不对网站域名进行更改，在今后学习 Thinkphp5、Thinkphp6、Thinkphp8 等框架程序设计时，如果想通过域名访问网站，就需要修改域名。

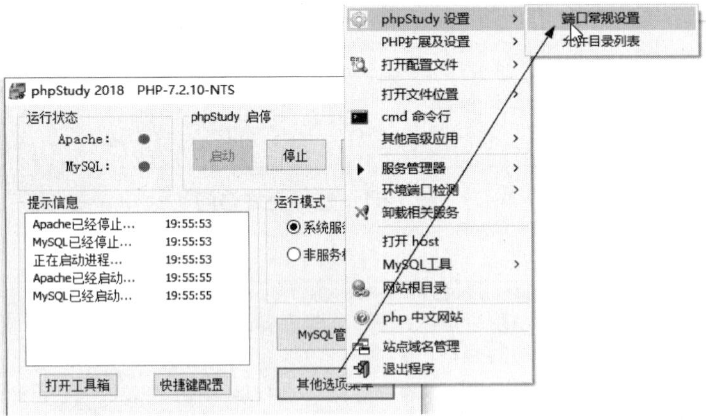

图 1-64　选择“端口常规设置”命令

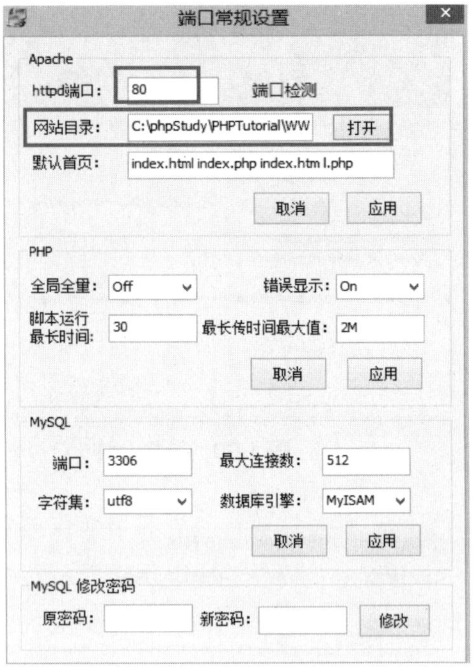

图 1-65　“端口常规设置”对话框

图 1-66　设置网站域名

3. 测试 Apache 和 PHP

（1）在 IE 浏览器的地址栏中输入 localhost，如果正常会出现图 1-67 所示的页面，说明 Apache 服务器安装正常。

（2）测试 PHP。在 IE 浏览器的地址栏中输入 http://localhost/phpinfo.php，按【Enter】键，打开图 1-68 所示的页面。

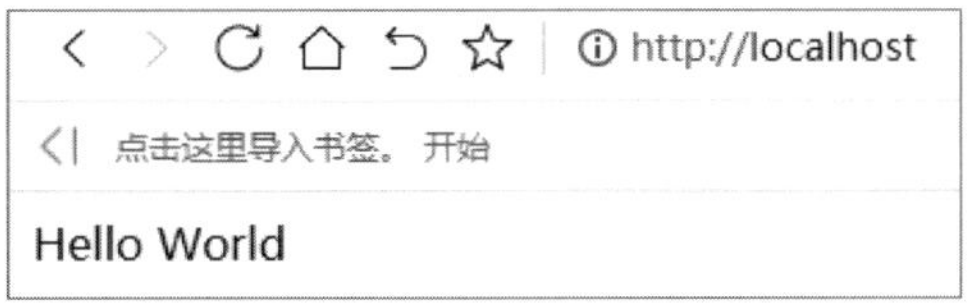

图 1-67　显示正常的页面

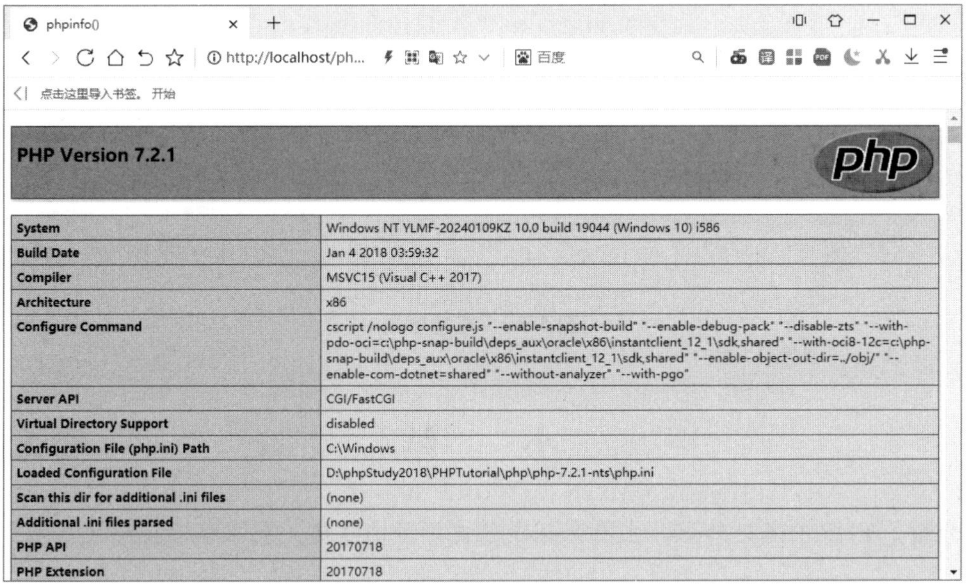

图 1-68　PHP 显示页面

（3）测试数据库，在地址栏中输入 http://localhost/phpmyadmin，然后按【Enter】键，出现图 1-69 所示的页面，输入用户名和密码 (root，root) 后可以登录成功，并打开图 1-70 所示的页面，说明 MySQL 也是成功的。

图 1-69　phpmyadmin 登录页面

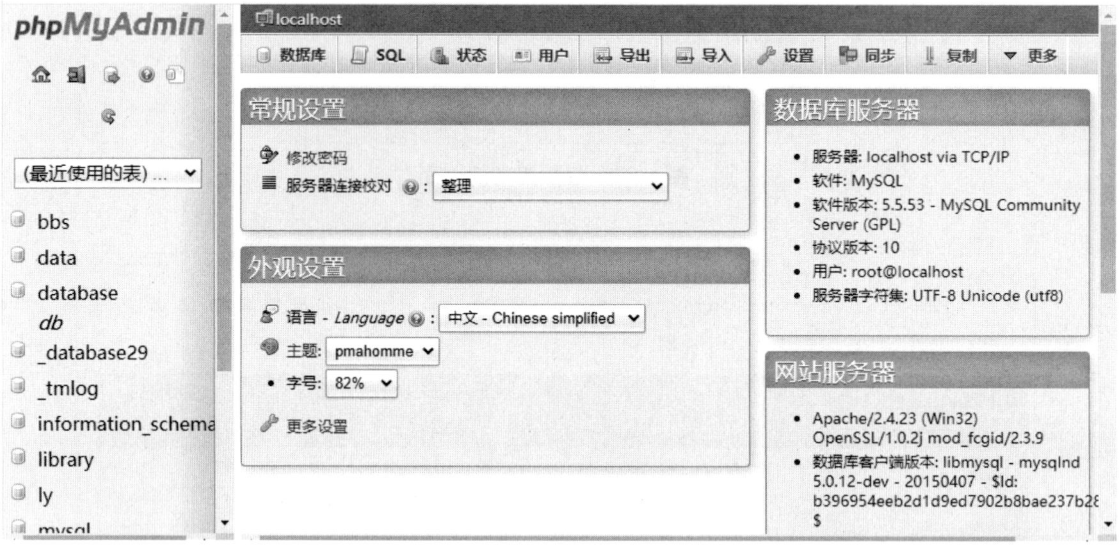

图 1-70 成功登录

小 结

本章介绍了 PHP 的基础知识，主要介绍了开发环境的搭建，要求读者能够上机操作。

习 题

1. 如何安装 Apache 服务器？
2. 如何安装 PHP 并启用 PHP 模块的支持？
3. 如何安装 MySQL 数据库？如何启用 MySQL 支持？
4. 如何修改 phpStudy 站点的主目录和端口？
5. PHP 有哪些优点和特点？
6. 上机操作：

（1）用分别安装软件的方式来配置 PHP 的开发环境，然后建立一个网页 test1.php，显示“数据连接成功”。

（2）安装 phpStudy 集成开发环境，建立一个测试网页 test2.php，能够显示“这是我的第一个 PHP 网页”文字内容。

第 2 章 基本语法

本章主要介绍 PHP 的标记、输出函数、变量规则、数据类型及类型转换，以及常量和运算符，重点介绍 PHP 的几种条件语句、循环控制、跳出循环语句，并且给出大量的练习实例。

学习目标

◆认识 PHP 程序的各个组成部分。

◆了解 PHP 代码基本语法以及基本编码规范。

◆掌握 PHP 程序的组成，掌握基本的程序格式与输出语句。

◆掌握 PHP 数据、PHP 数据类型、PHP 数据处理、PHP 数据的输出。

◆了解变量、常量、常用运算符、变量状态函数以及类型转换的相关知识。

◆了解条件控制结构、循环结构以及程序跳转和终止语句 3 种类型的 PHP。

◆掌握 if...else 语句、switch 语句、while 语句以及 break 语句、continue 语句、exit 语句的用法。

2.1 PHP 代码标记

1. 标准标记

PHP 代码标记以 <?php 开始，以 ?> 结束，例如：

```
<?php
echo" 我正在学习 PHP";
?>
```

视频

PHP标记和注释

在浏览器中将输出：

```
我正在学习 PHP
```

这种风格称为标准风格。

2. 短标记

PHP 标准标记中也可省去 PHP 三个字母，这就是简短风格，例如：

```
<?
echo"我正在学习 PHP";
?>
```

在浏览器中可以看到：

```
我正在学习 PHP
```

短标记非常简单，但是使用短标记，必须在配置文件 php.ini 中启用 short_open_tag 选项。另外，因为这种标记在许多环境的默认设置中是不支持的，所以 PHP 不推荐使用这种标记。

3. 其他标记

此外，还有 Script 风格，例如：

```
<script language="php">
echo"我正在学习 PHP";
</script>
```

以及 ASP 风格，例如：

```
<%
echo"我正在学习 PHP";
%>
```

ASP 风格在默认情况下是被禁止的，如果需要运行，需要在 PHP.int 中修改 asp_tags 选项。

一般用标准风格及简短风格，Script 风格及 ASP 风格基本不用，但是，为了达到最好的兼容性，推荐使用标准风格，而不使用简短风格。

2.2 PHP 文本注释

在 PHP 中，使用“//”编写单行注释，或者使用“/* … */”编写多行注释，也可使用“#”进行注释，但不太常用。

文本的注释要写在代码的上方或右边，不要写在代码的下方。

```
<?php
//echo() 函数输出一个或多个字符串
/*echo() 实际上不是一个函数，无须对其使用括号
不过，如果希望向 echo() 传递一个或多个参数，那么使用括号会发生解析错误 */
echo"我正在学习 PHP";
?>
```

在浏览器中只输出：

```
我正在学习 PHP
```

而注释了的文本却没有显示。

2.3 PHP 输出函数

PHP 输出函数有 echo( ) 函数、print( ) 函数，以及格式化输出函数 printf( ) 函数和 sprintf( ) 函数。

视频

PHP输出

2.3.1 echo( ) 函数

echo( ) 函数输出一个或多个字符串，可以用圆括号，在实际应用中，一般不用圆括号；echo 更像一条语句，无返回值。

```
<?php
echo("今天天气很好，我们出去玩！")."<br>";
echo"今天天气很好，我们出去玩！";
?>
```

浏览器中输出为：

```
今天天气很好，我们出去玩!
今天天气很好，我们出去玩!
```

2.3.2 print( ) 函数

print( ) 函数输出一个或多个字符串，可以用圆括号，在实际应用中，一般不用圆括号；print( ) 函数有返回值，其返回值为 1，当其执行失败（比如断线）时返回 false。

例如：

```
<?php
print("今天天气很好，我们出去玩！")."<br>";
print"今天天气很好，我们出去玩！"."<br>";
echo print"今天天气很好，我们出去玩！";
?>
```

浏览器中输出为：

```
今天天气很好，我们出去玩!
今天天气很好，我们出去玩!
今天天气很好，我们出去玩! 1
```

第一句、第二句都输出了“今天天气很好，我们出去玩！”，第三除了输出“今天天气很好，我们出去玩！”外，还输出了返回值“1”。

echo( ) 函数与 print( ) 函数两者的功能几乎完全一样，有一点不同就是 echo( ) 函数无返回值，print( ) 函数有返回值，且 echo( ) 函数稍快于 print( ) 函数。

2.3.3 printf( ) 函数

printf( ) 函数输出格式化的字符串。其中格式化字符串包括两部分内容：一部分是正常字符，这些字符将按原样输出；另一部分是格式化规定字符，以“%”开始，后跟一个或几个规定字符，用来确定输出内容格式。

参量表是需要输出的一系列参数，其个数必须与格式化字符串所说明的输出参数个数相同，各参数之间用“,”分开，且顺序一一对应，否则将会出现意想不到的错误。常用类型转换符如下所示：

- b：整数转二进制。
- c：整数转 ASCII 码。
- d：整数转有符号十进制。
- f：倍精度转浮点。
- o：整数转八进制。
- s：整数转字符串。
- u：整数转无符号十进制。
- x：整数转十六进制（小写）。
- X：整数转十六进制（大写）。

例如：

```
<?php
$a=" 今天 ";
$b=10;
printf("%s 我买了 %u 本书 ",$a,$b);
?>
```

在浏览器中输出为：

```
今天我买了 10 本书
```

printf( ) 函数有返回值，其返回值为字符串的长度。

```
<?php
$a=" 今天 ";
$b=10;
echo printf("%s 我买了 %u 本书 ",$a,$b);
?>
```

在浏览器中输出为：

```
今天我买了 10 本书 16
```

其中“今天我买了 10 本书”为 printf( ) 函数格式化后的字符串，“16”为 printf( ) 函数的返回值——字符串的长度为 16，需要通过 echo 才能输出。

2.3.4 sprintf( ) 函数

sprintf( ) 函数与 printf( ) 函数类似，printf( ) 函数的返回值是字符串的长度，而 sprintf( ) 函数的返回值则是字符串本身。因此，sprintf( ) 函数必须通过 echo 才能输出。

```
<?php
$a=" 今天 ";
$b=10;
```

```
echo sprintf("%s 我买了 %u 本书",$a,$b);
?>
```

在浏览器中输出为：

```
今天我买了 10 本书
```

如果省略掉 echo，那么浏览器中输出为空。

sprintf( ) 函数和 printf( ) 函数的用法和 C 语言中的 printf( ) 函数非常相似。可以用 sprintf( ) 函数将十进制转换为其他进制，例如：

```
<?php
$a=12;
echo sprintf("%b",$a);
?>
```

在浏览器中输出为：

```
1100
```

即将 12 转换为二进制 1100。

2.4　PHP 变量

变量用于存储值，比如数字、文本字符串或数组。一旦设置了某个变量，就可以在脚本中重复地使用它。PHP 的变量必须以 $ 符开始，然后再加上变量名。

2.4.1　变量的命名规则

变量的命名规则如下：

（1）变量名必须以字母或者下画线“_”开头，后面跟上任意数量的字母、数字或者下画线。

（2）变量名不能以数字开头，中间不能有空格及运算符。

（3）变量名严格区分大小写，即 UserName 与 username 是不同的变量。

（4）为避免命名冲突，不允许使用与 PHP 内置函数相同的名称。

（5）在为变量命名时，尽量使用有意义的字符串，例如：

```
$name;
$_password;
$book1;
```

2.4.2　变量的赋值

为变量赋值有两种方式：传值赋值和引用赋值。这两种赋值方式在对数据的处理上存在很大差别。

视频

变量的赋值

1. 传值赋值

这种赋值方式使用“=”直接将一个变量（或表达式）的值赋给变量。使用这种赋值方式，等号两边的变量值互不影响，任何一个变量值的变化都不会影响到另一个变量。从根本上讲，传值赋值是通过在存储区域复制一个变量的副本来实现的。

实例 2-1 应用传值赋值

实例代码如下：

```
<?php
$a=33;
$b=$a;
$b=44;
echo " 变量 a 的值为 ".$a."<br>";
echo " 变量 b 的值为 ".$b;
?>
```

在上面的代码中，执行“$a = 33”语句时，系统会在内存中为变量 a 开辟一个存储空间，并将“33”这个数值存储到该存储空间。

执行“$b =$a”语句时，系统会在内存中为变量 b 开辟一个存储空间，并将变量 a 所指向的存储空间的内容复制到变量 b 所指向的存储空间。

执行“$b =44”语句时，系统将变量 b 所指向的存储空间保存的值更改为“44”，而变量 a 所指向的存储空间保存的值仍然是“33”。

在浏览器中输出为：

```
变量 a 的值为 33
变量 b 的值为 44
```

2. 引用赋值

引用赋值同样也使用“=”将一个变量的值赋给另一个变量，但是需要在等号右边的变量前面加上一个“&”符号。实际上这种赋值方式并不是真正意义上的赋值，而是一个变量引用另一个变量。在使用引用赋值的时候，两个变量将会指向内存中同一存储空间。因此任何一个变量的变化都会引起另外一个变量的变化。

实例 2-2 应用引用赋值

实例代码如下：

```
<?php
$a=33;
$b=&$a;
$b=44;
echo " 变量 a 的值为 ".$a."<br>";
echo " 变量 b 的值为 ".$b;
?>
```

在上面的代码中执行“$a = 33”语句时，对内存进行操作的过程与传值赋值相同，这里就不再介绍了。执行“$b = &$a”语句后，变量 b 将会指向变量 a 所占有的存储空间。

执行“$b = 44”语句后，变量 b 所指向的存储空间保存的值变为“44”。此时由于变量 a 也指向此存储空间，所以变量 a 的值也会变为“44”。

在浏览器中输出为：

```
变量 a 的值为 44
变量 b 的值为 44
```

2.4.3 变量的作用域

视频

变量的作用域 局部和全局变量

在使用PHP语言进行开发的时候，几乎可以在任何位置声明变量。但是变量声明位置及声明方式的不同决定了变量作用域的不同。所谓的变量作用域，指的是变量在哪些范围内能被使用，在哪些范围内不能被使用。PHP中的变量按照作用域的不同可以分为局部变量和全局变量。

1. 局部变量

局部变量是声明在某一函数体内的变量，该变量的作用范围仅限于其所在的函数体的内部。如果在该函数体的外部引用这个变量，则系统将会认为引用的是另外一个变量。

实例 2-3 局部变量的使用

实例代码如下：

```
<?php
function local(){
  $a=""这是内部函数"";                          //在函数内部声明一个变量a并赋值
  echo "函数内部变量a的值为".$a."<br>";
}
local();                                       //调用local()函数，用来输出变量a的值
$a=""这是外部函数"";                           //在函数外部再次声明变量a并赋予另一个值
echo "函数外部变量a的值为".$a;
?>
```

在浏览器中输出为：

```
函数内部变量 a 的值为"这是内部函数"
函数外部变量 a 的值为"这是外部函数"
```

2. 全局变量

全局变量可以在程序的任何地方被访问，这种变量的作用范围是最广泛的。要将一个变量声明为全局变量，只需在该变量前面加上global关键字，不区分大小写，也可以是GLOBAL。使用全局变量，能够实现在函数内部引用函数外部的参数，或者在函数外部引用函数内部的参数。

实例 2-4 应用全局变量（在函数内部引用函数外部的参数）

实例代码如下：

```
<?php
$a=""这是外部函数"";               //在外部定义一个变量a
function local(){
  global $a;                       //将变量a声明为全局变量
  echo "在local()函数内部获得变量a的值为".$a."<br>";
}
local();                           //调用local()函数，用于输出local()函数内部变量a的值
?>
```

在浏览器中输出为：

```
在 local() 函数内部获得变量 a 的值为 " 这是外部函数 "
```

实例 2-5 应用全局变量（在函数外部引用函数内部的参数）

实例代码如下：

```
<?php
function local(){
  global $a;                          // 将变量 a 声明为全局变量
  $a="" 这是内部函数 "";              // 在内部对变量 a 进行赋值
}
local();                              // 调用 local() 函数，用于输出 local() 函数内部变量 a 的值
echo " 在 local() 函数外部获得变量 a 的值为 ".$a;        // 在函数 local() 外部输出变量
?>
```

在浏览器中输出为：

```
在 local() 函数外部获得变量 a 的值为 " 这是内部函数 "
```

将一个变量声明为全局变量，还有另外一种方法，就是利用 GLOBALS[] 数组。

应用全局变量虽然能够更加方便地操作变量，但是有时变量作用域的扩大会给开发带来麻烦，可能会引发一些预料不到的问题。

视 频

静态、可变、预定义变量

3. 静态变量

函数执行时所产生的临时变量在函数结束时会自动消失。当然，因为程序需要，函数在循环过程中不希望变量在每次执行完函数就消失的话，就要采用静态变量，静态变量是指用 static 声明的变量，这种变量与局部变量的区别是：当静态变量离开了它的作用范围后，它的值不会自动消亡，而是继续存在，当下次再用到它时，可以保留最近一次的值。

实例 2-6 应用静态变量

实例代码如下：

```
<?php
function add()
{
  static $a=0;
  $a++;
  echo $a."<br>";
}
add();
add();
add();
?>
```

在浏览器中输出为：

```
1
2
3
```

这段程序中，主要定义了一个函数 add( )，然后分 3 次调用 add( )。

如果用局部变量的方式来分工这段代码，3 次的输出应该都是 1。但实际输出却是 1、2 和 3。

这是因为，变量 a 在声明时被加上了 static 修饰符，这就标志着 a 变量在 add( ) 函数内部就是一个静态变量，具备记忆自身值的功能，当第一次调用 add( ) 函数时，a 由于自加变成了 1，这时 a 就记住自己不再是 0，而是 1 了，当需要再次调用 add( ) 函数时，a 再一次自加，由 1 变成了 2……由此就可以看出静态变量的特性。

4. 可变变量

可变变量是一种独特的变量，它可以动态地改变一个变量的名称，方法就是在该变量的前面添加一个变量符号“$”。

实例 2-7 可变变量的使用

实例代码如下：

```
<?php
$a='hello';                        //普通变量
$$a='world';                       //可变变量，相当于$hello='world';
echo $a."<br>";
echo $$a."<br>";
echo $hello."<br>";
echo "$a {$$a}"."<br>";
echo "$a $hello";                  //这种写法更准确并且会输出同样的结果
?>
```

在浏览器中输出为：

```
hello
world
world
hello world
hello world
```

5. 预定义变量

预定义变量又称超级全局变量数组，是 PHP 系统中自带的变量，不需要开发者重新定义，它可让程序设计更加方便快捷。在 PHP 脚本运行时，PHP 会自动将一些数据放在超级全局数组中。PHP 预定义变量见表 2-1。

表 2-1 PHP 预定义变量

变　量	作　用
$GLOBALS[]	存储当前脚本中的所有全局变量，其 KEY 为变量名，VALUE 为变量值
$_SERVER[]	当前 Web 服务器变量数组
$_GET[]	存储以 GET 方法提交表单中的数据
$_POST[]	存储以 POST 方法提交表单中的数据
$_COOKIE[]	取得或设置用户浏览器 Cookies 中存储的变量数组
$_FILES[]	存储上传文件提交到当前脚本的数据
$_ENV[]	存储当前 Web 环境变量
$_REQUEST[]	存储提交表单中所有请求数组，其中包括 $_GET、$_POST、$_COOKIE 和 $_SESSION 中的所有内容
$_SESSION[]	存储当前脚本的会话变量数组

视频

变量的数据类型

2.4.4 变量的数据类型

数据类型是具有相同特性的一组数据的统称。PHP 早就提供了丰富的数据类型，PHP 5 中又有更多补充。数据类型可以分为三类：标量数据类型、复合数据类型和特殊数据类型。

（1）标量类型（四种）：整型（int、integer）、浮点型（float、double、real）、布尔型（bool、boolean）和字符串（string）。

（2）复合类型（两种）：数组（array）和对象（object）。

（3）特殊类型（两种）：资源（resource）和空值（NULL）。

1. 整型（integer）

PHP 中的整型指的是不包含小数部分的数据。在 32 位操作系统中，整型数据的有效范围是 -2 147 483 648 ~ 2 147 483 647。整型数据可以用十进制（基数为 10）、八进制（基数为 8，以 0 作为前缀）或十六进制（基数为 16，以 0x 作为前缀）表示，并且可以包含“+”和“-”。

实例 2-8 整型数据的用法

实例代码如下：

```
<?php
$a=100;                     // 十进制整型数据
$b=-034;                    // 八进制整型数据
$c=0xBF;                    // 十六进制整型数据
echo $a."<br>";
echo $b."<br>";
echo $c;
?>
```

在浏览器中输出为：

```
100
-28
191
```

如果给定的数值超出了整型数据规定的范围，则会产生数据溢出。对于这种情况，PHP 会自动将整型数据转换为浮点型数据。

2. 浮点型（float）

浮点型数据就是通常所说的实数，可分为单精度浮点型数据和双精度浮点型数据。浮点型数据主要用于简单整数无法满足的形式，比如长度、质量等数据的表示。

实例 2-9 浮点型数据的用法

实例代码如下：

```
<?php
$a=1.2;
$b=-0.34;
$c=1.8e4;                   // 该浮点数表示 1.8×10^4
echo $a."<br>";
echo $b."<br>";
echo $c;
?>
```

在浏览器中输出为：

```
1.2
-0.34
18000
```

3. 布尔型（boolean）

是在 PHP4 中开始出现的，一个布尔型数据只有 true 和 false 两种取值，分别对应逻辑“真”与逻辑“假”。布尔型变量的用法如下面代码所示。在使用布尔型数据类型时，true 和 false 两个取值是不区分大小写的，即 TRUE 和 FALSE 同样是正确的。

实例 2-10 布尔型数据的用法

实例代码如下：

```php
<?php
$a=true;
$b=false;
echo $a;
echo $b;
?>
```

在浏览器中输出为：

```
1
```

当布尔值为 true 时，输出为 1；当布尔值为 false 时，输出为空。

4. 字符串（string）

字符串是一个字符的序列。组成字符串的字符是任意的，可以是字母、数字或者符号。在 PHP 中没有对字符串的最大长度进行严格规定。在 PHP 中定义字符串有 3 种方式：使用单引号（'）定义、使用双引号（"）定义和使用定界符（<<<）定义。

实例 2-11 双引号、单引号、定界符的使用

视频

双引号、单引号、转义字符

实例代码如下：

```php
<?php
$var="中国人";
echo "我是$var"."<br>";
echo '我是$var'.'<br>';
echo "今天天气很好！"."<br>";
echo '我们去图书馆。'."<br>";
echo <<<Eof
我是一个{$var}
Eof;
?>
```

在浏览器中输出为：

```
我是中国人
我是$var
今天天气很好！
```

```
我们去图书馆。
我是一个中国人
```

PHP 中单引号和双引号的最大区别是：双引号比单引号多一步解析过程。双引号会把双引号中的变量及转义字符解析出来，而单引号则不管它的内容是什么都作为字符串输出。

在双引号中，中文和变量一起使用时，变量最好要用 {} 括起来，或变量前后的字符串用双引号，再用“.”与变量相连。

实例 2-12 {} 和 . 在字符串中的使用

实例代码如下：

```
<?php
$str="年轻人";
echo "我们都是 $str，应该多学习。"."<br>";
echo "我们都是 {$str}，应该多学习。"."<br>";
echo "我们都是".$str."，应该多学习。";
?>
```

在浏览器中输出为：

```
我们都是
我们都是年轻人，应该多学习。
我们都是年轻人，应该多学习。
```

第一句输出因为变量没用 {} 括起来，或者没有将字符串分开，再用“.”与变量相连，因此变量及其后面的字符串不能输出，第二、三句输出都正常。

在一般情况下，尽量使用单引号，因为在理论上，单引号的运行速度要快些，如果遇到有变量及转义字符需要解析时，才用双引号。表 2-2 中列出了一些常用的转义字符及其描述。

表 2-2 常用转义字符及其描述

转义字符	描　述	转义字符	描　述
\n	换行符	\\	反斜线
\r	回车符	\$	美元符
\t	制表符	\"	双引号

值得注意的是，“\n”、“\r”和“\t”三个转义字符在浏览器中不能体现出来，只能在源文件中看到。

PHP 定界符的作用就是按照原样输出在其内部的内容包括换行格式等；PHP 定界符中的任何特殊字符都不需要转义；PHP 定界符中的 PHP 变量会被正常地用其值来替换。使用定界符应注意以下几点：

（1）在 <<< 之后的字符 Eof 是自己定义的，随便什么都是可以的，但是结尾处的字符一定要一样，它们是成对出现的。

（2）结尾的 Eof;，一定要另起一行，并且除了 Eof; 定界符结尾标识之外不能有任何其他字符，前后都不能有，包括空格。

（3）如果在定界符中间出现 PHP 的变量，只需要像在其他字符串中输出一样写就行了，变量 var 之所以要用 {} 括起来，是要告诉 PHP 解析器这是一个 PHP 变量，其实不用也是可以的，但是有可能会产生歧义。

5. **数组**（array）

数组是一系列相关的数据以某种特定的方式进行排列而组成的集合。组成这个集合的各个数据可以是基本数据类型，也可以是复合数据类型；可以是相同的数据类型，也可以是不同的数据类型。

数组中的每个数据元素都有其唯一编号，称为索引。索引用于指定数组中特定的数据元素。在有的语言中数组的索引必须是数字编号，而在 PHP 中，索引可以是数字编号，也可以是字符串。

实例 2-13　一个简单 PHP 数组的应用实例

实例代码如下：

视频

数组和对象

```
<?php
$network=array(1=>"how",2=>"are",'three'=>"you");
echo $network[2];
echo $network['three'];
?>
```

在浏览器中输出为：

```
areyou
```

6. **对象**（object）

对象是面向对象语言中的一个核心概念，对象就是类的一个实例。在了解对象之前先简单介绍一下什么是“类”。在面向对象语言中，人们把各个具体事物的共同特征抽取出来，形成一个一般的概念，也就构成了一个“类”。

在 PHP 中类的定义方式如下：

```
class 类名 {
  类里包含的内容；
}
```

在 PHP 中，通过 new 关键字实例化一个类，并得到该类的一个对象。

实例 2-14　类和对象的应用实例

实例代码如下：

```
<?php
class Book {
  function getBookName($book_name){
    return $book_name;
  }
}
$book1=new Book();                    // 实例化一个 Book 类的对象 book1
echo $book1->getBookName("PHP")."<br>";
$book2=new Book();                    // 实例化一个 Book 类的对象 book2
```

```
echo $book2->getBookName("JSP");
?>
```

在浏览器中输出为：

```
PHP
JSP
```

7. 资源（resource）

视 频

资源和空值

资源是 PHP 提供的一种特殊数据类型，该数据类型用于表示一个 PHP 的外部资源，比如一个数据库的访问操作，或者一个网络流的处理等。虽然资源也是一种数据类型，但是不能直接对其进行操作。PHP 提供了一些特定的函数，用于建立和使用资源。比如 mysql_connect( ) 函数用于建立一个 MySQL 数据的连接，fopen( ) 函数用于打开一个文件等。

实例 2-15 应用资源数据类型的实例

实例代码如下：

```
<?php
$cn=mysql_connect('localhost','root','root');
echo get_resource_type($cn)."<br>";
$fp=fopen("foo","w");
echo get_resource_type($fp);
?>
```

在浏览器中输出为：

```
mysql link
stream
```

8. 空值（NULL）

NULL 是 PHP4 开始引入的一个特殊的数据类型，这种数据类型只有一个值 NULL。在 PHP 中，如果变量满足以下几种情况，那么该变量的值就为 NULL。

- 变量未被赋予任何值。
- 变量被赋值为 NULL。
- unset( ) 函数处理后的变量。

实例 2-16 NULL 数据类型的用法

实例代码如下：

```
<?php
$a;                        // 变量 $a 未被赋予任何值，$a 的值为 NULL
$b=NULL;                   // 变量 $b 被赋值为 NULL
$c=1;
unset($c);                 // 使用 unset() 函数处理后，$c 的值为 NULL
?>
```

2.4.5 变量类型的转换

PHP 中的类型转换包括两种方式，即自动类型转换和强制类型转换。下面分别介绍这两种类型转换的实现方式及应用过程。

1. 自动类型转换

自动类型转换是指，在定义变量时不需要指定变量的数据类型，PHP 会根据引用变量的具体应用环境将变量转换为合适的数据类型。

如果所有运算数都是数字，则将选取占用字节最长的一种运算数的数据类型作为基准数据类型；如果运算数为字符串，则将该字符串类型转换为数字然后再进行求值运算。字符串转换为数字的规定为：如果字符串以数字开头，则只取数字部分而去除数字后面的部分，根据数字部分构成决定转型为整型数据还是浮点型数据；如果字符串以字母开头，则直接将字符串转换为 0。

实例 2-17　自动类型转换

实例代码如下：

```
<?php
$a=1 + 1.23;
$b=2 + "3.14";
$c=3 + "abc";
echo $a."<br>";
echo $b."<br>";
echo $c."<br>";
?>
```

在浏览器中输出为：

```
2.23
5.14
3
```

在第一个赋值运算式中，运算数包含了整型数字 1 和浮点型数字 1.23，首先取浮点型数据类型作为基准数据类型。赋值后变量 a 的数据类型为浮点型。

在第二个赋值运算式中，运算数包含了整型数字 2 和字符串型数据”3.14”，首先将字符串转换为浮点型数据 3.14，然后进行加法运算。赋值后变量 b 的数据类型为浮点型。

在第三个赋值运算式中，运算数包含了整型数字 3 和字符串型数据”abc”，首先将字符串转换为整型数字 0，然后进行加法运算。赋值后变量 c 的数据类型为整型。

2. 强制类型转换

强制类型转换允许手动将变量的数据类型转换为指定数据类型。PHP 强制类型转换与 C 语言或者 Java 语言中的类型转换相似，都是通过在变量前面加上一个小括号，并把目标数据类型填写在括号中实现的。

在 PHP 中强制类型转换的具体实现方式见表 2-3。

表 2-3　PHP 中强制类型转换的实现方式

转换格式	转换结果	实现方式
(int)、(integer)	将其他数据类型强制转换为整型	$a = "3"; $b = (int)$a; // 也可写为 $b = (integer)$a;

续表

转换格式	转换结果	实现方式
(bool)、(boolean)	将其他数据类型强制转换为布尔型	$a = "3"; $b = (bool)$a; // 也可写为 $b = (boolean)$a;
(float)、(double)、(real)	将其他数据类型强制转换为浮点型	$a = "3"; $b = (float)$a; $c = (double)$a; $d = (real)$a;
(string)	将其他数据类型强制转换为字符串	$a = 3; $b = (string)$a;
(array)	将其他数据类型强制转换为数组	$a = "3"; $b = (array)$a;
(object)	将其他数据类型强制转换为对象	$a = "3"; $b = (object)$a;

虽然 PHP 提供了比较宽泛的类型转换机制，为开发者提供了很大便利，但同时也存在着一些问题，比如将字符串型数据转换为整型数据该如何转换、将整型数据转换为布尔型数据该如何转换等。如果没有对上述类似的情形做出明确规定，在处理类型转换时就会出现一些问题，PHP 也据此提供了相关的转换规定。

（1）其他数据类型转换为整型的规则（见表 2-4）。

表 2-4　其他数据类型转换为整型的规则

原类型	目标类型	转换规则
浮点型	整型	向下取整，即不会四舍五入，而是直接去掉浮点型数据小数点后边的部分，只保留整数部分
布尔型	整型	true 转换成整型数字 1，false 转换成整型数字 0
字符串	整型	1. 字符串为纯整型数字，转换成相应的整型数字 2. 字符串为带小数点的数字，转换时去除小数点后面的部分，保留整数部分 3. 字符串以整型数字开头，转换时去除整型数字后面的部分，然后按照规则 1 进行处理 4. 字符串以带小数点的数字开头，转换时去除小数点后面的部分，然后按规则 2 进行处理 5. 字符串内容以非数字开头，直接转换为 0

实例 2-18　其他数据类型转换为整型

实例代码如下：

```
<?php
$a="123";
$b="123sunyang";
$c="2.32";
$d="2.32abc";
$e="sunyang123";
$f=TRUE;
$g=FALSE;
$h=3.1415926;
echo (int)$a."<br>";
echo (int)$b."<br>";
echo (int)$c."<br>";
echo (int)$d."<br>";
```

```
echo (int)$e."<br>";
echo (int)$f."<br>";
echo (int)$g."<br>";
echo (int)$h."<br>";
?>
```

在浏览器中输出为：

```
123
123
2
2
0
1
0
3
```

浮点型数据向整型数据转换的时候，需要注意以下两种情况。

① 如果几个浮点型数据相乘，应将大于 1 的数放在最前面，并将整个式子括起来，不然的话容易出错。以下实例代码中，第一及第四个输出正确，其他三个输出都出现了错误。

实例 2-19　浮点型数据向整型数据转换

实例代码如下：

```
<?php
echo (int)(46.86*0.26*0.74)."<br>";      //46.86*0.26*0.74=9.015864
echo (int)46.86*0.26*0.74."<br>";        //46*0.26*0.74=8.8504
echo (int)0.26*0.74*46.86."<br>";
echo (int)(100*0.1*0.7)."<br>";
echo (int)(0.1*0.7*100);
?>
```

在浏览器中输出为：

```
9
8.8504
0
7
6
```

② 如果浮点型数据相除时，也应将整型外除式括起来，以免出现错误。以下实例代码中，第一及第三个输出正确，其他两个输出都出现了错误。

实例 2-20　浮点型数据除法运算

实例代码如下：

```
<?php
echo (int)(7.8/3.2)."<br>";              //7.8/3.2=2.4375
echo (int)7.8/3.2."<br>";                //7/3.2=2.1875
echo (int)(3.2/7.8)."<br>";              //3.2/7.8=0.410256410256
echo (int)3.2/7.8;                       //3/7.8=0.38461538461538
?>
```

在浏览器中输出为：

```
2
2.1875
0
0.38461538461538
```

（2）其他数据类型转换为浮点型的规则（见表 2-5）。

表 2-5　其他数据类型转换为浮点型的规则

原 类 型	目 标 类 型	转 换 规 则
整型	浮点型	将整型数据直接转换为浮点型，数值保持不变
布尔型	浮点型	true 转换成浮点型数字 1，false 转换成浮点型数字
字符串	浮点型	1．字符串为整型数字，直接转换成相应的浮点型数字 2．字符串以数字开头，转换时去除数字后面的部分，然后按照规则 1 进行处理 3．字符串以带小数点的数字开头，转换时直接去除数字后面的部分，只保留数字部分 0 4．字符串以非数字内容开头，直接转换为 0

实例 2-21　将其他数据类型转换为浮点型

实例代码如下：

```php
<?php
$a="123";
$b="123sunyang";
$c="2.32";
$d="2.32abc";
$e="sunyang123";
$f=TRUE;
$g=FALSE;
$h=1234;
echo (float)$a."<br>";
echo (float)$b."<br>";
echo (float)$c."<br>";
echo (float)$d."<br>";
echo (float)$e."<br>";
echo (float)$f."<br>";
echo (float)$g."<br>";
echo (float)$h."<br>";
?>
```

在浏览器中输出为：

```
123
123
2.32
2.32
0
1
0
1234
```

（3）其他数据类型转换为布尔型的规则（见表2-6）。

表 2-6　其他数据类型转换为布尔型的规则

原类型	目标类型	转换规则
整型	布尔型	0 转换为 false，非零的其他整型数字转换为 true
浮点型	布尔型	0.0 转换为 false，非零的其他浮点型数字转换为 true
字符串	布尔型	空字符串或字符串内容为零转换为 false，其他字符串转换为 true
NULL	布尔型	直接转换为 false
数组	布尔型	空数组转换为 false，非空数组转换为 true

实例 2-22　将其他数据类型转换为布尔型

实例代码如下：

```
<?php
$a=0;
$b=123;
$c=0.0;
$d=3.14;
$e="";
$f="0";
$g="TRUE";
$h=array();
$i=array("a","b","c");
$j=NULL;
echo var_dump((boolean)$a)."<br>";
echo var_dump((boolean)$b)."<br>";
echo var_dump((boolean)$c)."<br>";
echo var_dump((boolean)$d)."<br>";
echo var_dump((boolean)$e)."<br>";
echo var_dump((boolean)$f)."<br>";
echo var_dump((boolean)$g)."<br>";
echo var_dump((boolean)$h)."<br>";
echo var_dump((boolean)$i)."<br>";
echo var_dump((boolean)$j);
?>
```

在浏览器中输出为：

```
bool(false)
bool(true)
bool(false)
bool(true)
bool(false)
bool(false)
bool(true)
bool(false)
bool(true)
bool(false)
```

（4）其他数据类型转换为字符串的规则（见表 2-7）。

表 2-7　其他数据类型转换为字符串的规则

原 类 型	目 标 类 型	转 换 规 则
整型	字符串	转换时直接在整型两边加上双引号作为转换后的结果
浮点型	字符串	转换时直接在浮点型两边加上双引号作为转换后的结果
布尔型	字符串	true 转换为字符串 "1"，false 转换为字符串 "0"
数组	字符串	直接转换为字符串 "Array"
对象	字符串	直接转换为字符串 "Object"
NULL	字符串	直接转换为空字符串

实例 2-23　将其他数据类型转换为字符串

实例代码如下：

```
<?php
$a=123;
$b=3.14;
$c=TRUE;
$d=FALSE;
$e=array("abc");
$f=NULL;
echo (string)$a."<br>";
echo (string)$b."<br>";
echo (string)$c."<br>";
echo (string)$d."<br>";
echo (string)$e."<br>";
echo (string)$f;
?>
```

在浏览器中输出为：

```
123
3.14
1

Array
```

（5）其他数据类型转换为数组的规则（见表 2-8）。

表 2-8　其他数据类型转换为数组的规则

<table>
<tr><th>原 类 型</th><th>目 标 类 型</th><th>转 换 规 则</th></tr>
<tr><td>整型</td><td rowspan="4">数组</td><td rowspan="4">将这几个数据类型强制转换为数组时，得到的数组只包含一个数据元素，该数据就是未转换前的数据，并且该数据的数据类型也与未转换前相同</td></tr>
<tr><td>浮点型</td></tr>
<tr><td>布尔型</td></tr>
<tr><td>字符串</td></tr>
<tr><td>对象</td><td>数组</td><td>转换时将对象的成员变量的名称作为各数组元素的key，而转换后数组每个key的value都为空。
1. 如果成员变量为私有的（private），则转换后 key 的名称为“类名 + 成员变量名”
2. 如果成员变量为公有的（public），则转换后 key 的名称为“成员变量名”
3. 如果成员变量为受保护的（protected），则转换后 key 的名称为“*+ 成员变量名”</td></tr>
<tr><td>NULL</td><td>数组</td><td>直接转换为一个空数组</td></tr>
</table>

实例 2-24　将其他数据类型转换为数组

实例代码如下：

```
<?php
$a=123;
$b=3.14;
$c=TRUE;
$d="Hello";
class A {
  private $private;
  public $public;
  protected $protected;
}
$e=new A();
$f=NULL;
echo var_dump((array)$a)."<br>";
echo var_dump((array)$b)."<br>";
echo var_dump((array)$c)."<br>";
echo var_dump((array)$d)."<br>";
echo var_dump((array)$e)."<br>";
echo var_dump((array)$f);
?>
```

在浏览器中输出为：

```
array(1) { [0]=> int(123) }
array(1) { [0]=> float(3.14) }
array(1) { [0]=> bool(true) }
array(1) { [0]=> string(5) "Hello" }
array(3) { ["Aprivate"]=> NULL  ["public"]=> NULL     ["*protected"]=> NULL }
array(0) { }
```

（6）其他数据类型转换为对象的规则（见表 2-9）。

表 2-9　其他数据类型转换为对象的规则

原类型	目标类型	转换规则
整型	对象	将其他类型变量转换为对象时，将会新建一个名为 scalar 的属性，并将原变量的值存储在这个属性中
浮点型		
布尔型	对象	将其他类型变量转换为对象时，将会新建一个名为 scalar 的属性，并将原变量的值存储在这个属性中
字符串		
数组	对象	将数组转换为对象时，数组的 key 作为对象成员变量的名称，对应各个 key 的 value 作为对象成员变量保存的值
NULL	对象	直接转换为一个空对象

实例 2-25　将其他数据类型转换为对象

实例代码如下：

```
<?php
$a=123;
```

```
$b=3.14;
$c=TRUE;
$d="Hello";
$e=array('a'=>"aaa",'b'=>"bbb",'c'=>"ccc");
$f=NULL;
echo var_dump((object)$a)."<br>";
echo var_dump((object)$b)."<br>";
echo var_dump((object)$c)."<br>";
echo var_dump((object)$d)."<br>";
echo var_dump((object)$e)."<br>";
echo var_dump((object)$f);
?>
```

在浏览器中输出为：

```
object(stdClass)#1 (1) { ["scalar"]=> int(123) }
object(stdClass)#1 (1) { ["scalar"]=> float(3.14) }
object(stdClass)#1 (1) { ["scalar"]=> bool(true) }
object(stdClass)#1 (1) { ["scalar"]=> string(5) "Hello" }
object(stdClass)#1 (3) { ["a"]=> string(3) "aaa" ["b"]=> string(3) "bbb" ["c"]
=>string(3) "ccc" }
object(stdClass)#1 (0) { }
```

2.4.6 变量的常用函数

1. 变量转换函数

PHP 强制转换中，除了上述方法外，还可应用函数进行转换，常用的函数有以下几种。

（1）settype( ) 函数

settype( ) 函数将变量设置为指定类型，当某个变量用 settype( ) 函数设定后，该变量的类型就发生改变，其语法如下：

```
bool settype(mixed $var, string $type)
```

将变量 var 的类型设置成 type。type 的可能值为：boolean（或为 bool）、integer（或为 int）、float、string、array、object、null。如果成功，则返回 true，失败则返回 false。

实例 2-26 使用 settype( ) 函数指定变量类型

实例代码如下：

```
<?php
$a="5.6kg";
$b=true;
settype($a,"float")."<br>";
settype($b,"string")."<br>";
echo $a."<br>";
echo $b;
?>
```

在浏览器中输出为：

```
5.6
1
```

可以看出，原来为字符串的 a 经 settype 设置后，转换为浮点数 5.6。原来为布尔值的 b 经 settype 设置后，true 转换为字符串 "1"。

（2）intval( ) 函数、floatval( ) 函数、strval( ) 函数

这三个函数是将原变量通过转换后得到新类型的新变量，原变量的类型和值都不变，括号中放入原变量。

实例 2-27　使用 intval( ) 函数、floatval( ) 函数、strval( ) 函数实现数据转换

实例代码如下：

```
<?php
$a="5.6kg";
$b=2001;
$c=intval($a);
$d=floatval($a);
$e=strval($b);
echo $a."<br>";
echo $b."<br>";
echo $c."<br>";
echo $d."<br>";
echo $e;
?>
```

在浏览器中输出为：

```
5.6kg
2001
5
5.6
2001
```

可以看出，原变量 a、b 并没有改变，变量 c 为整数 5，变量 d 为浮点数 5.6，变量 e 为字符串 "2001"，而原变量 b 为整数 2001。

2. 变量检查函数

（1）isset( ) 函数

isset( ) 函数用于检查某个变量是否存在，如果存在，则返回 true，否则返回 false。

使用 isset( ) 函数的实例代码如下。

实例 2-28　isset( ) 函数检查变量是否存在

实例代码如下：

```
<?php
$a="2001 年 ";
$c=3.14;
echo isset($a)."<br>";
echo isset($b)."<br>";
echo isset($c);
?>
```

在浏览器中输出为：

```
1
1
```

因 a、c 真实存在，它返回布尔值 true，在浏览器中显示为 1，而 b 并不存在，它返回布尔值 false，在浏览器中显示为空。

（2）empty( ) 函数

empty( ) 函数用于检查某个变量的值是否为空（""、0、"0"、NULL、false、array( )、var 以及没有任何属性的对象都将被认为是空），如果为空则返回 true，否则返回 false。

实例 2-29 empty( ) 函数检查变量值是否为空

实例代码如下：

```
<?php
$a="";
$b=3.14;
$c=0;
echo empty($a)."<br>";
echo empty($b)."<br>";
echo empty($c);
?>
```

在浏览器中输出为：

```
1
1
```

因 a、c 为空，它返回布尔值 true，在浏览器中显示为 1，而 b 并不为空，它返回布尔值 false，在浏览器中显示为空。

3. 变量判断函数

PHP 中有一些函数可以判断变量的类型，下面将一些常用的变量判断函数总结见表 2-10。

表 2-10 判断变量类型的函数

函 数 名	作 用	判断结果
is_int() is_integer()	检测变量是否为整数类型	若变量为整数类型则返回 true，否则返回 false
is_float() is_double()	检测变量是否为浮点型	若变量为浮点型则返回 true，否则返回 false
is_bool()	检测变量是否为布尔型	若变量为布尔型则返回 true，否则返回 false
is_string()	检测变量是否为字符串	若变量为字符串则返回 true，否则返回 false
is_array ()	检测变量是否为数组	若变量为数组则返回 true，否则返回 false
is_object()	检测变量是否为一个对象	若变量为对象则返回 true，否则返回 false
is_resource()	检测变量是否为资源类型	若变量为资源类型则返回 true，否则返回 false
is_null()	检测变量是否为 NULL	若变量为 NULL 则返回 true，否则返回 false

实例 2-30　使用判断变量类型函数

实例代码如下：

```
<?php
$a="8";
$b=3.14;
$c=9;
$d=array(2,4,6);
echo is_string($a).'<br>';
echo is_float($b).'<br>';
echo is_string ($c).'<br>';
echo is_array($d);
?>
```

在浏览器中输出为：

```
1
1
1
```

4. 变量获取函数

（1）gettype( ) 函数

本函数用来获取变量的类型。返回的类型字符串可能为下列字符串之一：boolean、integer、double、string、array、object、resource、NULL、unknowntype。

实例 2-31　使用 gettype( ) 函数获取变量类型

实例代码如下：

```
<?php
$a=" 大家好！ ";
$b=3.14;
$c=9;
$d=array(2,4,6);
echo gettype($a).'<br>';
echo gettype($b).'<br>';
echo gettype($c).'<br>';
echo gettype($d);
?>
```

在浏览器中输出为：

```
string
double
integer
array
```

一般不要使用 gettype( ) 函数测试某种类型，因为其返回的字符串在未来的版本中可能需要改变。此外，由于包含了字符串的比较，它的运行速度较慢。使用 is_*( ) 函数代替。

（2）var_dump( ) 函数

var_dump( ) 函数打印变量的相关信息，此函数显示关于一个或多个表达式的结构信息，包括表达式的类型与值。数组将递归展开值，通过缩进显示其结构。

实例 2-32 使用 var_dump( ) 函数打印变量信息

实例代码如下：

```
<?php
$a=" 大家好！ ";
$b=3.14;
$c=9;
$d=array(2,4,6);
echo var_dump($a).'<br>';
echo var_dump($b).'<br>';
echo var_dump($c).'<br>';
echo var_dump($d);
?>
```

在浏览器中输出为：

```
string(8) " 大家好！ "
float(3.14)
int(9)
array(3) { [0]=> int(2) [1]=> int(4) [2]=> int(6) }
```

（3）var_export( ) 函数

var_export( ) 函数输出或返回一个变量的字符串表示，此函数返回关于传递给该函数的变量的结构信息，它和 var_dump( ) 函数类似，不同的是它返回的表示是合法 PHP 代码。可以通过将函数的第二个参数设置为 true，从而返回变量的表示。

实例 2-33 使用 var_export( ) 函数输出或返回字符串

实例代码如下：

```
<?php
$a="8";
$b=3.14;
$c=9;
$d=array(2,4,6);
echo var_export($a).'<br>';
echo var_export($b).'<br>';
echo var_export($c).'<br>';
echo var_export($d);
?>
```

在浏览器中输出为：

```
'8'
3.14
9
array ( 0=>2, 1=>4, 2=>6, )
```

一般在调试数组时多用 var_export( ) 函数，因为 var_dump( ) 函数没有格式，而 var_export( ) 函数是有换行的，看起来比较舒服一些。而在调试单个变量时多用 var_dump( ) 函数，因为 var_ dump( ) 函数可以打印出变量类型和长度。

5. 变量销毁函数——unset( ) 函数

在 PHP 中，使用 unset( ) 函数销毁变量，但很多时候，这个函数只把变量给销毁了，内存中存放的该变量的值仍然没有销毁，没能达到释放内存的效果。

如果通过 unset( ) 函数引用传递的变量，则只是局部变量被销毁，而调用环境中的变量将保持调用 unset( ) 函数之前一样的值。

实例 2-34　使用 unset( ) 函数销毁变量

实例代码如下：

```
<?php
$a="大家好！";
$b=3.14;
$c=9;
$d=array(2,4,6);
$e=true;
unset($b);
unset($d);
echo($a).'<br>';
echo($b).'<br>';
echo($c).'<br>';
echo($d).'<br>';
echo($e);
?>
```

在浏览器中输出为：

```
大家好!
9
1
```

变量 b 和 d 被销毁，所以没有被输出。

2.5　PHP 常量

2.5.1　自定义常量

PHP 中使用 define( ) 函数定义常量。define(常量名 , 常量值)，常量命名方法与变量命名相同，以字母或下画线开头，常量名称区分大小写，但按照惯例常量名称全部大写，如果设置为 true 则不区分大小写，如果设置为 false 则区分大小写，如果没有设置该参数，则取默认值 false。一个常量一旦被定义，就不能再改变或者取消定义。

实例 2-35　使用 define( ) 函数定义常量

实例代码如下：

```
<?php
```

```
define("CONSTANT", " 你好！ ");
echo CONSTANT."<br>";
define("CONSTANT", " 你在干什么？ ");
echo CONSTANT."<br>";
echo Constant;
?>
```

在浏览器中输出为：

```
你好！
你好！
Constant
```

在 PHP 中定义了一个常量名 CONSTANT，并赋予值“你好！”，因此在浏览器中输出“你好！”，如果又给常量 CONSTANT 赋予另一值“你在干什么？”，因常量定义后其值不能被改变，因此浏览器中第二个输出仍为“你好！”，而不是“你在干什么？”。将 echo CONSTANT 改成 echo Constant，因常量区分大小写，Constant 并不是常量 CONSTANT，因此 Constant 被当作内容输出来，即第三个输出为 Constant。

2.5.2 预定义常量

与预定义变量一样，PHP 也提供了一些默认的预定义常量供使用。在程序中可以随时应用这些预定义常量，但是不能任意更改这些常量的值。PHP 中常用的一些默认预定义常量及其作用见表 2-11。

表 2-11 预定义常量及其作用

常　量	作　用
__FILE__	存储当前脚本的绝对路径及文件名称
__LINE__	存储该常量所在的行号
__FUNCTION__	存储该常量所在的函数名称
__CLASS__	存储该常量所在的类的名称
__METHOD__	存储该常量所在的类的方法名称
PHP_VERSION	存储当前 PHP 的版本号
PHP_OS	存储当前服务器的操作系统

2.6 运　算　符

一个复杂的 PHP 程序往往是由大量的表达式构成的，而运算符则是表达式的核心，又称操作符。只有掌握了 PHP 表达式和运算符的用法，才能够更好地使用 PHP 语言进行开发设计。PHP 中常用的运算符包括算术运算符、递增 / 递减运算符、赋值运算符、比较运算符、逻辑运算符、位运算符、字符串运算符和数组运算符等，下面将分别介绍。

2.6.1 算术运算符

算术运算符就是用来处理四则运算的符号，这是最简单，也最常用的符号，尤其是数字的处理，几乎都会使用到算术运算符，其中取模就是取余数的意思。

PHP 提供的算术运算符及其应用格式见表 2-12。

表 2-12 算术运算符及其应用格式

算术运算符	名 称	应用格式
+	加法运算符	\$a + \$b
-	减法运算符	\$a - \$b
*	乘法运算符	\$a * \$b
/	除法运算符	\$a / \$b
%	取模运算符	\$a % \$b

实例 2-36 算术运算符的使用

实例代码如下：

```
<?php
$a=8;
$b=3;
echo $a+$b."<br>";
echo $a-$b."<br>";
echo $a*$b."<br>";
echo $a/$b."<br>";
echo $a%$b;
?>
```

在浏览器中输出为：

```
11
5
24
2.66666666667
2
```

2.6.2 递增 / 递减运算符

递增 / 递减运算符是可以对数字或字符进行递增、递减操作的一种运算符。PHP 提供的递增 / 递减运算符及其说明见表 2-13。

表 2-13 递增 / 递减运算符及其说明

示 例	名 称	说 明
\$i++	后加	返回 \$i，然后将 \$i 的值加 1
++\$i	前加	\$i 的值加 1，然后返回 \$i
\$i--	后减	返回 \$i，然后将 \$i 的值减 1
--\$i	前减	\$i 的值减 1，然后返回 \$i

实例 2-37 递增 / 递减运算符的使用

实例代码如下：

```
<?php
$a=8;
$b=8;
$c=3;
$d=3;
echo $a++."<br>";
echo ++$b."<br>";
echo $c--."<br>";
echo --$d;
?>
```

在浏览器中输出为：

```
8
9
3
2
```

2.6.3 赋值运算符

基本的赋值运算符是“=”，它并不是常规的“等于”号，它实际上意味着把右边表达式的值赋给左边的变量。如 a=3，并不是 a 等于 3，而是将整数 3 赋给 a。然而在 PHP 中不仅仅只有这一种赋值运算符，PHP 提供的赋值运算符及其用法见表 2-14。

表 2-14 赋值运算符及其用法

赋值运算符	用　法	等价格式
=	$a = 10	$a = 10
+=	$a += 10	$a = $a + 10
-=	$a -= 10	$a = $a - 10
*=	$a *= 10	$a = $a* 10
/=	$a /= 10	$a = $a / 10
%=	$a %= 10	$a = $a % 10
.=	$a .= "abc"	$a = $a. "abc"

实例 2-38 赋值运算符的使用

实例代码如下：

```
<?php
$a=6;
$b=8;
$c=7;
$d=5;
$e=4;
$f=" 大家 ";
echo($a+=3)."<br>";
echo($b-=3)."<br>";
echo($c*=3)."<br>";
echo($d/=3)."<br>";
```

```
echo($e%=3)."<br>";
echo($f.=" 好！");
?>
```

在浏览器中输出为：

```
9
5
21
1.66666666667
1
大家好！
```

2.6.4　比较运算符

比较运算符又称条件运算符或关系运算符，用于比较两个数据的值并返回一个布尔类型的结果。PHP 提供的比较运算符及其用法见表 2-15。

表 2-15　比较运算符及其用法

比较运算符	名　称	用　法	说　明
==	等于	$a == $b	如果变量 a 等于变量 b，则返回 true
===	全等	$a === $b	如果变量 a 等于变量 b，并且它们的数据类型也相同，则返回 true
!= 或 <>	不等	$a != $b 或 $a<>$b	如果变量 a 不等于变量 b，则返回 true
!==	非全等	$a !== $b	如果变量 a 不等于变量 b，或者它们的数据类型不同，则返回 true
<	小于	$a < $b	如果变量 a 小于变量 b，则返回 true
>	大于	$a > $b	如果变量 a 大于变量 b，则返回 true
<=	小于或等于	$a <= $b	如果变量 a 小于或等于变量 b，则返回 true
>=	大于或等于	$a>=$b	如果变量 a 大于或等于变量 b，则返回 true

实例 2-39　比较运算符的使用

实例代码如下：

```
<?php
$a=5;
$b=3;
$c="5";
$d=5.0;
echo var_dump($a==$b)."<br>";
echo var_dump($c==$d)."<br>";
echo var_dump($a===$c)."<br>";
echo var_dump($a!=$b)."<br>";
echo var_dump($a!=$c)."<br>";
echo var_dump($a!==$d)."<br>";
echo var_dump($a<$b)."<br>";
echo var_dump($a>$b)."<br>";
echo var_dump($a<=$b)."<br>";
echo var_dump($a>=$b);
?>
```

在浏览器中输出为：

```
bool(false)
bool(true)
bool(false)
bool(true)
bool(false)
bool(true)
bool(false)
bool(true)
bool(false)
bool(true)
```

2.6.5 逻辑运算符

逻辑运算符用于处理逻辑运算操作，只能操作布尔型值。PHP 提供的逻辑运算符及其用法见表 2-16。

表 2-16 逻辑运算符及其用法

逻辑运算符	名 称	用 法	说 明
and 或 &&	逻辑与	$a and $b 或 $a&&$b	如果 $a 和 $b 两个都为 true 时返回 true
or 或 ||	逻辑或	$a or $b 或 $a\|\|$b	如果 $a 和 $b 任何一个为 true 时返回 true
xor	逻辑异或	$a xor $b	如果 $a 和 $b 只有一个为 true 时返回 true
!	逻辑非	!$a	如果 $a 为 false 时返回 true

实例 2-40 逻辑运算符的使用

实例代码如下：

```
<?php
$a=true;
$b=true;
$c=false;
echo var_dump($a&&$b)."<br>";
echo var_dump($a&&$c)."<br>";
echo var_dump($a||$b)."<br>";
echo var_dump($a||$c)."<br>";
echo var_dump($a xor $b)."<br>";
echo var_dump($a xor $c)."<br>";
echo var_dump(!$a)."<br>";
echo var_dump(!$c);
?>
```

在浏览器中输出为：

```
bool(true)
bool(false)
bool(true)
bool(true)
bool(false)
```

```
bool(true)
bool(false)
bool(true)
```

2.6.6 位运算符

位运算符主要应用于整型数据的运算过程。当表达式包含位运算符时，运算时会先将各个整型运算数转换为相应的二进制格式，然后再进行位运算。PHP 提供的位运算符及其用法见表 2-17。

表 2-17 位运算符及其用法

位运算符	名 称	用 法	说 明
&	与	\$a & \$b	将在 \$a 和 \$b 中都为 1 的位设为 1
|	或	\$a | \$b	将在 \$a 或者 \$b 中为 1 的位设为 1
^	异或	\$a ^ \$b	将在 \$a 和 \$b 中不同的位设为 1
~	非	~ \$a	将 \$a 中为 0 的位设为 1，为 1 的位设为 0
<<	左移	\$a << 2	将 \$a 中的位向左移动 2 次，空出的位置补 0 （每一次移动都表示“乘以 2”）
>>	右移	\$a >> 2	将 \$a 中的位向右移动 2 次，多出的位置截掉 （每一次移动都表示“除以 2”）

实例 2-41 位运算符的使用

实例代码如下：

```
<?php
$a=7;                    // 二进制为 00000111
$b=2;                    // 二进制为 00000010
echo($a&$b)."<br>";      // 与操作后为 00000010，转十进制为 2
echo($a|$b)."<br>";      // 或操作后为 00000111，转十进制为 7
echo($a^$b)."<br>";      // 异或操作后为 00000101，转十进制为 5
echo(~$a)."<br>";        // 非操作后为 11111000，转十进制为 -8
echo($a<<$b)."<br>";     // 向左移 2 个单位后为 00011100，转十进制为 28
echo($a>>$b)."<br>";     // 向右移 2 个单位后为 00000001，转十进制为 1
?>
```

在浏览器中输出为：

```
2
7
5
-8
28
1
```

其他都好理解，对于非操作后为 11111000，转十进制为 -8，做一下解释。

对于 32 位字长的计算机，为了方便，如果按 8 位说明（8 的二进制为 1000，其 32 位为 0000 0000000000000000000000001000，其 8 位为 00001000）。当指定一个数是无符号类型时，那么其最高位的 1 或 0，和其他位一样，用来表示该数的大小。当指定一个数是有符号类型时，最高位数称为“符号位”。为 1 时表示该数为负值，为 0 时表示该数为正值。

负数转为二进制的步骤为：

（1）求出其正数的二进制，如 -8 的正数（8）的二进制为 00001000。

（2）求出其反码，即 1 变 0，0 变 1，00001000 的反码是 11110111。

（3）得出其补码，即反码加 1，要记住逢 2 进 1，11110111 的补码为 11111000，因此 -8 的二进制为 11111000。

虽然是 8 位，而实际上是 32 位，前 24 位全都是 1，上面讲的 8 的二进制 00001000 前 24 位都是 0。

为什么 11111000 是 -8 而不是 248？将 248 转为二进制是 11111000，但其前 24 位都为 0，而 -8 的二进制前 24 位都为 1。如果单从 8 位来讲，248 的二进制是无符号类型，它没有负数，取值范围为 0 ~ 255（00000000 ~ 11111111）共 256 个数，而 -8 的二进制是有符号类型，取值范围为 -128 ~ 127（负数 10000000 ~ 11111111，00000000，正数 00000001 ~ 01111111）共 256 个数。

32 位操作系统中使用位运算符编程时，右移不要超过 32 位，左移结果不要超过 32 位，否则会发生数据溢出。

如果在开发过程中一定要使用位运算符，则建议开发人员保证所有参与位运算的数据都为整型数据，否则运算结果可能产生错误。

位运算符也可用于包含字符串的表达式，但是这种情况很少见。

2.6.7 字符串运算符

字符串运算符又称连接运算符，用于处理字符串的相关操作。在 PHP 中提供了两个字符串运算符：第一个是连接运算符“.”，它返回其左右参数连接后的字符串；第二个是连接赋值运算符“.=”，它将右边参数附加到左边的参数后。

实例 2-42 字符串运算符的使用

实例代码如下：

```
<?php
$a=" 今天 ";
$b=$a . " 是星期一，";
echo $b."<br>";
$c=" 明天 ";
$c.=" 是星期二。";
echo($c);
?>
```

在浏览器中输出为：

```
今天是星期一，
明天是星期二。
```

2.6.8 数组运算符

数组运算符应用于数组的一些相关操作。PHP 提供的数组运算符及其用法见表 2-18。

表 2-18 数组运算符及其用法

数组运算符	名称	用法	说明
+	联合	$a+$b	$a 与 $b 保存的数组联合
==	相等	$a==$b	如果 $a 与 $b 保存的数组具有相同键值，则返回 true
===	全等	$a===$b	如果 $a 与 $b 保存的数组具有相同键值，且顺序和数据类型一致则返回 true
!= 或 <>	不等	$a!=$b 或 $a<>$b	如果 $a 与 $b 保存的数组不具有相同键值，则返回 true
!==	不全等	$a!==$b	如果 $a 与 $b 保存的数组不具有相同键值，且顺序和数据类型也不一致，则返回 true

实例 2-43 数组运算符的应用

实例代码如下：

```
<?php
$a=array("1"=>3,"2"=>5);
$b=array("color"=>"red","shape"=>"round");
$c=array("1"=>"3","2"=>"5");
echo var_dump($a+$b)."<br>";
echo var_dump($a==$c)."<br>";
echo var_dump($a===$c)."<br>";
echo var_dump($a!=$b)."<br>";
echo var_dump($a!==$c);
?>
```

在浏览器中输出为：

```
array(4) { [1]=> int(3)[2]=> int(5)["color"]=> string(3) "red" ["shape"]=>string(5)
"round" }
bool(true)
bool(false)
bool(true)
bool(true)
```

2.6.9 错误抑制运算符

PHP 表达式产生错误而如果不想将错误信息显示在页面上时，可使用错误抑制运算符。当表达式的前面加上“@”运算符以后，该表达式可能产生的任何错误信息都会被忽略。

实例 2-44 错误抑制运算符的使用

实例代码如下：

```
<?php
$a=5;
$b=0;
echo ($a/$b);
?>
```

在浏览器中输出为：

```
Warning: Division by zero in C:\phpStudy\WWW\2\44.PHP on line 4
```

上面的 C:\phpStudy\WWW\ 是网站的目录路径。

浏览器出现了错误提示，如果在 ($a/$b) 前面加上“@”符号，则再次运行程序时，就不会得到任何错误信息。

```
<?php
$a=5;
$b=0;
echo @($a/$b);
?>
```

在程序的开发调试阶段，不应该使用错误抑制运算符，以便能够快速地发现错误信息。而在程序的发布阶段，可加上错误抑制运算符，以防止程序出现不友好的错误信息。

2.6.10　类型运算符

PHP5 提供了类型运算符 instanceof，在 PHP5 之前通过 is_a( ) 函数实现，现在已经不推荐使用了。这个运算符用于判断指定对象是否来自于指定的类。

实例 2-45　类型运算符的应用

实例代码如下：

```
<?php
class A{}                          //定义一个类 A
$a=new A();                        //实例化一个类 A 的对象 a
var_dump($a instanceof A);         //使用类型运算符判断 a 是否为类 A 的实例
?>
```

在浏览器中输出为：

```
bool(true)
```

2.6.11　执行运算符

执行运算符使用“`”（键盘数字 1 左边的按键）符号。使用了这个运算符以后，该运算符内的字符串将会被当作 DOS 命令行处理。

实例 2-46　执行运算符的应用

实例代码如下：

```
<?php
$a=`dir c:\\AppServ`;
echo $a;
?>
```

在浏览器中输出为：

```
驱动器 C 中的卷是 BOOTCAMP 卷的序列号是 3424-B308 c:\ 的目录
```

2.6.12　三元运算符

三元运算符的功能与 if...else 流程语句一致，它在一行中书写，代码精练、执行效率高。在

PHP 程序中恰当地使用三元运算符能够让脚本更为简洁、高效。

代码的格式如下：

```
表达式 1?表达式 2:表达式 3
```

如果表达式 1 的值为 true 则计算表达式 2，否则计算表达式 3。

实例 2-47 判断运算符的应用

实例代码如下：

```
<?php
$a=90;
$b=$a>80?'成功':'失败';
echo $b;
?>
```

在浏览器中输出为：

```
成功
```

注意： 在使用三元运算符时，建议使用 print 语句替换 echo 语句，经测试，PHP4 环境下，在使用三元运算时若用 echo 语句打印内容，PHP 会报错。

2.6.13 运算符的优先级

一个复杂的表达式往往包含了多种运算符，各个运算符优先级的不同决定了其被执行的顺序也不一样。高优先级的运算符所在的子表达式会先被执行，而低优先级的运算符所在的子表达式会后被执行。

表 2-19 所示从高到低列出了 PHP 运算符的优先级。同一行中的运算符具有相同的优先级，此时它们的结合方向决定求值顺序。“左”表示表达式从左向右求值，“右”相反。

表 2-19 运算符优先级

结合方向	运算符	附加信息
无方向性	new	new
左	[	array( )
无方向性	++ --	递增 / 递减运算符
	! ~ - (int) (float) (string) (array) (object) @	类型
左	* / %	算数运算符
左	+ - .	算术运算符和字符串运算符
左	<< >>	位运算符
无方向性	< <= > >=	比较运算符
无方向性	== != === !==	比较运算符
左	&	位运算符和引用
左	^	位运算符
左	|	位运算符
左	&&	逻辑运算符
左	||	逻辑运算符

续表

结合方向	运算符	附加信息
左	? :	三元运算符
右	= += -= *= /= .= %= &= |= ^= <<= >>=	赋值运算符
左	and	逻辑运算符
左	xor	逻辑运算符
左	or	逻辑运算符

如果在开发过程中需要使用复杂的表达式运算，则可以通过添加“( )”限制各子表达式运算的优先级。

2.7 表 达 式

表达式是常量、变量和运算符的组合。表达式是 PHP 最重要的基石。在 PHP 中，几乎所写的任何东西都是一个表达式。简单但却最精确的定义一个表达式的方式就是“任何有值的东西”。

2.7.1 简单表达式

简单表达式是由一个单一的赋值符或一个单一函数调用组成的。由于这些表达式很简单，所以也没必要过多讨论。

实例 2-48 简单表达式应用

实例代码如下：

```
<?php
if($a<$b) {
    echo "a<b";
}
else{
    echo "a>b";
}
?>
```

输出结果如下：

```
a>b
```

上面的例子使用了 if 判断语句，判断条件就是括号里面 a < b 表达式，如果 a < b 成立的话，就会输出 a< b，否则就会输出 a> b。这只是一个简单的表达式，在实际开发中会复杂很多。

2.7.2 复杂表达式

复杂表达式可以以任何顺序使用任意数量的数值、变量、操作符和函数。尽可能使用简短的表达式，这意味着它们更容易维护。

实例 2-49 复杂表达式

实例代码如下：

```
<?php
((10+2)/count_fishes()*114)
?>
```

如下是包含三个操作符和一个函数调用的复杂表达式。

```
<?php
initialize_count(20 -($int_page_number -1)*2)
?>
```

说明：这是有一个复杂表达式参数的简单函数调用。

有时很难分清左括号和右括号的数目是否相同。从左到右，当左括号出现时，就加 1，当右括号出现时，就从总数中减 1。如果在表达式的结尾总数为零时，左括号和右括号的数目就一定相同了。

2.8 PHP 流程控制语句

不论是 PHP 还是别的语法，程序总是由若干条语句组成。

从执行方式上看，语句的控制结构分为以下三种：

（1）顺序结构：从第一条语句到最后一条语句完全顺序执行。

（2）选择结构：根据用户输入或语句的中间结果执行若干任务。

（3）循环结构：根据某个条件重复地执行某项任务若干次，或直到达成目标即可。

PHP 中有三种控制语句用以实现选择结构与循环结构：

（1）条件控制语句：if、else、elseif 和 switch。

（2）循环控制语句：foreach、while、do...while 和 for。

（3）转移控制语句：break、continue 和 return。

2.8.1 条件控制语句

1. if...else 语句和用法

```
if(A)
  statement1;
else
  statement2;
```

解析：如果 A 为 true，则执行 statement1；否则执行 statement2。

实例 2-50 if...else 语句的使用

实例代码如下：

```
<?php
$fenshu=59;              //根据 $fenshu 的值，判断是否及格。如果大于或等于 60 则输出及格
if($fenshu>=60)
  echo "及格";
else
```

```
  echo "不及格";
?>
```

输出结果如下：

```
不及格
```

2. if...elseif...else 语句的使用

```
if(A)
  statement1;
elseif(B)
  statement2;
else
  statement3;
```

解析：如果 A 为 true，则执行 statement1。否则，如果 B 的值为 true，则执行 statement2；否则执行 statement3。当然：if 语句也可以嵌套。

实例 2-51 if...elseif...else 语句的使用

实例代码如下：

```
<?php
$fenshu=59;
if($fenshu>=60)                    //在大于或等于 60 的情况下再进行分类
{
  if($fenshu>=90) echo "优秀";
  elseif($fenshu>=80) echo "良好";
  elseif($fenshu>=70) echo "中等";
  elseif($fenshu>=60) echo "及格";
  else echo "不及格";
}
else echo "分数输入有误！";
?>
```

输出结果如下：

```
分数输入有误！
```

3. switch 语句和语法

```
switch(A)
{
  case val1:
    statement1;
    break;
  case val2:
    statement2;
    break;
  default:
    statement3;
}
```

当一个 case 语句中的值和 switch 表达式 A 的值匹配时，PHP 开始执行语句，直到 switch 程序段结束或者遇到第一个 break 语句为止（如果没有遇到 break，则 PHP 将继续执行下一个 case）。

实例 2-52 switch 语句的使用（break 语句比较）

实例代码如下：

```
<?php
header("content-type:text/html;charset=utf8");
$cj=70;
switch($cj)
{
  case $cj>=90 && $cj<=100:
    echo "优秀<br>";
    //break;
  case $cj>=80 && $cj<90:
    echo "良好<br>";
   //break;
  case $cj>=70 && $cj<80:
    echo "中等<br>";
   //break;
  case $cj>=60 && $cj<70:
    echo "及格<br>";
    //break;
  case $cj>=0 && $cj<60:
    echo "不及格<br>";
    //break;
  default:
    echo"成绩输入错误<br>";
}
?>
```

输出结果如下：

```
中等
及格
不及格
成绩输入错误
```

如果加上 break，输出结果如下：

```
中等
```

分析：

没有加上 break 的结果是：switch 先匹配一个 case 满足 cj，然后执行 case 中的语句，直至遇到 break，否则一直往下执行。

与 if 相比，switch 的效率更高。

2.8.2 PHP 循环语句

循环语句用于反复地执行某一个操作。

PHP 循环语句包含 while 循环、do...while 循环、for 循环、foreach 循环等。

1. while 循环

while 循环是 PHP 中最简单的循环语句，它的语法格式为：

```
while(A)
   statement;
```

说明：只要 while 表达式中的 A 为 true，就执行 statement。

实例 2-53 while 循环的使用

实例代码如下：

```
<?php
$x=1;
while($x<=5) {
  echo "这个数字是: $x <br>";
  $x++;
}
?>
```

输出结果如下：

```
这个数字是: 1
这个数字是: 2
这个数字是: 3
这个数字是: 4
这个数字是: 5
```

2. do...while 循环

```
do
{
  Statements;
}
while(A)
```

do...while 与 while 的区别是：在循环结束时 do...while 进行检查，不管循环的条件满足与否，do...while 都将执行一次。

实例 2-54 do...while 循环的使用

实例代码如下：

```
<?php
$x=2;
do {
  echo "这个数字是: $x <br>";
  $x++;
} while($x<=5);
?>
```

输出结果如下：

```
这个数字是：2
这个数字是：3
这个数字是：4
这个数字是：5
```

3. for 循环

```
  for(A;B;C)
    statement;
```

分析：第一个表达式在循环开始时先无条件地执行一次，一般 A 都为赋值语句；B 在循环开始前运行，如果为 true， 则继续循环，执行循环的嵌套语句；C 在循环之后执行，一般都是自加自减运算。

实例 2-55 for 循环的使用

实例代码如下：

```
<?php
for($x=0; $x<=10; $x++) {
  echo " 数字是：$x <br>";
}
echo "This is for<br>";
?>
```

输出结果如下：

```
数字是：0
数字是：1
数字是：2
数字是：3
数字是：4
数字是：5
数字是：6
数字是：7
数字是：8
数字是：9
数字是：10
This is for
```

4. foreach 循环

foreach 循环只适用于数组，并用于遍历数组中的每个键 / 值对。它的语法格式为：

```
foreach($array as $value) {
  code to be executed;
}
```

每进行一次循环迭代，当前数组元素的值就会被赋值给 value 变量，并且数组指针会逐一移动，直至到达最后一个数组元素。

实例 2-56 foreach 循环的使用

实例代码如下：

```
<?php
$a=array('Tom','Mary','Peter','Jack');
foreach($a as $value) {
  echo $value."<br/>";
}
?>
```

输出结果如下：

```
Tom
Mary
Peter
Jack
```

2.8.3 跳出控制语句

PHP 中主要有三种转移控制语句：break、continue 和 return。

1. break 语句

break 语句用于结束当前循环，break 可以接受一个可选的数字参数决定跳出几重循环。

实例 2-57 break 语句的使用

实例代码如下：

```
<?php
for($i=1;$i<=10; $i++ ){
  for($j=1;$j<=10;$j++){
    $m=$i*$i+$j*$j;
    echo"$m \n<br/>";
    if($m<90||$m>190) {
      break 2;
    }
  }
}
?>
```

输出结果如下：

```
2
```

这里使用 break 2 跳出了两重循环，可以试验一下，将 2 去掉，得到的结果是完全不一样的。如果不使用参数，跳出的只是本次循环，第一层循环会继续执行下去。

将 break 2 中的 2 去掉后的输出结果如下：

```
2
5
10
17
```

```
26
37
50
65
82
101
104
109
116
125
136
149
164
181
200
```

如果不使用 break，再测试一下。输出结果如下：

```
2
5
10
17
26
37
50
65
82
101
5
8
13
20
29
40
53
68
85
104
10
13
18
25
34
45
58
73
90
109
17
20
```

```
25
32
41
52
65
80
97
116
26
29
34
41
50
61
74
89
106
125
37
40
45
52
61
72
85
100
117
136
50
53
58
65
74
85
98
113
130
149
65
68
73
80
89
100
113
128
145
164
82
85
```

```
90
97
106
117
130
145
162
181
101
104
109
116
125
136
149
164
181
200
```

2. continue 语句

continue 语句用于跳出本次循环，与 break 不同的是，continue 跳出后将继续执行下一次循环。

实例 2-58 continue 语句的使用

实例代码如下：

```
<?php
for($i=1;$i<=100; $i++ ){
  if($i%3==0||$i%7==0){
    continue;
  }
  else{
    echo "$i \n<br/>";
  }
}
?>
```

输出结果大家测试一下。

return 语句用于结束一个函数或者一个脚本文件。如果在一个函数中调用 return 语句将立即结束这个函数的执行，并将其值作为参数返回。

当然，在 PHP 中也可以将 return 当作一个函数使用，如 return( )，并在括号内写上要返回的参数。这种用法并不常见。

小 结

本章简要介绍了 PHP 的基本语法、PHP 的变量和常量，PHP 输出语句以及 PHP 的流程控制语句，本章给出了较多实例，希望读者认真练习并应用。

习　题

1. 完成教材中的实例。
2. 练习 if 语句，完成图 2-1 所示计算器的设计。

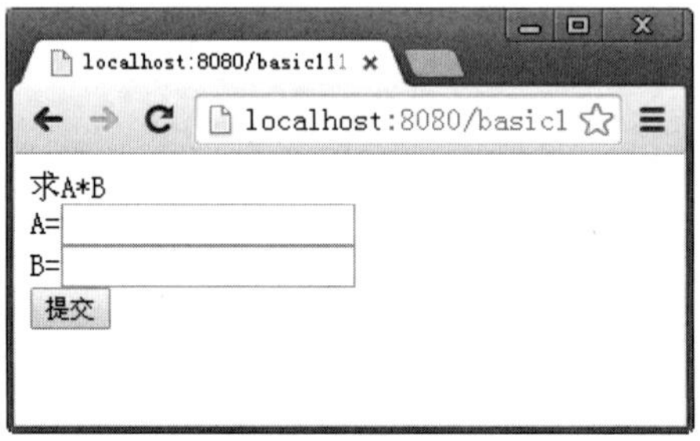

图　2-1

3. 完成图 2-2 所示改进的计算器，实现加减乘除运算。

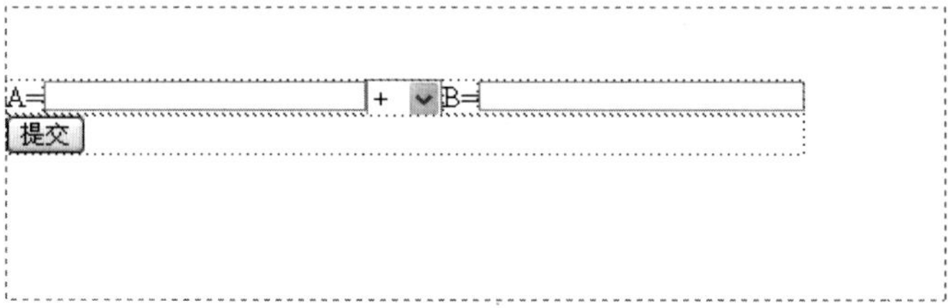

图　2-2

4. if 语句巩固练习。

（1）设计一个程序，录入两位学生的姓名和平均成绩（见图 2-3）；利用 if 语句计算显示这两位学生的成绩等级，分优（≥ 90）、良（≥ 80）、中（≥ 70）、及格（≥ 60）、不及格（<60），把代码或运行结果粘贴下来。

图　2-3

（2）对程序做改进，显示时，成绩高的在前面，成绩低的在后，效果如图 2-4 所示。

图　2-4

（3）对程序进行改进，对表单录入数据进行限制，对错误录入提示错误并要求重新输入。

5. switch 语句练习。

下面的时间显示只是一个举例，读者在上机时会显示自己上机的时间。

（1）设计一个程序，显示当天的日期。例如：

```
今天是 2024 年 05 月 31 日 星期 5
```

（2）对程序做改进，星期几用星期一～星期六、星期天表示。例如：

```
今天是 2024 年 05 月 31 日 星期五
```

（3）再对程序进行改进，设计网页小日历，如图 2-5 所示。

图　2-5

6. PHP 循环语句练习。

（1）设计一个程序，打印 9*9 的乘法表，如图 2-6 所示。

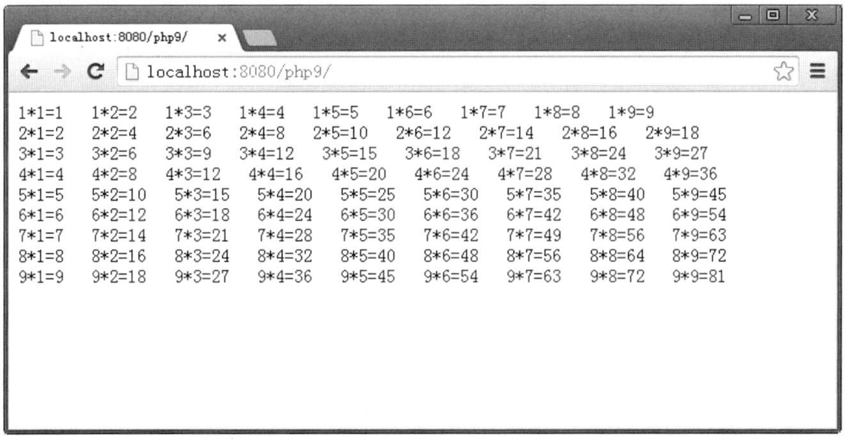

图　2-6

（2）对程序做改进，用表格显示效果如图 2-7 所示。

1*1=1	1*2=2	1*3=3	1*4=4	1*5=5	1*6=6	1*7=7	1*8=8	1*9=9
2*1=2	2*2=4	2*3=6	2*4=8	2*5=10	2*6=12	2*7=14	2*8=16	2*9=18
3*1=3	3*2=6	3*3=9	3*4=12	3*5=15	3*6=18	3*7=21	3*8=24	3*9=27
4*1=4	4*2=8	4*3=12	4*4=16	4*5=20	4*6=24	4*7=28	4*8=32	4*9=36
5*1=5	5*2=10	5*3=15	5*4=20	5*5=25	5*6=30	5*7=35	5*8=40	5*9=45
6*1=6	6*2=12	6*3=18	6*4=24	6*5=30	6*6=36	6*7=42	6*8=48	6*9=54
7*1=7	7*2=14	7*3=21	7*4=28	7*5=35	7*6=42	7*7=49	7*8=56	7*9=63
8*1=8	8*2=16	8*3=24	8*4=32	8*5=40	8*6=48	8*7=56	8*8=64	8*9=72
9*1=9	9*2=18	9*3=27	9*4=36	9*5=45	9*6=54	9*7=63	9*8=72	9*9=81

图 2-7

（3）再对程序进行改进，按图 2-8 所示显示表格。

1*1=1	1*2=2	1*3=3	1*4=4	1*5=5	1*6=6	1*7=7	1*8=8	1*9=9
	2*2=4	2*3=6	2*4=8	2*5=10	2*6=12	2*7=14	2*8=16	2*9=18
		3*3=9	3*4=12	3*5=15	3*6=18	3*7=21	3*8=24	3*9=27
			4*4=16	4*5=20	4*6=24	4*7=28	4*8=32	4*9=36
				5*5=25	5*6=30	5*7=35	5*8=40	5*9=45
					6*6=36	6*7=42	6*8=48	6*9=54
						7*7=49	7*8=56	7*9=63
							8*8=64	8*9=72
								9*9=81

图 2-8

7. 循环语句练习。

（1）用 while、for 语句输出 100 内能被 6 整除的所有数。

（2）统计上面一个语句输出的个数。

（3）PHP 先输出 100 以内的所有偶数、100 以内的所有奇数，然后统计 100 以内所有偶数的和、所有奇数的和、0 ~ 100 之间的数的和。

第 3 章 PHP 函数

本章主要介绍 PHP 自定义函数的语法、声明、函数的返回值，介绍使用 PHP 函数输出表格的方法，介绍 PHP 的检测函数，要注意检测变量为空的函数，重点介绍 PHP 字符串处理函数，字符串处理函数可以处理页面中表单输出内容。

学习目标

- ◆掌握自定义函数的语法、参数、返回值。
- ◆掌握使用函数实现表格输出的方法。
- ◆掌握 PHP 检测函数的使用方法。
- ◆掌握 PHP 字符串处理函数的类型及使用。

3.1　自定义函数

函数（function）可以看作为实现某个功能的独立的程序语句集合。将某个功能写成一个函数后，就可以在需要的地方方便地使用。合理使用函数，可以让 PHP 程序更加简洁易读，更加科学。

视频

函数的声明与参数

PHP 函数分为用户自定义函数和系统内置函数。

PHP 内置了大量函数，内置函数可以直接使用，用户自定义函数需要使用关键字 function 定义。

3.1.1　函数的语法

语法如下：

```
function function_name(arg1,arg2,…)
{
    函数功能代码
}
```

语法解读：

（1）使用 function 关键字定义一个函数。

（2）function 后面紧跟函数名，函数名以字母或下画线开始，命名应该提示其功能。

（3）函数名后面是一对小括号，里面是函数参数，参数之间以“,”号分隔，但参数不是必需的。

（4）小括号后面跟着 { }，{ } 内部是该函数要实现的功能语句。

实例 3-1 自定义函数的声明

实例代码如下：

```
<?php
/* 定义函数开始 */
function print_string()
{
  echo "你好！ ";
}
/* 定义函数结束 */
print_string();     //执行该函数，执行结果是输出"你好！ "字符串
?>
```

任何有效的 PHP 代码都有可能出现在函数（包括其他函数和类定义）内部。

提示：函数名是非大小写敏感的，不过在调用函数的时候，通常使用其在定义时相同的形式。

3.1.2 函数的参数

参数的功能是传递信息到函数。

1. 函数使用参数

实例 3-2 函数使用参数

实例代码如下：

```
<?php
function city_name($city)
{
  echo "城市名称为：".$city;
}
city_name("shanghai");  //该函数的执行结果是输出"城市名称为：shanghai"字符串
?>
```

可以给函数的参数指定默认值，以便在没有指定参数值时采用参数默认值。

实例 3-3 在函数参数中指定默认值

实例代码如下：

```
<?php
function city_name($city="beijing")
{
    echo "城市名称为：".$city;
}
$name="shanghai";
city_name();                    //执行结果是输出"城市名称为：beijing"
```

```
city_name($name);        // 执行结果是输出 " 城市名称为：shanghai"
?>
```

从实例可以看出，传入参数的变量名（name）和定义函数的参数变量名（city）无关。

2. 函数还可以接受多个参数

实例 3-4　函数接受多个参数

实例代码如下：

```
<?php
function city_name($city, $zipcode)
{
    echo " 城市名称为：".$city."<br />";
    echo " 邮政编码：".$zipcode;
}
?>
```

由于没有赋值，所以没有输出。

3.1.3　函数的返回值

视频

函数的返回值

函数在处理完内部逻辑后，常常需要根据处理结果决定下一步的操作逻辑，这时候就需要得到函数的处理结果。使用 return( ) 返回函数处理结果。函数返回值实例如下：

实例 3-5　函数的返回值

实例代码如下：

```
<?php
function add($x)
{
    return $x+1;
}
echo add(2);             // 输出函数的返回值，输出结果是 3
?>
```

函数返回值并不是指返回一个数值，可以返回包括字符串、数组、对象在内的任何类型。比较下面两个实例的区别：

实例 3-6　调用函数外部参数但不重新定义变量

实例代码如下：

```
<?php
$x=10;
function multiply($x){
  $x=$x * 10;
  return $x;
}
multiply($x);
echo $x;                 // 输出 10
?>
```

实例 3-7 调用函数外部参数后再重新定义变量

实例代码如下：

```
<?php
$x = 10;
function multiply($x){
  $x=$x*10;
  return $x;
}
$x=multiply($x);
echo $x;     // 输出 100
?>
```

实例 3-7 是先赋值为 10，然后进行运算，再输出返回值 100，然后再作为函数 multiply( ) 的参数，最后输出 100。

视频 函数输出表格

3.1.4 自定义函数使用实例

1. 函数的声明

实例 3-8 使用函数声明输出表格但没有调用

实例代码如下：

```
<?php
/* 将使用双层 for 循环输出表格的代码声明为函数，函数名为 table */
function table() {
    echo "<table align='center' border='1' width='600'>";
    for($out=0; $out<10; $out++ ) {
        $bgcolor=$out%2==0 ? "red" : "blue";      // 各行换背景色
        echo "<tr bgcolor=".$bgcolor.">";
        for($in=0; $in <10; $in++) {
            echo "<td>".($out*10+$in)."</td>";
        }
        echo "</tr>";
    }
    echo "</table>";
}
?>
```

说明： 实例中声明一个函数 table( )，将使用双层 for 循环输出的表格代码作为函数体声明在函数中。声明的 table( ) 函数没有参数列表也没有返回值，是最简单的自定义函数。

2. 函数的调用

不管是自定义函数还是系统函数，如果函数不被调用，就不会执行。函数被调用后开始执行函数体中的代码，执行完毕返回到调用的位置继续向下执行。调用规则如下：

通过函数名称调用函数。

如果函数有参数列表，还可以通过函数名后面的圆括号传入对应的值给参数，在函数体中使用参数改变函数内部代码的执行行为。

如果函数有返回值，当函数执行完毕时就会将 return 后面的值返回到调用函数的位置处。

实例 3-9　使用函数声明输出表格并调用此函数

实例代码如下：

```
<?php
/* 将使用双层 for 循环输出表格的代码声明为函数，函数名为 table */
function table()
{
  echo "<table align='center' border='1' width='600'>";
  for($out=0; $out<10; $out++ ) {
    $bgcolor=$out%2==0 ? "red" : "blue";          //各行换背景色
    echo "<tr bgcolor=".$bgcolor.">";
    for($in=0; $in<10; $in++) {
      echo "<td>".($out*10+$in)."</td>";
    }
    echo "</tr>";
  }
  echo "</table>";
}
?>
<?php
table();                   //在函数声明之后通过函数名加小括号调用上面的自定义函数
?>
```

输出结果如图 3-1 所示。

0	1	2	3	4	5	6	7	8	9
10	11	12	13	14	15	16	17	18	19
20	21	22	23	24	25	26	27	28	29
30	31	32	33	34	35	36	37	38	39
40	41	42	43	44	45	46	47	48	49
50	51	52	53	54	55	56	57	58	59
60	61	62	63	64	65	66	67	68	69
70	71	72	73	74	75	76	77	78	79
80	81	82	83	84	85	86	87	88	89
90	91	92	93	94	95	96	97	98	99

图 3-1　实例 3-9 输出结果

3. 函数参数的使用

参数列表是由零个、一个或多个参数组成的。每个参数是一个表达式，用逗号分隔。对于有参函数，在 PHP 脚本程序中和被调用函数之间有数据传递关系。定义函数时函数名后面括号内的表达式称为形式参数（简称“形参”），被调用函数名后面括号中的表达式称为实际参数（简称“实参”），实参和形参需要按顺序对应传递数据。如果函数没有参数列表，函数执行的任务就是固定的，用户在调用函数时不能改变函数内部的一些执行行为。

实例 3-10　使用函数声明输出表格，在函数中添加参数并调用函数

实例代码如下：

```
<?php
```

```
/**
自定义函数 table() 时，声明三个参数，参数之间使用逗号分隔
@param  string  $tableName    需要一个字符串类型的表名
@param  int     $rows         需要一个整型数值设置表格的行数
@param  int     $cols         需要另一个整型值设置表格的列数
*/
function table($tableName, $rows, $cols) {
  echo "<table align='center' border='1' width='600'>";
  echo "<caption><h1> $tableName </h1></caption>";

for($out=0; $out<$rows; $out++ ) {   //使用第二个参数 $rows 指定表行数
    $bgcolor=$out%2==0 ? "red" : "blue";
    echo "<tr bgcolor=".$bgcolor.">";
    for($in=0; $in<$cols; $in++) {   //使用第三个参数 $cols 指定表列数
      echo "<td>".($out*$cols+$in)."</td>";
    }
    echo "</tr>";
  }
  echo "</table>";
}
?>
<?php
table(" 千度的表格 ",10,10);
?>
```

输出结果如图 3-2 所示。

千度的表格

0	1	2	3	4	5	6	7	8	9
10	11	12	13	14	15	16	17	18	19
20	21	22	23	24	25	26	27	28	29
30	31	32	33	34	35	36	37	38	39
40	41	42	43	44	45	46	47	48	49
50	51	52	53	54	55	56	57	58	59
60	61	62	63	64	65	66	67	68	69
70	71	72	73	74	75	76	77	78	79
80	81	82	83	84	85	86	87	88	89
90	91	92	93	94	95	96	97	98	99

图 3-2　实例 3-10 输出结果

4. 函数的返回值

函数的返回值是函数执行的结果，调用函数的脚本程序不能直接使用函数体中的信息，但可以通过关键字 return 向调用者传递数据。

使用 return 语句要注意以下两点：

（1）return 语句可以返回函数体中的执行结果值。

（2）在函数体中如果执行了 return 语句，它后面的语句就不会被执行。

实例 3-11 使用函数声明输出表格，并用 return 语句返回该函数的执行结果

实例代码如下：

```
<?php
/**
自定义函数 table() 时，声明三个参数，参数之间使用逗号分隔
@param  string  $tableName    需要一个字符串类型的表名
@param  int     $rows         需要一个整型数值设置表格的行数
@param  int     $cols         需要另一个整型值设置表格的列数
*/
function table($tableName, $rows, $cols) {
  $returnStr="这是返回的字符串";
  echo "<table align='center' border='1' width='600'>";
  echo "<caption><h1> $tableName </h1></caption>";

  for($out=0; $out<$rows; $out++ ) {   //使用第二个参数 $rows 指定表行数
    $bgcolor=$out%2==0 ? "red" : "blue";
    echo "<tr bgcolor=".$bgcolor.">";
    for($in=0; $in<$cols; $in++) {     //使用第三个参数 $cols 指定表列数
      echo "<td>".($out*$cols+$in)."</td>";
    }
    echo "</tr>";
  }
  echo "</table>";
  return $returnStr;
}
?>
<?php
echo table("千度的表格",10,10);
?>
```

输出结果如图 3-3 所示。

千度的表格

0	1	2	3	4	5	6	7	8	9
10	11	12	13	14	15	16	17	18	19
20	21	22	23	24	25	26	27	28	29
30	31	32	33	34	35	36	37	38	39
40	41	42	43	44	45	46	47	48	49
50	51	52	53	54	55	56	57	58	59
60	61	62	63	64	65	66	67	68	69
70	71	72	73	74	75	76	77	78	79
80	81	82	83	84	85	86	87	88	89
90	91	92	93	94	95	96	97	98	99

这是返回的字符串

图 3-3 实例 3-11 输出结果

3.2 PHP 检测函数

视频

function_exists( )
检测函数

3.2.1 function_exists( ) 函数

PHP 的 function_exists( ) 函数用于检测函数是否被定义，检测的函数可以是 PHP 的内置函数，也可以是用户的自定义函数。如果被检测的函数存在则返回 true，否则返回 false。

语法：

```
bool function_exists(string function_name)
```

实例 3-12 检测用户自定义函数

实例代码如下：

```
<?php
function testfunc(){
    echo '我是自定义函数';
}
if(!function_exists('testfunc')){
    function testfunc(){
        echo '我是自定义函数';
    }
}
testfunc();
?>
```

输出结果如下：

```
我是自定义函数
```

实例 3-13 检测系统内置函数（检查系统是否开启 GD 库）

实例代码如下：

```
<?php
if(function_exists('gd_info')){
    echo 'GD 库已经开启。';
} else {
    echo 'GD 库没有开启。';
}
?>
```

输出结果如下：

```
GD 库已经开启。
```

function_exists( ) 函数有个特殊情况，当参数不是以字符串函数名而是以 function_ name( ) 形式传入参数时，function_exists( ) 将直接返回原函数值。

实例 3-14　function_exists( ) 直接返回原函数值

实例代码如下：

```
<?php
function testfunc(){
    echo '我是自定义函数';
}
echo function_exists(testfunc());
?>
```

输出结果如下：

```
我是自定义函数
```

3.2.2　isset( ) 检测变量是否设置

视频

isset( )检测函数

PHP 的 isset( ) 用于检测一个或多个变量是否设置，如果被检测的变量存在则返回 true，否则返回 false。

语法：

```
bool isset(mixed var [, mixed var [, ...]])
```

如果检测多个变量时，只要其中一个变量存在，则检测结果就会返回 true。

实例 3-15　isset( ) 检测变量是否设置

实例代码如下：

```
<?php
$var=1;
if(isset($var)){
    echo '变量 $var 已经被设置';
} else {
    echo '变量 $var 还未被设置';
}
?>
```

输出结果如下：

```
变量 $var 已经被设置
```

注意：

isset( ) 只能用于检测变量，传递任何其他参数都将造成解析错误。

isset( ) 是一个语言结构，它无法被变量函数调用。

提示：

下述情况，isset( ) 返回 false：

```
//变量被设置为 null
$var=null;
//被 unset() 释放了的变量
unset($var);
```

```
// 类里变量被 var 关键字声明，但尚未设定
var $var;
```

下述情况，isset( ) 返回 true：

```
$var="";
$var=array();
$var=0;
$var=false;
```

3.2.3 empty( ) 检测一个变量是否为空

empty( ) 用于检测一个变量是否为空，如果被检测的变量为空则返回 TRUE，否则返回 FALSE。

语法：

```
bool empty(mixed var)
```

实例 3-16 empty( ) 检测一个变量是否为空

实例代码如下：

```
<?php
$var="";
if(empty($var)){
    echo '变量 $var 为空';
} else {
    echo '变量 $var 不为空';
}
?>
```

输出结果如下：

```
变量 $var 为空
```

注意：

empty() 只能用于检测变量，例如，下列用法是非法的：empty(addslashes($var))。

empty() 是一个语言结构，它无法被变量函数调用。

提示：

下述情况，empty() 返回 true：

```
// 变量没有值
$var="";
// 变量值为 0 或 "0"
$var=0;
$var="0";
// 空数组
$var=array();
// 变量被设置为 null
$var=null;
// 变量被设置为 false
```

```
$var=false;
//被 unset() 函数释放了的变量
unset($var);
//类里变量被 var 关键字声明，但尚未设定。
var $var;
```

3.2.4　empty( ) 与 isset( ) 的比较

empty( ) 与 isset( ) 的比较见表 3-1。

表 3-1　empty( ) 与 isset( ) 的比较

	empty()	isset()	(bool)
$var = ""	TRUE	TRUE	FALSE
$var = null	TRUE	FALSE	FALSE
$var = FALSE	TRUE	TRUE	FALSE
var $var	TRUE	FALSE	FALSE
$var = array()	TRUE	TRUE	FALSE
$var = 0	TRUE	TRUE	FALSE
$var = "0"	TRUE	TRUE	FALSE

可见 empty( ) 是比 isset( ) 对变量更严格的检查。

3.2.5　unset() 销毁变量

1. unset() 的作用

unset( ) 用于销毁一个或多个变量，没有返回值。

语法：

```
void unset( mixed var [, mixed var [, ...]] )
```

2. 销毁变量的类型

unset( ) 可以销毁单个变量、多个变量、单个数组。

```
<?php
//销毁单个变量
unset($var);
//销毁单个数组元素
unset($arr['a']);
//销毁多个变量
unset($var1,$var2,$var3);
?>
```

3. unset( ) 静态变量

严格地讲，使用 unset( ) 销毁静态变量时，只是断开了变量名和变量值之间的引用。

实例 3-17　使用 unset( ) 销毁静态变量

实例代码如下：

```
<?php
function foo() {
    static $b;
    $a++;
    $b++;
    echo "$a---$bn";
    unset($a,$b);
    var_dump($a);
    var_dump($b);
    echo "######################n";
}
foo();
foo();
foo();
?>
```

运行该实例，输出结果如下：

```
1---1
NULL
NULL
#######################
1---2
NULL
NULL
#######################
1---3
NULL
NULL
#######################
```

4. unset( ) 全局变量

同 unset( ) 静态变量一样，如果在函数中用 unset( ) 传一个全局变量，则只是局部变量被销毁，调用环境中的变量将保持调用 unset( ) 之前的值。

试着比较如下两个实例：

实例 3-18 在函数中用 unset( ) 传一个全局变量，局部变量被销毁

实例代码如下：

```
<?php
function destroy_foo() {
    global $foo;
    unset($foo);
}
$foo='bar';
destroy_foo();
echo $foo;
?>
```

实例 3-19　使用 $GLOBALS 数组形式实现 unset( ) 销毁函数中的全局变量

实例代码如下：

```
<?php
function destroy_foo() {
    global $foo;
    unset($GLOBALS['foo']);
}
$foo='bar';
destroy_foo();
echo $foo;
?>
```

运行第一个实例会输出：bar ，而第二个实例则不会有任何输出。

3.2.6　defined( ) 检测常量是否被定义

defined( ) 用于检测一个给定的常量是否被定义，如果被检测的常量已定义则返回 true，否则返回 false。

语法：

```
bool defined(string name)
```

实例 3-20　defined( ) 检测一个常量是否被定义

实例代码如下：

```
<?php
define('CONSTANT', "你好！ ");
if(defined('CONSTANT')){
    echo '常量 CONSTANT 已经被定义';
} else {
    echo '常量 CONSTANT 还未被定义';
}
?>
```

运行该实例，输出结果如下：

```
常量 CONSTANT 已经被定义
```

3.3　PHP 字符串处理函数

3.3.1　PHP 字符串处理简介

视 频

字符串输出

PHP 的字符串处理功能非常强大，主要包括：

1. 字符串输出

echo( )：输出一个或多个字符串。

print( )：输出一个字符串。

printf( )：输出格式化字符串。

2. 字符串去除

trim( )：去除字符串首尾空白等特殊符号或指定字符序列。

ltrim( )：去除字符串首空白等特殊符号或指定字符序列。

rtrim( )：去除字符串尾空白等特殊符号或指定字符序列。

chop( )：同 rtrim( )。

3. 字符串连接

implode( )：使用字符将数组的内容组合成一个字符串。

join( )：同 implode( )。

4. 字符串分割

explode( )：使用一个字符串分割另一个字符串。

str_split( )：将字符串分割到数组中。

5. 字符串获取

substr( )：从字符串中获取其中的一部分。

strstr( )：查找字符串在另一个字符串中第一次出现的位置，并返回从该位置到字符串结尾的所有字符。

subchr( )：同 strstr( )。

strrchr( )：查找字符串在另一个字符串中最后一次出现的位置，并返回从该位置到字符串结尾的所有字符。

6. 字符串替换

substr_replace( )：把字符串的一部分替换为另一个字符串。

str_replace( )：使用一个字符串替换字符串中的另一些字符。

7. 字符串计算

strlen( )：取得字符串的长度。

strpos( )：定位字符串第一次出现的位置。

strrpos( )：定位字符串最后一次出现的位置。

8. 字符串 XHTML 格式化显示

nl2br( )：将换行符 n 转换成 XHTML 换行符
。

htmlspecialchars( )：把一些特殊字符转换为 HTML 实体。

htmlspecialchars_decode( )：把一些 HTML 实体转换为特殊字符，是 htmlspecialchars( ) 的反函数。

9. 字符串存储（转义）

addslashes( )：对特殊字符加上转义字符。

stripslashes( )：addslashes( ) 的反函数。

提示：如果需要更复杂的字符串处理，可以使用正则表达式。

3.3.2　PHP 字符串输出函数

1. echo( )

echo( ) 可以输出一个或多个字符串，它没有返回值。

语法：

```
void echo ( string arg1 [, string ...] )
```

实例 3-21　echo( ) 输出字符串

实例代码如下：

```
<?php
$foo="foobar";
$bar="barbaz";
echo $foo,$bar;          // 输出 "foobarbarbaz"
echo "<br />";
echo $foo[3];            // 输出第 4 个字符 "b"
echo "<br />";
echo "foo is $foo";      // 输出 "foo is foobar"
echo "<br />";
echo 'foo is $foo';      // 输出 "foo is $foo"
?>
```

说明：

（1）双引号内的变量会被解释，而单引号内的变量则原样输出。

（2）字符串计算是从 0 开始计数。

2. print( )

print( ) 用于输出一个字符串。print( ) 是函数，返回一个整型，但只能有一个参数，其用法同 echo( )，但不能输出数组和对象。

语法：

```
int print(string arg)
```

3. printf( )

printf( ) 用于格式化输出字符串，返回一个整型。

语法：

```
int printf(string format,arg1,arg2,...)
```

format 为字符串以及变量的格式化方式，arg1 为插入第一个符号处的参数，agr2 等依此类推。格式化方式说明如表 3-2 所示。

表 3-2　变量的格式化方式说明

格式化方式	说　明	格式化方式	说　明
%d	十进制有符号整数	%p	指针的值
%u	十进制无符号整数	%e	指数形式的浮点数
%f	浮点数	%x/%X	无符号以小 / 大写十六进制表示的整数

续表

格式化方式	说　明	格式化方式	说　明
%s	字符串	%o	无符号以八进制表示的整数
%c	单个字符	%g	自动选择合适的表示法

实例 3-22　printf( ) 输出字符串

实例代码如下：

```
<?php
$str="This";
$number=31;
printf("%s month has %u days",$str,$number);      // 输出 This month has 31 days
?>
```

3.3.3　PHP 字符串去除函数

PHP 字符串去除函数用于去除字符串首尾空白等特殊符号或指定的字符。

1. trim( )

去除字符串首尾空白等特殊符号或指定字符序列。

语法：

```
string trim(string str[, charlist])
```

当设定字符序列 charlist 参数时，trim( ) 函数将去除字符串首尾的这些字符，否则 trim( ) 函数将去除字符串首尾的特殊字符，见表 3-3。

表 3-3　特殊字符

字　符	说　明	字　符	说　明
	空格	r	a carriage return
t	tab 键		空字符
n	换行符	x0B	a vertical tab

实例 3-23　trim( ) 函数的使用

实例代码如下：

视 频

trim()等字符串的处理

```
<?php
$text="Hello World ";
$trimmed=trim($text);
echo $trimmed;                        // 输出 "Hello World"
echo "<br/>";
echo trim($trimmed, "Hdle");          // 输出 "o Wor"
echo "<br/>";
echo trim($text, "Hdle");             // 输出 "o World"
?>
```

从这个实例可以看出，trim( ) 函数将不会去除非首尾的 charlist。

2. ltrim( )

去除字符串首的特殊符号或指定字符序列，用法同 trim( )。

语法：

```
string ltrim(string str[, charlist])
```

3. rtrim( )

去除字符串尾的特殊符号或指定字符序列，用法同 trim( )。

语法：

```
string rrim(string str[, charlist])
```

4. chop( )

用法同 rtrim( )。

3.3.4　implode 函数

1. implode( )

implode( ) 函数用于将数组元素组合为一个字符串，并返回该字符串。

语法：

```
string implode(string glue,array array)
```

参数说明见表 3-4。

表 3-4　implode( ) 函数参数说明

参　　数	说　　明
glue	连接数组元素的字符
array	需要组合为字符串的数组

连接符为 ^ 的实例：

实例 3-24　连接符 ^ 的使用

实例代码如下：

```
<?php
$array=array('姓名','电话','电子邮箱');
$char=implode("^", $array);
echo $char;
?>
```

输出结果如下：

```
姓名^电话^电子邮箱
```

可以使用空格作为连接符：

```
<?php
$char=implode(" ", $array);
?>
```

提示：

（1）根据实际情况，可以选择空格作为连接符或者特殊符号作为连接符以便后续的字符串处理操作。

（2）连接符参数 glue 默认是可以为空的，但为了向后兼容，推荐仍然使用该参数。

（3）本函数可用于二进制对象。

2. join( )

join( ) 为 implode( ) 的别名函数。

PHP implode( ) 函数的反函数为 explode( )：使用一个分割符号分割一个字符串并组成数组。

3.3.5 PHP 字符串分割函数

PHP 字符串分割函数用于分割字符串。

1. explode( )

explode( ) 函数为 implode( ) 的反函数，使用一个字符串分割另一个字符串，返回一个数组。

语法：

```
array explode(string separator,string string [,int limit])
```

参数说明见表 3-5。

表 3-5 implode( ) 函数参数说明

参 数	说 明
separator	分割标志
string	需要分割的字符串
limit	可选，表示返回的数组包含最多 limit 个元素，而最后那个元素将包含 string 的剩余部分，支持负数

实例 3-25 explode( ) 函数分割字符串

实例代码如下：

```
<?php
$str='one|two|three|four';
print_r(explode('|', $str));
print_r(explode('|', $str, 2));
// 负数的 limit（自 PHP 5.1 起）
print_r(explode('|', $str, -1));
?>
```

输出结果如下：

```
Array
(
    [0]=>one
    [1]=>two
    [2]=>three
    [3]=>four
)
```

```
Array
(
    [0]=>one
    [1]=>two|three|four
)
Array
(
    [0]=>one
    [1]=>two
    [2]=>three
)
```

2. str_split( )

str_split( ) 函数将字符串分割为一个数组，成功返回一个数组。

语法：

```
array str_split(string string [,int length])
```

参数说明见表 3-6。

表 3-6　str_split( ) 函数参数说明

参　数	说　明
string	需要分割的字符串
length	可选，表示每个分割单位的长度，不可小于 1

实例 3-26　str_split( ) 函数将字符串分割为数组

实例代码如下：

```
<?php
$str='one two three';
$arr1=str_split($str);
$arr2=str_split($str, 3);
print_r($arr1);
print_r($arr2);
?>
```

输出结果如下：

```
Array
(
    [0]=>o
    [1]=>n
    [2]=>e
    [3]=>
    [4]=>t
    [5]=>w
    [6]=>o
    [7]=>
    [8]=>t
    [9]=>h
```

```
    [10]=>r
    [11]=>e
    [12]=>e
)
Array
(
    [0]=>one
    [1]=> tw
    [2]=>o t
    [3]=>hre
    [4]=>e
)
```

3.3.6 PHP 字符串获取函数

PHP 字符串获取函数用于从字符串中获取指定字符串。

1. substr( )

substr( ) 函数用于从字符串中获取其中的一部分，返回一个字符串。

语法：

```
string substr(string string,int start[,int length])
```

参数说明见表 3-7。

表 3-7 substr( ) 函数参数说明

参 数	说 明
string	要处理的字符串
start	字符串开始位置，起始位置为 0，为负则从字符串结尾的指定位置开始
length	可选，字符串返回的长度，默认是直到字符串的结尾，为负则从字符串末端返回

实例 3-27 substr( ) 函数获取字符串

实例代码如下：

```
<?php
echo substr('abcdef', 1);          //输出 bcdef
echo substr('abcdef', 1, 2);       //输出 bc
echo substr('abcdef', -3, 2);      //输出 de
echo substr('abcdef', 1, -2);      //输出 bcd
?>
```

提示： 如果 start 是负数且 length 小于或等于 start，则 length 为 0。

2. strstr( )

查找字符串在另一个字符串中第一次出现的位置，并返回从该位置到字符串结尾的所有字符，如果没找到则返回 false。

语法：

```
string strstr(string string, string needle)
```

参数说明见表 3-8。

表 3-8　strstr( ) 函数参数说明

参　数	说　明
string	要处理的字符串
needle	要查找的字符串，如果是数字，则搜索匹配数字 ASCII 码值的字符

实例 3-28　strstr( ) 函数查找字符串

实例代码如下：

```
<?php
$email='user@5idev.com';
$domain=strstr($email, '@');
echo $domain;           // 输出 @5idev.com
?>
```

提示：该函数对大小写敏感。如需进行大小写不敏感的查找，可使用 stristr( ) 函数。

3. strchr( )

用法同 strstr( )。

4. strrchr( )

查找字符串在另一个字符串中最后一次出现的位置，并返回从该位置到字符串结尾的所有字符，如果没找到则返回 false。

语法：

```
string strrchr(string string,string needle)
```

strrchr( ) 函数的用法同 strstr( ) 函数，参数的意义可参见 strstr( ) 函数参数说明。

实例 3-29　strrchr( ) 函数查找字符串

实例代码如下：

```
<?php
$str="AAA|BBB|CCC";
echo strrchr($str,"|");
?>
```

运行实例，输出结果如下：

```
|CCC
```

结合 substr( ) 函数便可以实现截取某个最后出现的字符后面的所有内容这一功能：

```
<?php
$str="AAA|BBB|CCC";
echo substr(strrchr($str,"|"),1);
?>
```

3.3.7 PHP 字符串替换函数

PHP 字符串替换函数用于从字符串中替换指定字符串。

1. substr_replace( )

substr_replace( ) 函数用于把字符串的一部分替换为另一个字符串，返回混合类型。

语法：

```
mix substr_replace(mixed string,string replacement,int start [,int length])
```

参数说明见表 3-9。

表 3-9 substr_replace( ) 函数参数说明

参　数	说　明
string	要处理的字符串
replacement	要插入的字符串
start	字符串开始位置，起始位置为 0，为负则从字符串结尾的指定位置开始
length	可选，字符串返回的长度，默认是直到字符串的结尾，为负则从字符串末端返回

实例 3-30 substr_replace( ) 函数替换字符串

实例代码如下：

```
<?php
echo substr_replace('abcdef','###',1);           // 输出 a###
echo substr_replace('abcdef','###',1,2);         // 输出 a###def
echo substr_replace('abcdef','###',-3,2);        // 输出 abc###f
echo substr_replace('abcdef','###',1,-2);        // 输出 a###ef
?>
```

提示：如果 start 是负数且 length 小于或等于 start，则 length 为 0。

2. str_replace( )

str_replace( ) 函数使用一个字符串替换字符串中的另一些字符，返回混合类型。

语法：

```
mixed str_replace(mixed search,mixed replace,mixed string [,int &count])
```

参数说明见表 3-10。

表 3-10 str_replace( ) 函数参数说明

参　数	说　明
search	要查找（被替换）的字符串
replace	要替换 search 的字符串
string	要处理的字符串
count	可选，一个对替换计数的变量

实例 3-31 使用 str_replace( ) 函数替换字符串

实例代码如下：

```
<?php
```

```
echo str_replace("world","earth","Hello world!");           // 输出 Hello earth!
// 替换多个，且第二个参数为空字符
echo str_replace("o","","Hello world!");                    // 输出 Hell wrld!
// 使用数组
$arr=array("e", "o");
$arr2=array("x", "y");
echo str_replace($arr,$arr2,"Hello World of PHP",$i);       // 输出 Hxlly Wyrld yf PHP
echo $i;          // 输出 4
?>
```

提示：

（1）str_replace( ) 函数与 substr_replace( ) 函数的不同之处是：满足条件的都进行替换。

（2）str_replace( ) 函数对大小写敏感。如需进行大小写不敏感的查找替换，可使用 str_ireplace( ) 函数。

3.3.8　PHP 字符串计算函数

PHP 字符串计算函数用于计算字符串的长度或定位字符串出现的位置。

1. strlen( )

strlen( ) 函数用于计算字符串的长度，返回一个整型。

语法：

```
string substr(string string)
```

实例 3-32　使用 strlen( ) 函数计算字符串的长度

实例代码如下：

```
<?php
echo strlen('abc def');          // 输出 7
echo strlen('ab北京');           // 输出 6，UTF-8 编码下输出 8
?>
```

2. strpos( )

strpos( ) 函数用于定位字符串第一次出现的位置，返回整型。

语法：

```
int strpos(string string,mixed needle [,int start])
```

参数说明见表 3-11。

表 3-11　strpos( ) 函数参数说明

参　数	说　明
string	要处理的字符串
needle	要定位的字符串
start	可选，定位的起始位置

实例 3-33 使用 strpos( ) 函数定位字符串第一次出现的位置

实例代码如下：

```
<?php
echo strpos('abcdef','c');              // 输出 2
?>
```

3. strrpos( )

strrpos( ) 函数用于定位字符串最后一次出现的位置，返回整型。

语法：

```
int strpos(string string,mixed needle [,int start])
```

strrpos( ) 函数的用法与 strpos( ) 函数类似，只不过 strrpos( ) 函数用于取得指定字串最后出现的位置。

实例 3-34 使用 strrpos( ) 函数定位字符串最后一次出现的位置

实例代码如下：

```
<?php
$str="This function returns the last occurance of a string";
$pos=strrpos($str, "st");
if($pos!==FALSE){
    echo '字符串 st 最后出现的位置是：',$pos;
} else {
    echo '查找的字符串中没有 in 字串';
}
?>
```

运行该实例，浏览器输出结果如下：

```
字符串 st 最后出现的位置是：46
```

3.3.9 PHP 字符串 XHTML 格式化显示函数

PHP 字符串格式化显示函数将字符串格式化为适合网页显示的格式。

1. nl2br( )

nl2br( ) 函数用于将字符串中的换行符 n 转换成 XHTML 换行符
，返回转换后的字符串。

语法：

```
string nl2br(string string)
```

实例 3-35 使用 nl2br( ) 函数格式化字符串

实例代码如下：

```
<?php
echo nl2br("这个地方要换行 n 显示");
?>
```

运行该实例，浏览器输出 XHTML 源代码如下：

```
这个地方要换行<br />
显示
```

2. htmlspecialchars( )

htmlspecialchars( ) 函数把一些特殊字符转换为 HTML 实体，返回一个字符串。

语法：

```
string htmlspecialchars(string string)
```

转换的特殊字符如下：

```
& 转换为 &amp;
" 转换为 &quot;
< 转换为 &lt;
> 转换为 &gt;
```

实例 3-36 使用 htmlspecialchars( ) 函数格式化字符串

实例代码如下：

```
<?php
echo htmlspecialchars('<a href="test">Test</a>');
?>
```

运行该实例，浏览器输出 XHTML 源代码如下：

```
&lt;a href=&quot;test&quot;&gt;Test&lt;/a&gt;
```

提示： 要把所有特殊字符转换为 HTML 实体可使用 htmlentities( ) 函数。

3. htmlspecialchars_decode( )

htmlspecialchars_decode( ) 函数把一些 HTML 实体转换为特殊字符，返回一个字符串，为 htmlspecialchars( ) 的反函数。

语法：

```
string htmlspecialchars_decode()(string string)
```

转换的实体如下：

```
&amp;  转换为 &
&quot; 转换为 "
&lt;   转换为 <
&gt;   转换为 >
```

提示： 要把所有 HTML 实体转换为特殊字符可使用 htmlentities_decode( ) 函数。

3.3.10 PHP 字符串存储函数

PHP 的字符串向数据库进行写入时，为避免数据库错误，需要对特殊字符进行转义（字符前加上“\”符号）。例如，将名字 O'reilly 插入到数据库中，这就需要对其进行转义。大多数数据库使用“\”作为转义符，即 O\'reilly。这样可以将数据放入数据库中，而不会插入额外的“\”标记。

这些特殊字符包括：单引号（'）、双引号（"）、反斜线（\）与 NUL（NULL 字符）。

1. addslashes( )

addslashes( ) 函数用于对特殊字符加上转义字符，返回一个字符串。

语法：

```
string addslashes(string string)
```

实例 3-37 使用 addslashes( ) 函数对特殊字符加上转义字符

实例代码如下：

```
<?php
$str="Is your name O'reilly?";
echo addslashes($str);          // 输出：Is your name O\'reilly?
?>
```

提示：

（1）默认情况下，PHP 指令 magic_quotes_gpc 为 on，系统会对所有的 GET、POST 和 COOKIE 数据自动运行 addslashes( ) 函数。不要对已经被 magic_quotes_gpc 转义过的字符串使用 addslashes( ) 函数，因为这样会导致双层转义。

（2）可以对 get_magic_quotes_gpc( ) 进行检测以便确定是否需要使用 addslashes( )。

实例 3-38 对 get_magic_quotes_gpc( ) 进行检测

实例代码如下：

```
<?php
if(!get_magic_quotes_gpc()){
    $lastname=addslashes($_POST['lastname']);
} else {
    $lastname=$_POST['lastname'];
}
echo $lastname;                     // 转义后的字符如：O'reilly
?>
```

2. stripslashes( )

stripslashes( ) 函数为 addslashes( ) 的反函数，返回一个字符串。

语法：

```
string stripslashes(string string)
```

实例 3-39 使用 stripslashes( ) 函数取消转义字符

实例代码如下：

```
<?php
$str="Is your name O\'reilly?";
echo stripslashes($str);        // 输出：Is your name O'reilly?
?>
```

小　　结

本章主要介绍了 PHP 的函数，其中 PHP 的内置函数很多，可以直接使用，而对于 PHP 的自定义函数，需要通过 function 进行定义，函数的使用需要先声明然后进行调用或者给一个返回值，本章还学习了 PHP 的检测函数和字符串函数，需要读者自己上机操作领会。

习　　题

1. 补充完整代码。使用函数去除、填充、重复、切割字符串。

代码如下：

```
<?php
header("content-type:text/html;charset=utf-8");
$str='.....我是 吴彦 祖&&&&&';
echo      ________________                    //去除最左端的...
echo      '<br>';
echo      ________________                    //去除最右端的&&&
echo      '<br>';
echo      ________________                    //在字符串的两端加上* 填充长度为30
echo      ________________                    //将指定的字段重复输出两次
echo      '<br>';
print_r( str_split(________________));        //以两个字符长度切割字符串
echo "<br>";
? >
```

2. 举例说明使用函数反转、换行、格式化字符串。

3. PHP 字符串操作实战：用户注册检测界面。

说明：

练习重点：用字符串的内置函数对输入的字符串进行处理。

substr( )	// 取字符串
ord( )	// 转为 ASCII 码
str( )	// 把 ASCII 码转换为字符串
strcmp( )	// 比较两个字符串，转换为 ASCII 码比较
strcasecmp( )	// 忽略大小写比较
strpos($string, 字符)	// 在字符串中查找，返回第一次出现的值，没有返回 false
stripos( )	// 忽略大小写
strrpos( )	// 最后出现的位置
strip_tags( )	// 过滤字符串的 html 和 php 标记
strip_tags($str,'<a>')	// 留下 <a> 标签
strtolower( )	// 转换为小写

trim( ) // 过滤两端空格

ltrim( ) // 过滤左空格

rtrim( ) // 过滤右空格

empty( ) // 是否为空

join(',',$string) // 以 ',' 分隔，数组转换为字符串

md5( ) // 加密字符串

sha1( ) // 加密字符串

下面是真实表单页面中使用字符串的练习，这个练习包含两个页面。

字符串综合使用练习：

代码如下：

```
    // 用户登录注册页面：两个页面 register.php 和 doaction.php
    // 第一个页面 register.php 的代码
    <?php
    // 简单地制作验证码字符串
    $string='qwertyuiopasdfgjklzxcvbnmQWERTYUIOPASDFGHJKLZXCVBNM1234567890';
    //echo $string{mt_rand(0,strlen($string)-1)};
    $code = '';
    for($i=0;$i<4;$i++) {
        $code .= '<span style="color:rgb('.mt_rand(0,255).','.mt_rand(0,255).',
'.mt_rand(0,255).')">'.$string{mt_rand(0,strlen($string)-1)}.'</span>';
    }
    //echo $code;
    ?>
    <!DOCTYPE html>
    <html lang="en">
    <head>
        <meta charset='UTF-8'>
        <title> 注册练习 </title>
    </head>
    <body>
    <h1 align="center"> 个人注册页面 </h1>
    <div align="center">
    <form method="post" action="doaction.php">
        <table border="1" cellspacing="0" cellpadding="0" width="60%" bgcolor=
    "#ABCDEF">
            <tr>
                <td align="center"> 用户名 </td>
                <td><input type="text" name="username" id="" placeholder=' 请输入合法
的用户名 ...'> 用户名首字母以字母开始，并且长度为 6~10</td>
            </tr>
            <tr>
                <td align="center"> 密码 </td>
                <td><input type="password" name="password" placeholder=' 请输入密码 '>
密码不能为空长度 6~10</td>
            </tr>
```

```
            <tr>
                <td align="center">确认密码</td>
                <td><input type="password" name="password1" id="" placeholder='请输入确认密码'>两次密码输入一致</td>
            </tr>
            <tr>
                <td align="center">邮箱</td>
                <td><input type="text" name="email" id="" placeholder='请输入合法的邮箱名'>邮箱必须包含@</td>
            </tr>
            <tr>
                <td align="center">兴趣爱好</td>
                <td>
                    <input type="checkbox" name="fav[]" id="" value="php">php
                    <input type="checkbox" name="fav[]" id="" value="java"> java
                    <input type="checkbox" name="fav[]" id="" value="python"> python
                    <input type="checkbox" name="fav[]" id="" value="javascript"> javascript
                    <input type="checkbox" name="fav[]" id="" value="vue">vue
                </td>
            </tr>
            <tr>
                <td align="center">验证码</td>
                <td>
                <input type="text" name="verify"><?php echo $code?>
                    <input type="hidden" name="verify1" value="<?php echo strip_tags($code)?>">
                </td>
            </tr>
            <tr>
                <td align="center" colspan="2"><input type="submit" value="立即注册"></td>
            </tr>
        </table>
    </div>
    </form>
    </body>
    </html>
    //第二个页面 doaction.php 的后端验证代码
    <?php
    header("Content-type:text/html;charset=utf-8");
    //接收数据
    $username=$_POST['username'];
    $password=$_POST['password'];
    $password1=$_POST['password1'];
    $email=$_POST['email'];
    $fav=$_POST['fav'];
    //判断用户是否选择了爱好，并将数据转换为字符串显示出来，并用','分割
    if (!empty($fav)) {
        $favStr=join(',',$fav);
    }
    $verify=trim(strtolower($_POST['verify']));        //转换为小写，并去掉两边的空格
```

```
$verify1=trim(strtolower($_POST['verify1']));      //转换为小写，并去掉两边的空格
//echo $verify1;
$redirectUrl='<a href="register.php">重新注册</a>';
//检测第一个字符是不是字母
//$char=$username{0};
$char=substr($username,0,1);
$ascli=ord($char);              //得到指定字符的ASCII码
//检测ASCII是否在65~90（A~Z）或者97~122（a~z）之间（表示是字母）
if(!(($ascli>=65 && $ascli<=90) || ($ascli>=97 && $ascli<=122))) {
    exit('用户名首字母不是以字母开头开始<br>'.$redirectUrl);
}
//检测用户名长度6~10
$userLen=strlen($username);
if($userLen<6 || $userLen>10) {
    exit('用户名长度必须是6~10<br>'.$redirectUrl);
}
//检测密码不能为空
$passwdLen=strlen($password);
if($passwdLen==0) {
    die('密码不能为空<br>'.$redirectUrl);
}
//检测密码长度6~10
if($passwdLen<6||$passwdLen>10) {
    die('密码长度不符合规范<br>'.$redirectUrl);
}
//检测密码两次是否一致
//if($password!=$password1 ) {
//  exit('两次密码不一致<br>'.$redirectUrl);
//}
if (strcmp($password, $password1)!=0) {
    exit('两次密码不一致<br>'.$redirectUrl);
}
//检测邮箱的合法性
if(strpos($email, '@')==false) { //0==false, 0也返回false
    exit('非法邮箱<br>'.$redirectUrl);
}
//检测验证码是否符合规范
if($verify!=$verify1) {
    exit('验证码错误<br>'.$redirectUrl);
}
//使用md5进行加密密码
$password=md5($password);
echo "恭喜您注册成功，用户信息如下：";
$userinfo=<<<EOF
<table border="1" cellspacing="0" cellpadding="0" width="50%">
    <tr>
        <td>用户名</td>
        <td>密码</td>
        <td>邮箱</td>
        <td>兴趣爱好</td>
```

```
    </tr>
    <tr>
        <td>$username</td>
        <td>$password</td>
        <td>$email</td>
        <td>$favStr</td>
    </tr>
</table>
EOF;
echo $userinfo;
?>
```

注意：这个注册登录页面没有用数据库，只是获取表单的传送值并显示出表单的值。

页面效果如图 3-4 所示。

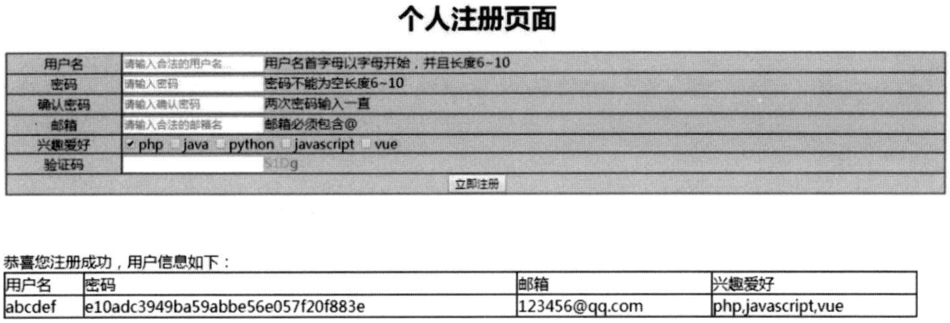

图　3-4

第 4 章 PHP 数组

本章主要介绍了数组的概念、数组的声明方式，介绍了数组使用 for 循环遍历数组、forEach 循环遍历数组、联合使用 list( )、each( ) 和 while 循环遍历数组、数组指针遍历数组的方法，介绍了数组的统计、检索、排序等函数，统计函数可以统计数量，检索函数可以查找数据及字符。

学习目标

- ◆了解数组的基本概念、数组的创建。
- ◆掌握数组的创建、数组的遍历方法、常用数组函数的使用。
- ◆掌握数组的遍历 foreach 语言结构、常用数组函数的使用、数组内部指针。

4.1 数组概述

4.1.1 数组的定义

PHP 中的数组实际上是一个有序图。其特点就是将 values 映射到 keys 的类型。与其他语言不同的是 PHP 中数组的 key 可以是字符串，而 values 可以是任意类型。

4.1.2 数组的分类

在 PHP 中有两种数组：索引数组和关联数组。

索引（indexed）数组的索引值是整数，以 0 开始。

关联（associative）数组以字符串作为索引值，关联数组更像操作表。索引值为列名，用于访问列的数据。

4.2　数组的声明

4.2.1　直接赋值的方式声明数组

1. 数组常用的赋值方式

由于 PHP 属于弱类型数据，因此源代码中的数组并不需要经过特别的声明操作，直接将一组数值指定给某一数组元素即可。一般情况下数组的赋值有两种方式：

（1）直接赋值方式。例如：

```
$a[0]='spam@126.com';
$a[1]='abuse@sohu.com';
```

（2）使用 array( ) 函数。例如：

```
$a=array('spam@126.com','abuse@sohu.com');
```

直接赋值格式：

```
$数组变量名[索引值]=资料内容
```

其中，索引值（下标）可以是一个字符串或一个整数。等价于整数（不以 0 开头）的字符串值被当作整数对待。因此，数组 array[3] 与 array['3'] 引用的是相同元素。但是 array['03'] 引用的另外不同的元素。

2. 最常用数组

视 频

实例4.1–4.2
一维数组

数组中索引值（下标）只有一个的数组称为一维数组。在数组中这是最简单的，也是最常用的。

实例 4-1　一维索引数组

实例代码如下：

```
<?php
$a[0]=1;
$a[1]=2;
$a[2]=3;
$b[]=1;
$b[]=2;
$b[]=3;
$b[6]=4;
$b[]=5;
echo $a[2].'<BR/>';
echo $b[7];
?>
```

运行该实例，输出结果如下：

```
3
5
```

上面实例数组的下标是数字，这种数组是索引数组。

实例 4-2 关联数组

实例代码如下：

```
<?php
$a["name"]="zhang";
$a["sex"]="man";
$a["age"]=23;
$b["name"]="lisi";
$b[]="woman";
$b["age"]=28;
$b[8]=4;
$b[]=5;
echo $a['sex'].'<BR/>';
echo $b[9];
?>
```

运行该实例，输出结果如下：

```
man
5
```

上面实例是一维关联数组，下标是字符串，这些数组是关联数组。

4.2.2 使用 array( ) 函数新建数组

格式：

```
array( [key =>] value , ... )
// key 可以是 integer 或者 string
// value 可以是任何值
```

视频

实例4.3 使用array()创建数组

key 可以是 integer 或者 string。如果键名是一个 integer 的标准表达方法，则被解释为整数（如“8”被解释为 8，而“08”被解释为“0”）。key 中的浮点数被取整为 integer。

如果对给出的值没有指定键名，则取当前最大的整数索引值，而新的键名将是该值加 1。如果指定的键名已经有了值，则该值会被覆盖。

实例 4-3 使用 array( ) 创建数组

实例代码如下：

```
<?php
$a=array(1,2,3,4,5,6);
$b=array("one", "two", "three");
$c=array(0=>"aaa",1=>"bbb",2=>"ccc");
$d=array("aaa",6=>"bbb","ccc");
$e=array("name"=>"zhang", "age"=>20);
echo $a[5].'<BR/>';
echo $b[0].'<BR/>';
echo $c[1].'<BR/>';
echo $d[0].'<BR/>';
```

```
echo $e['age'].'<BR/>';
print_r($e);
```

运行该实例，输出结果如下：

```
6
one
bbb
aaa
20
Array ( [name]=>zhang [age]=>20 )
```

4.2.3　多维数组的声明

多维数组的声明方式及规则与一维数组相同。

实例 4-4　二维数组的声明

实例代码如下：

```
<?php
$a[0]=0;
$a[0]=1;
$a['string'][0]='Zero';
$a['string'][1]='One';
print_r($a);
?>
```

运行该实例，输出结果如下：

```
Array ([0]=>1 [string]=>Array ([0]=>Zero [1]=>One))
```

如果以 array 语法声明，则如实例 4-5 程序片段：

实例 4-5　array 语法声明二维数组

实例代码如下：

```
<?php
$a=array(
    0=>array(0,1),
    'string'=>array('Zero','One'),
);
print_r($a);
?>
```

视　频

实例4.5 二维数组声明

运行该实例，输出结果如下：

```
Array ([0]=>Array([0]=>0[1]=>1) [string]=>Array([0]=>Zero[1]=>One))
```

4.3 数组的遍历

4.3.1 使用 for 循环遍历数组

视 频

实例4.6−4.7 数组遍历

count(arr); 用于统计数组元素的个数，count 统计时会统计两种数组的总个数。

for 循环只能用于遍历纯索引数组。

如果存在关联数组，使用 for 循环遍历混合数组，导致数组越界。

实例 4-6 for 循环遍历索引数组

实例代码如下：

```
<?php
$arr=array(1,2,3,5,6,7);
$num=count($arr);         //count 最好放到 for 外面，可以让函数只执行一次
echo "数组元素的个数{$num}<br/>";
for($i=0;$i<$num;$i++){
  echo "{$i}==>{$arr[$i]}<br/>";
}
?>
```

运行该实例，输出结果如下：

```
数组元素的个数 6
0==>1
1==>2
2==>3
3==>5
4==>6
5==>7
```

4.3.2 forEach 循环遍历数组

foreach 循环结构：

foreach 仅用于数组，有两种语法。

```
foreach($arr as $value) {
}
foreach($arr as $key=>$value) {
}
```

第一种格式遍历给定的 array_expression 数组。每次循环中，当前单元的值被赋给 value 并且数组内部的指针向前移一步。

第二种格式的功能相同，除了当前单元的键值会在每次循环中被赋给变量 $key，还能够自定义遍历对象。

说明：当 foreach 开始执行时，数组内部的指针会自动指向第一个单元。此外注意 foreach 所操作的是指定数组的一个副本，而不是该数组本身。

实例 4-7　foreach 循环遍历数组

实例代码如下：

```
<?php
$a=array(10,20,30,40,50,60);
foreach($a as $k=>$v) {
  echo "$k=>$v <br>";
}
?>
```

运行该实例，输出结果如下：

```
0=>10
1=>20
2=>30
3=>40
4=>50
5=>60
```

实例 4-8　foreach 解析数组

视 频

实例4.8 foreach解析数组

实例代码如下：

```
<?php
$h51701=array(
  "group1"=>array(
     array("name"=>"张三","age"=>14,"sex"=>"男"),
     array("name"=>"张三","age"=>14,"sex"=>"男"),
     array("name"=>"张三","age"=>14,"sex"=>"男")
  ),
  "group2"=>array(
     array("name"=>"张三","age"=>14,"sex"=>"男"),
     array("name"=>"张三","age"=>14,"sex"=>"男"),
     array("name"=>"张三","age"=>14,"sex"=>"男")
  ),
  "group3"=>array(
     array("name"=>"张三","age"=>14,"sex"=>"男"),
     array("name"=>"张三","age"=>14,"sex"=>"男"),
     array("name"=>"张三","age"=>14,"sex"=>"男")
  )
 );
 foreach($h51701 as $key => $value) {
    echo "{$key}<br><br>";
    foreach($value as $key1 => $value1) {
       echo "第".($key1+1)."个同学<br>";
       foreach($value1 as $key2 => $value2) {
          echo "{$key2}==>{$value2}<br>";
       }
       echo "<br>";
    }
    echo "------------------------<br>";
```

```
}
?>
```

运行该实例，输出结果如下：

```
group1

第 1 个同学
name==> 张三
age==>14
sex==> 男

第 2 个同学
name==> 张三
age==>14
sex==> 男

第 3 个同学
name==> 张三
age==>14
sex==> 男

------------------------
group2

第 1 个同学
name==> 张三
age==>14
sex==> 男

第 2 个同学
name==> 张三
age==>14
sex==> 男

第 3 个同学
name==> 张三
age==>14
sex==> 男

------------------------
group3

第 1 个同学
name==> 张三
age==>14
sex==> 男

第 2 个同学
name==> 张三
```

```
age==>14
sex==> 男

第 3 个同学
name==> 张三
age==>14
sex==> 男
------------------------
```

4.3.3 联合使用 list( )、each( ) 和 while 循环遍历数组

```
array  each(array array)
```

返回 array 数组中当前指针位置的键 / 值对并向前移动数组指针。键 / 值对返回值为四个单元的数组，键名为 0、1、key 和 value。单元 0 和 key 包含有数组单元的键名，1 和 value 包含有数据。

如果内部指针越过了数组的末端，则 each( ) 返回 false。

each( ) 经常和 list( ) 结合使用来遍历数组。

```
void  list(mixed ...)
```

list( ) 用一步操作给一组变量进行赋值。

说明：list( ) 仅能用于数字索引的数组并假定数字索引从 0 开始。

在执行 each( ) 之后，数组指针将停留在数组的下一个单元或者当遇到数组结尾时停留在最后一个单元。如果要再用 each 遍历数组，必须使用 reset( )。

实例 4-9 使用 list( )、each( ) 和 while 循环遍历数组

实例代码如下：

```
<?php
$fruit=array('a'=>'apple','b'=>'banana','c'=>'cranberry');
reset($fruit);
while(list($key, $val)=each($fruit)) {
    echo "$key=>$val\n";
}
$arr=array("one"=>"aaa","two"=>"bbb","three"=>"cccc");
while($sz=each($arr))
{
    //echo $sz[0]."===>".$sz[1]."<br>";
    echo $sz["key"]."===>".$sz["value"]."<br>";
}
?>
```

运行该实例，输出结果如下：

```
a=>apple b=>banana c=>cranberry one===>aaa
two===>bbb
three===>cccc
```

4.3.4 使用数组的内部指针控制函数遍历数组

由于数组是由多笔资料集合而成，所以当程序需要运算处理其中某个索引位置的资料内容时，会由数组中内定的指针指向目标资料，以便程序正确读取。下面对数组指针控制的相关函数进行简单说明。

next( )、prev( )、end( )、reset( )、current( ) 及 key( ) 函数可以控制目前数组中的指针位置。

next( ) 函数负责将指针向后移动。

prev( ) 函数负责将指针向前移动。

end( ) 函数会将指针指向数组中最后一个元素

reset( ) 函数会将目前指针无条件移至第一个索引位置。

current( ) 函数返回数组中当前指针所在位置的数组值。

key( ) 函数返回位于当前指针位置的键元素。

语法格式：

```
mixed next(数组名称);                mixed prev(数组名称);
mixed end(数组名称);                 mixed reset(数组名称);
mixed current(数组名称);             mixed key(数组名称);
```

（1）key(array)：得到当前指针所在位置的键名，如果不存在返回 null，current(array) 得到当前指针所在位置的键值，如果不存在返回 false。

实例 4-10 使用 key($array) 得到当前指针的键名和键值

实例代码如下：

```
<?php
$users=array('name'=>'lisi','age'=>22,'class'=>'三年二班','score'=>127);
echo '当前指针位置的键名:',key($users),'<br/>';
echo '当前指针位置的键值:',current($users),'<br/>';/**/
?>
```

运行该实例，输出结果如下：

```
当前指针位置的键名:name
当前指针位置的键值:lisi
```

（2）next(array)：将数组指针向下移动一位，并且返回当前指针所在位置的键值，如果没有，返回 false。

实例 4-11 使用 next($array) 将数组指针向下移动一位

实例代码如下：

```
<?php
$users=array('name'=>'lisi','age'=>22,'class'=>'三年二班','score'=>127);
echo next($users),'<br/>';
echo '当前指针位置的键名:',key($users),'<br/>';
echo '当前指针位置的键值:',current($users),'<br/>';
echo next($users),'<br/>';
echo '当前指针位置的键名:',key($users),'<br/>';
```

```
echo '当前指针位置的键值：',current($users),'<br/>';
echo next($users),'<br/>';
echo '当前指针位置的键名：',key($users),'<br/>';
echo '当前指针位置的键值：',current($users),'<br/>';
var_dump(next($users));
echo '当前指针位置的键名：',key($users),'<br/>';
echo '当前指针位置的键值：',current($users),'<br/>';
?>
```

运行该实例，输出结果如下：

```
22
当前指针位置的键名：age
当前指针位置的键值：22
三年二班
当前指针位置的键名：class
当前指针位置的键值：三年二班
127
当前指针位置的键名：score
当前指针位置的键值：127
bool(false)
当前指针位置的键名：
当前指针位置的键值：
```

（3）prev(array)：将数组指针向上移动一位，并且返回当前指针所在位置的键值，如果没有，返回 false。

实例 4-12　使用 prev($array) 将数组指针向上移动一位

实例代码如下：

```
<?php
$users=array('name'=>'lisi','age'=>22,'class'=>'三年二班','score'=>127);
echo end($users),'<br/>';
echo prev($users),'<br/>';
echo '当前指针位置的键名：',key($users),'<br/>';
echo '当前指针位置的键值：',current($users),'<br/>';
echo prev($users),'<br/>';
echo '当前指针位置的键名：',key($users),'<br/>';
echo '当前指针位置的键值：',current($users),'<br/>';
echo prev($users),'<br/>';
echo '当前指针位置的键名：',key($users),'<br/>';
echo '当前指针位置的键值：',current($users),'<br/>';
echo prev($users),'<br/>';
echo '当前指针位置的键名：',key($users),'<br/>';
echo '当前指针位置的键值：',current($users),'<br/>';
?>
```

运行该实例，输出结果如下：

```
127
三年二班
```

```
当前指针位置的键名 :class
当前指针位置的键值 : 三年二班
22
当前指针位置的键名 :age
当前指针位置的键值 :22
lisi
当前指针位置的键名 :name
当前指针位置的键值 :lisi
当前指针位置的键名 :
当前指针位置的键值 :
```

（4）reset(array)：将数组指针移动到数组开始，并且返回当前指针所在位置的键值，如果没有，返回 false。

实例 4-13 使用 reset($array) 将数组指针移动到数组开始位置

实例代码如下：

```
<?php
$users=array('name'=>'lisi','age'=>22,'class'=>' 三年二班 ','score'=>127);
echo reset($users),'<br/>';
echo ' 当前指针位置的键名 :',key($users),'<br/>';
echo ' 当前指针位置的键值 :',current($users),'<br/>';
?>
```

运行该实例，输出结果如下：

```
lisi
当前指针位置的键名 :name
当前指针位置的键值 :lisi
```

（5）end(array)：将数组指针移动到数组末尾，并且返回当前指针所在位置的键值，如果没有，返回 false。

实例 4-14 使用 end($array) 将数组指针移动到数组末尾

实例代码如下：

```
<?php
$users = array('name'=>'lisi','age'=>22,'class'=>' 三年二班 ','score'=>127);
echo end($users),'<br/>';
echo ' 当前指针位置的键名 :',key($users),'<br/>';
echo ' 当前指针位置的键值 :',current($users),'<br/>';
?>
```

运行该实例，输出结果如下：

```
127
当前指针位置的键名 :score
当前指针位置的键值 :127
```

（6）current(array)：返回数组中的当前元素（单元，就是数组的第一个元素）。

实例 4-15 使用 current( ) 函数返回数组中当前指针所在位置的数组值

```
<?php
```

```
/**
  desc：获取当前数组值
  link：www.jquerycn.cn
*/
$fruits=array("apple"=>"red", "banana"=>"yellow");
while ($fruit=current($fruits)) {
  printf("%s <br />", $fruit);
  next($fruits);
}
```

输出结果如下：

```
// red
// yellow
```

4.4　数组统计函数

数组统计函数包括 count( ) 函数、max( ) 函数、min( ) 函数、array_sum( ) 函数、array_count_values( ) 函数等。下面举例说明。

1. count( ) 函数

count( ) 函数的作用是计算数组中的元素数目或对象中属性个数。对于数组，返回其元素的个数，对于其他值返回 1。

```
int count(mixed var[,int mode])
```

第一个参数是必需的，传入计算的数组或对象。第二个参数是可选的，规定函数的模式是否递归地计算多维数组中数组的元素个数，可能的值是 0 或 1，0 为默认值，不检测多维数组，为 1，则检测多维数组。

实例 4-16　使用 count( ) 函数统计数组中元素的个数

实例代码如下：

```
<?php
$a=array("a","b","c","d");
echo count($a);                        //输出个数 4
$b=array("a"=>array(1,2,3),"b"=>array(4,5,6));
echo count($b,1);                      //输出 8
echo count($b);                        //输出 2
?>
```

2. array_count_values( ) 函数

array_count_values( ) 函数用于统计数组中所有值出现的次数，该函数只有一个参数。

```
array array_count_values(array input)
```

参数规定输入一个数组，返回一个数组，其元素的键名是原数组的值，键值是该值在原数组中出现的次数。

实例 4-17 使用 array_count_values( ) 函数统计数组中所有值出现的次数

实例代码如下：

```
<?php
$array=array(1,"a",1,"b","a");
$newarray=array_count_values($array);
print_r($newarray);            //输出 array([1]=>2  [a]=>2  [b]=>1)
?>
```

3. array_sum( ) 函数

array_sum( ) 函数返回数组中所有值的和。

实例 4-18 使用 array_sum( ) 函数返回整数和

实例代码如下：

```
<?php
$a=array(1,2);
$b=array_sum($a);
echo $b;                       //其中 $b=3
```

注意： array_sum( ) 函数返回数组中所有值的和。如果所有值都是整数，则返回一个整数值。如果其中有一个或多个值是浮点数，则返回浮点数。

实例 4-19 使用 array_sum( ) 函数返回浮点数和

实例代码如下：

```
<?php
$a=array(1.2,2.0);
$b=array_sum($a);
echo $b;                       //其中 $b=3.2
```

也就是说 array_sum(array) 参数必须是数组形式，如果数组中有一个是浮点数，那么就返回浮点数。

特例：除了是索引数组外，也可以是关联数组，如实例 4-19 所示。

实例 4-20 使用 array_sum( ) 函数返回关联数组中值的和

实例代码如下：

```
<?php
$a=array('a'=>2.2,'b'=>2.0);
$b=array_sum($a);
echo $b;                       //其中 $b=4.2
```

当用一行代码求 1 到 100 的和时，就可以使用该函数。

实例 4-21 使用 for 循环计算 1 到 100 的和

实例代码如下：

```
<?php
$sum=0;
for($x=1;$x<=100;$x++)
{
```

```
    $sum+=$x;
}
echo "数字 1 到 100 的总和是：$sum";
```

运行该实例，输出结果如下：

```
数字 1 到 100 的总和是：5050
```

4. max( ) 函数

max( ) 函数返回一个数组中的最大值，或者几个指定值中的最大值。

实例 4-22　使用 max( ) 函数返回最大值

实例代码如下：

```
<!DOCTYPE html>
<html>
<body>

<?php
echo(max(2,4,6,8,10) . "<br>");
echo(max(22,14,68,18,15) . "<br>");
echo(max(array(4,6,8,10)) . "<br>");
echo(max(array(44,16,81,12)));
?>
</body>
</html>
```

运行该实例，输出结果如下：

```
10
68
10
81
```

5. min( ) 函数

min( ) 函数返回一个数组中的最小值，或者几个指定值中的最小值。

实例 4-23　使用 min( ) 函数返回最小值

实例代码如下：

```
<?php
echo(min(2,4,6,8,10) . "<br>");
echo(min(22,14,68,18,15) . "<br>");
echo(min(array(4,6,8,10)) . "<br>");
echo(min(array(44,16,81,12)));
?>
```

运行该实例，输出结果如下：

```
2
14
4
12
```

4.5 数组和变量之间的转换

1. extract() 函数

extract() 函数可以使用数组定义一组变量，其中新定义的变量名是数组的键名，变量的值是数组元素键名对应的值。

实例 4-24 使用 extract( ) 函数定义变量

实例代码如下：

```
<?php
$arr=array("name"=>" 张三 ","sex"=>" 男 ","age"=>"20");
extract($arr);
echo $name;
echo '<br>';
echo $sex;
echo '<br>';
echo $age;
?>
```

运行该实例，输出结果如下：

```
张三
男
20
```

2. compact( ) 函数

和 extract( ) 函数相反，compact( ) 函数可以使用变量建立一个数组，每个数组元素的变量名作为键名，每个数组元素变量的值作为变量名对应的变量值。

实例 4-25 使用 compact( ) 函数建立数组

实例代码如下：

```
<?php
$a="php";
$b="java";
$c="asp";
$result=compact("a","b","c");
print_r($result);
?>
```

运行该实例，输出结果如下：

```
Array([a]=>php [b]=>java [c]=>asp)
```

4.6 数组检索函数

1. array_keys( ) 函数

array_keys( ) 函数用于获取数组中所有的键名，返回值为数组。

实例 4-26　使用 array_keys( ) 函数获取数组的键名

实例代码如下：

```
<?php
$array=array(0=>100,"php"=>" 图书 ");
$arr1=array_keys($array);
print_r($arr1);          // 输出 Array([0]=>0,[1]=>php)
$array=array("php","asp","java","php");
$arr2=array_keys($array,"php");
print_r($arr2);          // 输出 Array([0]=>0,[1]=>3)
?>
```

2. array_values( ) 函数

array_values( ) 函数用于返回数组中所有的值并给其建立数字索引。即使原来有数字索引也会被清除，从 0 重新开始。

实例 4-27　使用 array_values( ) 函数返回值并建立数字索引

实例代码如下：

```
<?php
$array=array(" 手册 "=>"php 手册 ","php 应用 ","php"=>"php 手册 ","php 应用 ","php 案例 ");
$result=array_values($array);
print_r($result);
?>
```

运行该实例，输出结果如下：

```
Array([0]=>php 手册 [1]=>php 应用 [2]=>PHP 手册 [3]=>php 应用 [4]=>php 案例 )
```

3. in_array( ) 函数

in_array( ) 函数在数组中检测某个值是否存在，存在返回 true，否则返回 false。

实例 4-28　使用 in_array( ) 函数检测某一个值是否存在

实例代码如下：

```
<?php
$array=array("Php","asP","jAva","html");
if(in_array("php",$array)){
  echo "php in array";                // 检索字符串时会区分大小写
}
if(in_array("Java",$array)){
  echo "JAva in array";
}
echo  '<br>';
$arr=array("100",200,300);
if(in_array("200",$arr,TRUE)){       //TRUE 会要求数组值的类型也相同，区分字符类型
  echo "200 in arr";
}
if(in_array(300,$arr,TRUE)){
  echo "300 in array";
}
?>
```

运行该实例，输出结果如下：

```
300 in array
```

4. array_search( ) 函数

array_search( ) 函数用于在数组中具体搜索某个给定的值，若找到则返回键名，否则返回 false。

实例 4-29 使用 array_search( ) 函数搜索某一个值

实例代码如下：

```
<?php
$arr=array("php","asp","60");
if(array_search(60,$arr)){
  echo "数组中有 60"<br>;
}else{
  echo "数组中没有 60<br>";
}
if(array_search(60,$arr,true)){      //加上 true 选项，区分数据类型
  echo "数组中有 60 <br>";
}else{
  echo "数组中无 60 <br>";
}
?>
```

运行该实例，输出结果如下：

```
数组中有 60
数组中无 60
```

5. array_key_exists( ) 函数

array_key_exists( ) 函数检查数组中是否存在给定的某键名 / 索引，若存在则返回 true。

实例 4-30 使用 array_key_exists( ) 函数检查给定的键名、索引

实例代码如下：

```
<?php
$array=array("php"=>58,"ajax"=>54);
if(array_key_exists("php",$array)){
  echo "php 这个键名存在于数组中";
}
?>
```

运行该实例，输出结果如下：

```
php 这个键名存在于数组中
```

6. array_unique( ) 函数

array_unique( ) 函数删除数组中的重复元素，会先将数组中的所有值作为字符串排序，然后每个值只保留一个。

实例 4-31　使用 array_unique( ) 函数删除重复元素

实例代码如下：

```
<?php
$arr_int=array("PHP","JAVA","ASP","PHP","ASP");
$result=array_unique($arr_int);
print_r($result);
?>
```

运行该实例，输出结果如下：

```
Array([0]=>"PHP" [1]=>"JAVA" [2]=>"ASP");
```

4.7　组排序函数

1. sort( ) 函数

sort( ) 函数将数组元素值以升序排序，并为排序后的数组赋予新的整数键名索引。

实例 4-32　使用 sort( ) 函数将数组元素升序排列并变为新数组

实例代码如下：

```
<?php
$array=array("a"=>"asp","p"=>"php","j"=>"jsp");
sort($array);
print_r($array); // 输出的数组还是 $array，也就是说 sort() 将数组 array 处理替换成了新的数组
?>
```

运行该实例，输出结果如下：

```
Array([0]=>"asp" [1]=>"jsp" [2]=>"php")
```

2. asort( ) 函数

asort( ) 函数与 sort( ) 函数类似，区别在于排序后会保持数组元素原有的键 / 值对的对应关系。

实例 4-33　使用 asort( ) 函数排序并保持原有键 / 值对的对应关系

实例代码如下：

```
<?php
$array=array("a"=>"asp","p"=>"php","j"=>"jsp");
asort($array);
print_r($array);
?>
```

运行该实例，输出结果如下：

```
Array([a]=>"asp" [j]=>"jsp" [p]=>"php")
```

3. rsort( ) 和 arsort( ) 函数

rsort( ) 函数与 sort( ) 函数的语法格式相同，arsort( ) 函数与 asort( ) 函数的语法格式相同；区别之处在于 rsort( ) 和 arsort( ) 函数是按照降序排列的。

4. ksort( ) 和 krsort( ) 函数

根据数组元素的键名按照升序 / 降序排序，排序后保持数组元素原有键 / 值对的对应关系。

实例 4-34 使用 ksort( ) 和 krsort( ) 函数进行升序 / 降序排序

实例代码如下：

```
<?php
$array1=array("a"=>"asp","p"=>"php","j"=>"jsp");
ksort($array1);
print_r($array1);
echo  '<br>';
$array2=array("a"=>"asp","p"=>"php","j"=>"jsp");
krsort($array2);
print_r($array2);
?>
```

运行该实例，输出结果如下：

```
Array([a]=>"asp" [j]=>"jsp" [p]=>"php")
Array([p]=>"php" [j]=>"jsp" [a]=>"asp")
```

5. natsort( ) 和 natcasesort( ) 函数

以自然排序算法对数组元素的值进行升序 / 降序排序。排序后保持数组元素原有的键 / 值对对应关系。

实例 4-35 使用 natsort( ) 和 natcasesort( ) 函数自然排序法排序

实例代码如下：

```
<?php
$array1=array("index1","Index11","index2");
natsort($array1);
print_r($array1);
echo '<br>';
$array2=array("index1","Index11","index2");
natcasesort($array2);
print_r($array2);
?>
```

运行该实例，输出结果如下：

```
Array([1]=>Index11 [0]=>index1 [2]=>index2)   //键 / 值对对应关系不变，升序
Array([0]=>index1 [2]=>index2 [1]=>Index11)   //键 / 值对对应关系不变，降序
```

6. shuffle( ) 函数

shuffle( ) 函数对数组中的元素进行随机排序，随机排序后的数组将会被赋予新的“整数键名”。

实例 4-36 使用 shuffle( ) 函数进行随机排序

实例代码如下：

```
<?php
$array=array("a"=>"asp","p"=>"php","j"=>"jsp");
```

```
shuffle($array);
print_r($array);
?>
```

运行该实例，输出结果是随机排序的。

7. array_reverse( ) 函数

array_reverse( ) 函数返回一个和数组元素顺序相反的新数组。

实例 4-37　使用 array_reverse( ) 函数返回新数组

实例代码如下：

```
<?php
$arr=array("asp","php","jsp");
$result=array_reverse($arr);           //不保留原有键/值对对应关系
print_r($result);
echo '<br>';
$result2=array_reverse($arr,true);   //true 选项，保留原有键/值对对应关系
print_r($result2);
?>
```

运行该实例，输出结果如下：

```
Array([0]=>jsp [1]=>php [2]=>asp)
Array([2]=>asp [1]=>php [0]=>jsp)
```

4.8　数组与数据结构

1. array_push( ) 函数

array_push( ) 函数用于向数组末尾添加一个或多个元素，并返回新数组元素的个数。

实例 4-38　使用 array_push( ) 函数向数组末尾添加元素

实例代码如下：

```
<?php
$array=array(0=>"php",1=>"java");
array_push($array,'VB','VC');
print_r($array);
?>
```

运行该实例，输出结果如下：

```
Array([0]=>php [1]=>java [2]=>VB [3]=>VC)
```

2. array_pop( ) 函数

array_pop( ) 函数用于弹出数组中最后一个元素，并返回该元素值。同时将数组的长度 -1。如果数组为空（或者不是数组），将返回 null。

实例 4-39　使用 array_pop( ) 函数弹出数组最后一个元素

实例代码如下：

```
<?php
$arr=array("asp","javasript","jsp","php");
$array=array_pop($arr);
echo " 被弹出的元素是：$array <br>" ;
print_r($arr);
?>
```

运行结果将会是：

```
被弹出的元素是：php
Array([0]=>asp,[1]=>javascript,[2]=>jsp)
```

3. array_shift( ) 函数

array_shift( ) 函数删除数组第一个元素，并返回该元素值。数组为空或非数组则返回 null。

实例 4-40 使用 array_shift( ) 函数删除数组第一个元素

实例代码如下：

```
<?php
$arr=array("php 手册 ","php 案例 ","php 应用 ");
$result=array_shift($arr);
echo $result.'<br>';
print_r($arr);
?>
```

运行该实例，输出结果如下：

```
php 手册
Array([0]=>php 案例 [1]=>php 应用 )
```

4. array_unshift( ) 函数

array_unshift( ) 函数用于在数组开头插入一个或多个元素，并返回插入元素的个数。

实例 4-41 使用 array_unshift( ) 函数在数组开始插入元素

实例代码如下：

```
<?php
$array=array(0=>"php",1=>"java");
array_unshift($array,'VB','VC');
print_r($array);
?>
```

运行该实例，输出结果如下：

```
Array([0]=>VB [1]=>VC [2]=php [3]=>java)
```

4.9 数组集合类函数

1. array_merge( ) 函数

array_merge( ) 函数可以把两个或多个数组合并成一个数组。

在合并数组时，如果输入的数组中有相同的字符串键名，则后面的值将覆盖前面的值；如果数组包含数字键名，后面的值不会覆盖原来的值，而是附加到后面。

实例 4-42 使用 array_merge( ) 函数合并数组

实例代码如下：

```
<?php
$str1=array("图书"=>"白鹿原",10);
$str2=array("图书"=>"茶花女","PHP"=>"95元",10);
$result=array_merge($str1,$str2);
print_r($result);
?>
```

运行该实例，输出结果如下：

```
Array([图书]=>茶花女 [0]=>10 [PHP]=>95元,[1]=10)
```

2. array_diff( ) 函数

array_diff( ) 函数用来计算数组的差集，结果返回一个数组。该数组包括所有在被比较的数组中但是不在任何其他参数数组中的值，键名保留不变。

实例 4-43 使用 array_diff( ) 函数计算数组的差集

实例代码如下：

```
<?php
$array1=array("asp"=>"实例应用","php"=>"函数手册","java"=>"基础应用");
$array2=array("asp"=>"实例应用","函数大全","基础应用");
$result=array_diff($array1,$array2);     //括号中的参数可以是多个，最少两个
print_r($result);
?>
```

运行该实例，输出结果如下：

```
Array([php]=>"函数手册");
```

说明：

（1）第一个数组是被比较数组，后面其他数组都是比较数组。

（2）有被比较数组，而没有比较数组的。把数组中的这个元素的键名和值产生一个新的数组。

3. array_diff_assoc( ) 函数

array_diff_assoc( ) 函数带索引检查计算数组的差集，结果返回一个数组。该数组包括所有在被比较的数组中但是不在任何其他参数数组中的值，键名也用于比较。

实例 4-44 使用 array_diff_assoc( ) 函数检查计算数组的差集

实例代码如下：

```
<?php
$str1=array("asp"=>"实例应用","php"=>"函数手册","java"=>"基础应用");
$str2=array("asp"=>"实例应用","函数大全","基础应用");
$result=array_diff_assoc($str1,$str2);
print_r($result);
```

```
?>
```

运行该实例，输出结果如下：

```
Array([php]=> 函数手册 [java]=> 基础应用 )
```

说明：array_diff_assoc( ) 函数与 array_diff( ) 函数的功能是一样的，只不过比较的时候也要比较键名。也就是说 array_diff( ) 函数在比较数组差集时是无视键名的。

4. array_diff_key( ) 函数

array_diff_key( ) 函数用来计算数组差集，返回结果为数组。主要是比较键名，而 array_diff( ) 和 array_diff_assoc( ) 两个函数主要是用值在比较。

实例 4-45 使用 array_diff_key( ) 函数比较键名计算数组差集

实例代码如下：

```
<?php
$array1=array("asp"=>" 实例应用 ","php"=>" 函数手册 ","java"=>" 基础应用 ");
$array2=array("asp"=>" 实例大全 "," 函数大全 "," 基础应用 ");
$result=array_diff_key($array1,$array2);
print_r($result);
?>
```

运行该实例，输出结果如下：

```
Array([php]=> 函数手册 [java]=> 基础应用 )
```

5. array_intersect( ) 函数

array_intersect( ) 函数用来获取多个数组的交集。就像集合的交集一样。这些函数就是集合概念相关的函数。

实例 4-46 使用 array_intersect( ) 函数获取数组的交集

实例代码如下：

```
<?php
$array1=array("asp"=>" 实例应用 ","php"=>" 函数手册 ","java"=>" 基础应用 ");
$array2=array("asp"=>" 实例应用 "," 函数大全 "," 基础应用 ");
$result=array_intersect($array1,$array2);
print_r($result);
?>
```

运行该实例，输出结果如下：

```
Array([asp]=>实例应用 "java"=> 基础应用 )
```

6. array_intersect_assoc( ) 函数

array_intersect_assoc( ) 函数用于比较两个（或多个）数组的键名和键值，并返回交集。

该函数比较两个（或更多个）数组的键名和键值，并返回交集数组，该数组包括了所有在被比较的数组（array1）中，同时也在任何其他参数数组（如 array2 或 array3 等）中的键名和键值。

实例 4-47 使用 array_intersect_assoc( ) 函数比较两个（或多个）数组的键名和键值

实例代码如下：

```
<?php
$a1=array("a"=>"red","b"=>"green","c"=>"blue","d"=>"yellow");
$a2=array("a"=>"red","b"=>"green","c"=>"blue");
$result=array_intersect_assoc($a1,$a2);
print_r($result);
?>
```

运行该实例，输出结果如下：

```
Array ([a]=>red [b]=>green [c]=>blue )
```

7. array_intersect_key( ) 函数

array_intersect_key( ) 函数用于比较两个（或多个）数组的键名，并返回交集。

该函数比较两个（或多个）数组的键名，并返回交集数组，该数组包括了所有在被比较的数组（array1）中，同时也在任何其他参数数组（如 array2 或 array3 等）中的键名。

实例 4-48　使用 array_intersect_key( ) 函数比较两个（或多个）数组的键名

实例代码如下：

```
<?php
$a1=array("a"=>"red","b"=>"green","c"=>"blue");
$a2=array("a"=>"red","c"=>"blue","d"=>"pink");
$result=array_intersect_key($a1,$a2);
print_r($result);
?>
```

运行该实例，输出结果如下：

```
Array ([a]=>red [c]=>blue )
```

最后，总结一下数组集合类的函数特点。

array_merge( )：用来把多个数组合并为一个数组。

array_diff( )：以数组的值为主，返回其差集。

array_diff_assoc( )：以数组的值为主，带上键名返回其差集。

array_diff_key( )：以数组的键名为主，返回其差集。

array_intersect( )：以数组的值为主，返回其交集。

array_intersect_assoc( )：以数组的值为主，带上键名返回其交集。

array_intersect_key( )：以数组的键名为主，返回其交集。

小　　结

本章主要介绍了数组的相关知识，读者要掌握数组的声明、数组的遍历、数组的检索排序等方法，自己多上机操作并领会。

习　题

1. 一维数组的定义形式是？

2. 如何判断一个变量是否为空，如何判断一个变量是否存在？

3. 如何获取数组 $arr = array(array('a','b','c')); 中的值 'c' ?

4. 如何定义一个三维数组？

5. 如何从数组 $multi_array 中找出值 cat ?

```
$multi_array = array(
    "red","green",
    42=>"blue",
     "yellow"=>array("apple",9=>"pear","banana","orange"=>array("dog","cat",
"iguana"))
);
```

最后的语句是什么？

6. 下面数组 $arr 中，打印 $arr[1][1] 输出的值是什么？

```
$arr=array(
    array('jack','boy',23,'18nan'=>array(18000,180,18)),
    array('rose','girl',18)
);
```

7. 写出遍历输出数组 $arr = array(1=>'ff','aa','dd','cc','eee'); 的语句。

8. 求数组 $arr = array('qwer','jkls','cc','eee') 中元素的个数。

9. 运行下面代码输出的内容是？

```
$arr=array(5=>1,12=>2);
$arr[]=3;
$arr["x"]=4;
print_r($arr); echo "<br>";
unset($arr[5]);
print_r($arr); echo "<br>";
unset($arr);
print_r($arr);
```

10. 如何取出字符串 $str = "abcdefg"; 中的值 'f' ?

11. 某比赛中，8 个评委打分，运动员的成绩是 8 个成绩去掉一个最高分和去掉一个最低分。剩下 6 个分数的平均分就是最后得分。使用一维数组实现打分功能。并且把最高分和最低分的评委找出来。

第 5 章 PHP 面向对象编程

本章主要介绍 PHP 面向对象编程的基本概念、PHP 类的继承、类的构造方法和析构方法、PHP 类的接口、访问控制和封装、静态成员和静态方法，PHP 特殊方法 __set( )、__get( )、__isset( ) 与 __unset( )，PHP 的重载、抽象类、克隆等。

学习目标

- ◆了解 OOP 的概念。
- ◆掌握 PHP 定义类，定义类属性和定义类方法。
- ◆掌握 PHP 的构造方法和析构方法。
- ◆掌握 PHP 的抽象类和接口。
- ◆掌握 PHP 的访问控制和封装。
- ◆掌握 PHP 类的静态成员属性与静态方法。
- ◆掌握 PHP 类常量使用方法。
- ◆掌握 PHP 特殊方法 __set( )、__get( )、__isset( ) 与 __unset( )。

5.1 PHP 类与对象

1. 基本概念

面向对象编程(object oriented programming，OOP，面向对象程序设计)是一种计算机编程架构。OOP 的一条基本原则是计算机程序是由单个能够起到子程序作用的单元或对象组合而成的。OOP 达到了软件工程的三个目标：重用性、灵活性和扩展性。

PHP 在 4.0 版本之后完善了对 OOP 的支持。对于小型的应用，使用传统的过程化编程可能更简单也更有效率。然而对于大型的复杂应用时，OOP 就是一个不得不考虑的选择。

2. 类

类是具有相同属性和服务的一组对象的集合。它为属于该类的所有对象提供了统一的抽象描述，其内部包括属性和服务两个主要部分。在面向对象的编程语言中，类是一个独立的程序单位，它应该有一个类名并包括属性说明和服务说明两个主要部分。

3. 对象

对象是系统中用来描述客观事物的一个实体，它是构成系统的一个基本单位。一个对象由一组属性和对这组属性进行操作的一组服务组成。

类与对象的关系就如模具和铸件的关系，类的实例化结果就是对象，而对一类对象的抽象就是类。

关于面向对象的编程涉及的内容很广泛，本章只介绍基本的概念与在 PHP 中的应用。

5.1.1 类

使用关键字 class 来声明一个类，后面紧跟类的名称，主体用 {} 符号括起来。

语法：

```
class class_name{
    ...
}
```

类里面包含了属性和方法。

5.1.2 属性

通过在类定义中使用关键字 var 来声明变量，即创建了类的属性，又称类的成员属性。

语法：

```
class class_name{
    var $var_name;
}
```

举个实例说明，如果定义一个人的类，那么人的姓名、年龄、性别等便可以看作人这个类的属性。

5.1.3 方法

通过在类定义中声明函数，即创建了类的方法。

语法：

```
class class_name{
    function function_name(arg1,arg2,…){
        函数功能代码
    }
}
```

5.1.4 类的应用

一个定义了属性和方法的类就是一个完整的类，可以在一个类中包含一个完整的处理逻辑。使用 new 关键字来实例化一个对象以便应用类中的逻辑。可以同时实例化多个对象。

语法：

```
object=new class_name();
```

实例化一个对象后，使用“->”操作符来访问对象的成员属性和方法。

语法：

```
object->var_name;
object->function_name;
```

如果要在定义的类中访问成员的属性或方法，可以使用伪变量 this。this 用于表示当前对象或对象本身。

实例 5-1　类的定义及应用

实例代码如下：

视 频

实例5.1 类的定义及应用

```
<?php
class Person {
    //人的成员属性
    var $name;                    //人的名字
    var $age;                     //人的年龄
    //人的成员 say() 方法
    function say() {
        echo "我的名字叫：".$this->name."<br />";
        echo "我的年龄是：".$this->age;
    }
}                                 //类定义结束
//实例化一个对象
$p1=new Person();
//给 $p1 对象属性赋值
$p1->name="张三";
$p1->age=20;
//调用对象中的 say() 方法
$p1->say();
?>
```

运行该实例，输出结果如下：

```
我的名字叫：张三
我的年龄是：20
```

上面的实例演示了一个简单的基于面向对象的 PHP 应用。

5.2　PHP 类的继承

PHP 类的继承是指建立一个新的派生类，从一个或多个先前定义的类中继承数据和方法，而且可以重新定义或加进新数据和方法，从而建立类的层次或等级。

将已存在的用来派生新类的类称为父类，由已存在的类派生出的新类称为子类。继承是面向对象的三大特性之一。

通过继承机制，可以利用已有的数据类型来定义新的数据类型。所定义的新的数据类型不仅拥有新定义的成员，而且还同时拥有旧的成员。

注意： 不同于 Java 等语言，在 PHP 中，一个类只能直接从一个类中继承数据，即单继承。使用 extends 关键字来定义类的继承：

```
class 子类 extends 父类 {
}
```

实例 5-2 使用 extends 关键字来定义类的继承

实例代码如下：

视频

实例5.2 类的继承

```
<?php
class Person {
    var $name;
    var $age;
    function say() {
        echo "我的名字叫：".$this->name."<br />";
        echo "我的年龄是：".$this->age;
    }
}
// 类的继承
class Student extends Person {
    var $school;    // 学生所在学校的属性
    function study() {
        echo "我的名字叫：".$this->name."<br />";
        echo "我正在".$this->school."学习";
    }
}
$t1=new Student();
$t1->name="张三";
$t1->school="人民大学";
$t1->study();
?>
```

运行该实例，输出结果如下：

```
我的名字叫：张三
我正在人民大学学习
```

在软件开发中，类的继承性使所建立的软件具有开放性、可扩充性，这是信息组织与分类的行之有效的方法，它简化了对象、类的创建工作量，增加了代码的可重用性。采用继承性，提供了类的规范的等级结构。通过类的继承关系，使公共的特性能够共享，提高了软件的重用性。

5.3 PHP 构造方法 __construct( )

PHP 构造方法 __construct( ) 允许在实例化一个类之前先执行构造方法。

构造方法是类中的一个特殊方法。当使用 new 操作符创建一个类的实例时，构造方法将会自动调用，其名称必须是 __construct( )。

在一个类中只能声明一个构造方法，而且只有在每次创建对象时会去调用一次构造方法，不能主动调用这个方法，所以通常用它执行一些有用的初始化任务。该方法无返回值。

语法：

```
function __construct(arg1,arg2,...){
    ...
}
```

实例 5-3 PHP 构造方法 __construct( ) 的使用

实例代码如下：

```
<?php
class Person {
    var $name;
    var $age;
    //定义一个构造方法初始化赋值
    function __construct($name, $age) {
        $this->name=$name;
        $this->age=$age;
    }
    function say() {
        echo "我的名字叫：".$this->name."<br />";
        echo "我的年龄是：".$this->age;
    }
}
$p1=new Person("张三", 20);
$p1->say();
?>
```

视 频

实例5.3 构造和析构

运行该实例，输出结果如下：

```
我的名字叫：张三
我的年龄是：20
```

在该实例中，通过构造方法对对象属性进行初始化赋值。

提示：PHP 不会在本类的构造方法中再自动调用父类的构造方法。要执行父类的构造方法，需要在子类的构造方法中调用 parent::__construct( )。

5.4 PHP 析构方法 __destruct( )

PHP 析构方法 __destruct( ) 允许在销毁一个类之前执行析构方法。

与构造方法对应的就是析构方法，析构方法允许在销毁一个类之前执行一些操作或完成一些功能，比如说关闭文件、释放结果集等。析构函数不能带有任何参数，其名称必须是 __destruct( )。

语法：

```
function __destruct(){
    ...
}
```

在上面的实例中加入下面的析构方法：

```
//定义一个析构方法
function __destruct(){
    echo "再见".$this->name;
}
```

运行该实例，输出结果如下：

```
我的名字叫：张三
的年龄是：20
再见张三
```

提示：和构造方法一样，PHP 不会在本类中自动调用父类的析构方法。要执行父类的析构方法，必须在子类的析构方法体中手动调用 parent::__destruct( )。

试图在析构函数中抛出一个异常会导致致命错误。

在 PHP4 版本中，构造方法的名称必须与类名相同，且没有析构方法。

5.5 PHP final 关键字

final 关键字用于定义类和方法，该关键字表示该类或方法为最终版本，即该类不能被继承，或该方法在子类中不能被重载（覆盖）。

类使用 final 关键字的实例：

```
final class Person{
    ...
}
```

final 定义的类被继承时会提示如下错误：

```
Fatal error: Class Student may not inherit from final class (Person) in ...
```

方法使用 final 关键字的实例：

```
class Person {
    final function say(){
        ...
    }
}
```

5.6 PHP 类的接口

5.6.1 PHP 接口

PHP 类是单继承，也就是不支持多继承，当一个类需要多个类的功能时，继承就无能为力了，为此 PHP 引入了类的接口技术。

如果一个抽象类中的所有方法都是抽象方法，且没有声明变量，而且接口里面所有的成员都是 public 权限的，那么这种特殊的抽象类就称为接口。

接口使用关键字 interface 定义，并使用关键字 implements 实现接口中的方法，且必须完全实现。

实例 5-4　使用关键字 interface 定义接口，并使用关键字 implements 实现接口中的方法

实例代码如下：

```
<?php
//定义接口
interface User{
    function getDiscount();
    function getUserType();
}
//VIP 用户接口实现
class VipUser implements User{
    // VIP 用户折扣系数
    private $discount=0.8;
    function getDiscount() {
        return $this->discount;
    }
    function getUserType() {
        return "VIP 用户 ";
    }
}
class Goods{
    var $price=100;
    var $vc;
    //定义 User 接口类型参数，这时并不知道是什么用户
    function run(User $vc){
        $this->vc=$vc;
        $discount=$this->vc->getDiscount();
        $usertype=$this->vc->getUserType();
        echo $usertype." 商品价格：".$this->price*$discount;
    }
}
$display=new Goods();
$display->run(new VipUser);   //可以是更多其他用户类型
?>
```

运行该实例，输出结果如下：

```
VIP 用户商品价格：80 元
```

该实例演示了一个 PHP 接口的简单应用。该实例中，User 接口实现用户的折扣，而在 VipUser 类中实现了具体的折扣系数。最后商品类 Goods 根据 User 接口实现不同的用户报价。

该实例仅限于演示 PHP 接口的用法，不涉及其科学与否。

5.6.2 实现多个接口

PHP 也可以在继承一个类的同时实现多个接口：

```
class 子类 extends 父类 implemtns 接口1, 接口2, ...{
    ...
}
```

5.6.3 抽象类和接口的区别

接口是特殊的抽象类，也可以看作一个模型的规范。接口与抽象类大致区别如下：

一个子类如果 implements 一个接口，就必须实现接口中的所有方法（不管是否需要）；如果是继承一个抽象类，只需要实现需要的方法即可。

如果一个接口中定义的方法名改变了，那么所有实现此接口的子类需要同步更新方法名；而抽象类中如果方法名改变了，其子类对应的方法名将不受影响，只是变成了一个新的方法而已（相对老的方法实现）。

抽象类只能单继承，当一个子类需要实现的功能需要继承自多个父类时，就必须使用接口。

5.7 PHP 类的访问控制与封装

PHP 中通过在前面添加访问修饰符 public、protected 或 private 实现对属性或方法的访问控制。

5.7.1 访问控制

类的访问修饰符允许开发人员对类成员的访问进行控制，这是面向对象 OOP 语言的一个特性。

PHP 支持如下三种访问修饰符：

Public（公有的）：类中的成员没有访问限制，所有外部成员都可以访问（读和写）这个类成员（包括成员属性和成员方法）。如果类的成员没有指定成员访问修饰符，将被视为 public。

Protected（受保护的）：被定义为 protected 的成员不能被该类的外部代码访问，但该类的子类具有访问权限。

Private（私有的）：被定义为 private 的成员，允许同一个类中的所有成员访问，但对于该类的外部代码和子类都不允许访问。

修饰符访问权限对照表见表 5-1。

表 5-1 修饰符访问权限对照表

访 问 限 制	public	protected	private
同一个类中	√	√	√
类的子类中	√	√	
所有外部成员	√		

提示： 在子类覆盖父类的方法时，子类中方法的访问权限不能低于父类被覆盖方法的访问权限。

5.7.2　封装

封装就是把类（对象）的属性和服务结合成一个独立的单位，并尽可能隐藏内部的细节，只保留必要的接口与外部发生联系。这种封装特性，有效地保证了对象的独立性，使软件错误能够局部化，大大减少了查错和排错的难度。

实例 5-5　使用 private 关键字对属性和方法进行封装

实例代码如下：

视　频

实例5.5 私有属性

```
<?php
class Person {
    // 将成员属性定义为 private
    private $name;
    private $age;
    // 定义一个构造方法，初始化并赋值
    function __construct($name, $age) {
        $this->name=$name;
        $this->age=$age;
    }
    function say() {
        echo "我的名字叫：".$this->name."<br />";
        echo "我的年龄是：".$this->age;
    }
}
$p1=new Person("张三", 20);
$p1->say();
?>
```

运行该实例，输出结果如下：

```
我的名字叫：张三
我的年龄是：20
```

在该实例中，如果试图用 p1->name = "张三"; 这种方式访问对象属性，就会产生错误。而构造方法和 say( ) 方法没有指定私有属性，在 PHP 中则默认为公有的（public）。

5.8　PHP 自动加载类

__autoload( ) 方法用于自动加载类。

在实际项目中，不可能把所有类都写在一个 PHP 文件中，当在一个 PHP 文件中需要调用另一个文件中声明的类时，就需要通过 include 把这个文件引入。不过有的时候，在文件众多的项目中，要一一将所需类的文件都包含进来，需要在每个类文件开头写一个长长的包含文件的列表。那么能不能在使用类的时候，再把这个类所在的 php 文件导入呢？

视频

实例5.6自动加载类的使用

为此，PHP 提供了 __autoload( ) 方法，它会在试图使用尚未被定义的类时自动调用。通过调用此函数，脚本引擎在 PHP 出错失败前有了最后一个机会加载所需的类。

__autoload( ) 方法接收的一个参数就是欲加载类的类名，所以这时候需要类名与文件名对应，如 Person.php 对应的类名就是 Pserson。

实例 5-6 使用 _ _autoload( ) 方法自动加载类

实例代码如下：

```
Pserson.php
<?php
class Person {
    private $name;
    private $age;
    function __construct($name, $age) {
        $this->name=$name;
        $this->age=$age;
    }
    function say() {
        echo "我的名字叫：".$this->name."<br />";
        echo " 我的年龄是：".$this->age;
    }
}
?>
test.php
<?php
spl_autoload_register(function ($class) {
    $file='classes/'.$class.'.class.php';
    if (file_exists($file)) {
        require $file;
    }
});
// 当前页面 Pserson，类不存在，则自动调用 __autoload( ) 方法，传入参数 Person
$p1=new Person(" 张三 ","20");
$p1->say();
?>
```

运行 test.php，输出结果如下：

```
我的名字叫：张三
我的年龄是：20
```

5.9 范围解析操作符（::）

范围解析操作符（::）是一对冒号，可以用于访问静态成员、方法和常量，以及被覆盖类中的成员和方法。

当在类的外部使用 :: 符号访问这些静态成员、方法和常量时，必须使用类的名称，如下面实例所示。

5.9.1　:: 访问静态成员、方法实例

实例 5-7　使用 :: 访问静态成员、方法

视 频

实例5.7–5.8 用范围操作符号访问类的成员和方法

实例代码如下：

```
<?php
Class Person{
    // 定义静态成员属性
    public static $country=" 中国 ";
    // 定义静态成员方法
    public static function myCountry() {
        // 内部访问静态成员属性
        echo " 我是 ".self::$country." 人 <br />";
    }
}
// 输出静态成员属性值
echo Person::$country."<br />";
// 访问静态方法
Person::myCountry();
?>
```

运行该实例，输出结果如下：

```
中国
我是中国人
```

使用 :: 符号访问静态成员及方法参考 5.10 节。

5.9.2　:: 访问父类覆盖成员和方法的实例

实例 5-8　使用 :: 访问父类覆盖成员和方法

实例代码如下：

```
<?php
class Person {
    var $name;
    var $sex;
    var $age;
    function say() {
        echo " 我的名字叫: ".$this->name."<br />";
        echo " 性别: ".$this->sex."<br />";
        echo " 我的年龄是: ".$this->age;
    }
}
class Student extends Person {
    var $school;
    function say() {
        parent::say();
        echo " 我在 ".$this->school." 上学 ";
    }
}
```

```
//$P1=new Person();

$P2=new Student();
$P2->name="张三";
$P2->sex="男";
$P2->age=20;
$P2->say();
```

运行该实例，输出结果如下：

```
我的名字叫：张三
性别：男
我的年龄是：20 我在上学
```

5.10 PHP 类的静态成员属性与静态方法

PHP 类中定义静态的成员属性和方法使用 static 关键字。

5.10.1 静态（static）

声明类成员或方法为 static，就可以不实例化类而直接访问，不能通过一个对象来访问其中的静态成员（静态方法除外）。静态成员属于类，不属于任何对象实例，但类的对象实例都能共享。

实例 5-9 使用 static 声明类成员或方法

实例代码如下：

视频

实例5.9 使用static声明类成员或方法

```
<?php
Class Person{
    //定义静态成员属性
    public static $country="中国";
    //定义静态成员方法
    public static function myCountry() {
        //内部访问静态成员属性
        echo "我是".self::$country."人<br />";
    }
}
class Student extends Person {
    function study() {
        echo "我是". parent::$country."人<br />";
    }
}
//输出成员属性值
echo Person::$country."<br />";         //输出：中国
$p1=new Person();
//echo $p1->country;                     //错误写法
//访问静态成员方法
Person::myCountry();                     //输出：我是中国人
//静态方法也可通过对象访问：
$p1->myCountry();
```

```
//子类中输出成员属性值
echo Student::$country."<br />";          //输出：中国
$t1=new Student();
$t1->study();                             //输出：我是中国人
?>
```

运行该实例，输出结果如下：

```
中国
我是中国人
我是中国人
中国
我是中国人
```

5.10.2　静态属性方法

在类内部访问静态成员属性或者方法，使用 slef::（注意不是 slef）。例如：

```
slef:: $country
slef:: myCountry()
```

在子类访问父类静态成员属性或方法，使用 parent::（注意不是 parent）。例如：

```
parent:: $country
parent:: myCountry()
```

外部访问静态成员属性和方法为类名 / 子类名 ::。例如：

```
Person::$country
Person::myCountry()
Student::$country
```

但静态方法也可以通过普通对象的方式访问。

5.11　PHP 常量（const）

在类中定义常量用 const 关键字，而不是通常的 define( ) 函数。

语法：

```
const constant="value";
```

实例 5-10　使用 const 关键字定义常量

实例代码如下：

```
<?php
Class Person{
    //定义常量
    const country="中国";
    public function myCountry() {
        //内部访问常量
        echo "我是".self::country."人<br />";
```

```
    }
}
// 输出常量
echo Person::country."<br />";
// 访问方法
$p1=new Person();
$p1->myCountry();
?>
```

运行该实例，输出结果如下：

```
中国
我是中国人
```

常量的值一旦被定义后就不能在程序中更改。

5.12 PHP 特殊方法

PHP 类的特殊方法如下：

__set( ) 方法用于设置私有属性值。

__get( ) 方法用于获取私有属性值。

__isset( ) 方法用于检测私有属性值是否被设定。

__unset( ) 方法用于删除私有属性。

实际应用中，经常会把类的属性设置为私有（private），那么需要对属性进行访问时，就会很麻烦。虽然可以将对属性的访问写成一个方法来实现，但 PHP 提供了一些特殊方法来方便此类操作。

5.12.1 __set( ) 方法

__set( ) 方法用于设置私有属性值：

语法：

```
function __set($property_name, $value){
    $this->$property_name = $value;
}
```

在类中使用 __set( ) 方法后，当使用 p1->name = " 张三 "; 方式设置对象私有属性的值时，就会自动调用 __set( ) 方法来设置私有属性的值。

5.12.2 __get( ) 方法

__get( ) 方法用于获取私有属性值：

语法：

```
function __set($property_name, $value){
    return isset($this->$property_name) ? $this->$property_name : null;
}
```

实例 5-11　使用 __get( ) 方法获取私有属性值

实例代码如下：

```
<?php
class Person {
    private $name;
    private $sex;
    private $age;
    //__set() 方法用来设置私有属性
    function __set($property_name, $value) {
        echo "在直接设置私有属性值的时候，自动调用 __set() 方法为私有属性赋值<br />";
        $this->$property_name=$value;
    }
    //__get() 方法用来获取私有属性
    function __get($property_name) {
        echo "在直接获取私有属性值的时候，自动调用 __get() 方法<br />";
        return isset($this->$property_name) ? $this->$property_name : null;
    }
}
$p1=new Person();
// 直接为私有属性赋值的操作，会自动调用 __set() 方法进行赋值
$p1->name="张三";
// 直接获取私有属性的值，会自动调用 __get() 方法返回成员属性的值
echo "我的名字叫："．$p1->name;
?>
```

运行该实例，输出结果如下：

```
在直接设置私有属性值的时候，自动调用 __set() 方法为私有属性赋值
在直接获取私有属性值的时候，自动调用 __get() 方法
我的名字叫：张三
```

5.12.3　__isset( ) 方法

__isset( ) 方法用于检测私有属性值是否被设定。

如果对象中的成员是公有的，可以直接使用 isset( ) 函数。如果是私有的成员属性，那就需要在类中加上 __isset( ) 方法。

语法：

```
private function __isset($property_name){
    return isset($this->$property_name);
}
```

这样当在类外部使用 isset( ) 函数测定对象中的私有成员是否被设定时，就会自动调用 __isset( ) 方法检测。

5.12.4　__unset( ) 方法

__unset( ) 方法用于删除私有属性。

同 isset( ) 函数一样，unset( ) 函数只能删除对象的公有成员属性，当要删除对象内部的私有成员属性时，需要使用 __unset( ) 方法。

语法：

```
private function __unset($property_name){
    unset($this->$property_name);
}
```

5.13 PHP 重 载

一个类中的方法与另一个方法同名，但是参数不同，这种方法称为重载方法。

因为 PHP 是弱类型的语言，所以在方法的参数中本身就可以接收不同类型的数据，又因为 PHP 的方法可以接收不定个数的参数，所以在 PHP 中没有严格意义上的方法重载。

PHP 中的重载是指在子类中定义了一个和父类同名的方法，且该方法将在子类中覆盖父类的方法。

在子类中，因为从父类继承过来的方法可能无法访问子类定义的属性或方法，所以有时候重载是必要的。

实例 5-12 PHP 的重载

实例代码如下：

```
<?php
class Person {
    var $name;
    var $age;
    function say() {
        echo "我的名字叫: ".$this->name."<br />";
        echo "我的年龄是: ".$this->age;
    }
}
// 类的继承
class Student extends Person {
    var $school;     //学生所在学校的属性

    function say() {
        echo "我的名字叫: ".$this->name."<br />";
        echo "我的年龄是: ".$this->age."<br />";
        echo "我正在".$this->school."学习";
    }
}
$t1=new Student();
$t1->name="张三";
$t1->age="18";
$t1->school="人民大学";
$t1->say();
?>
```

运行该实例，输出结果如下：

```
我的名字叫：张三
我的年龄是：18
我正在人民大学学习
```

提示：如果父类定义方法时使用了 final 关键字，则不允许被子类方法覆盖。

可以通过 :: 符号访问父类被覆盖的方法或成员属性。

语法：

```
function say() {
    parent::say();
    //或者
    Person::say();
    echo "我在".$this->school."上学<br />";
}
```

范围解析操作符 :: 的用法可以查看前面的相关介绍。

5.14　PHP 重载方法

__call( ) 方法用于监视错误的方法调用。

为了避免当调用的方法不存在时产生错误，可以使用 __call( ) 方法来避免。该方法在调用的方法不存在时会自动调用，程序仍会继续执行下去。

语法：

```
function __call(string $function_name, array $arguments){
    ...
}
```

该方法有两个参数，第一个参数 function_name 会自动接收不存在的方法名，第二个参数 args 则以数组的方式接收不存在方法的多个参数。

在类中加入：

```
function __call($function_name, $args){
    echo "你所调用的函数：$function_name(参数：<br />";
    var_dump($args);
    echo ")不存在！";
}
```

当调用一个不存在的方法时（如 test( ) 方法）：

```
$p1=new Person();
$p1->test(2,"test");
```

输出结果如下：

```
你所调用的函数：test(参数：
array(2) {
```

```
    [0]=>int(2)
    [1]=>string(4) "test"
}
) 不存在!
```

5.15　PHP 抽象方法与抽象类

abstract 关键字用于定义抽象方法与抽象类。

5.15.1　抽象方法

抽象方法指没有方法体的方法，具体就是在方法声明时没有 {} 括号以及其中的内容，而是声明时直接在方法名后加上分号结束。

abstract 关键字用于定义抽象方法。语法：

```
abstract function function_name();
```

5.15.2　抽象类

只要一个类中有一个方法是抽象方法，那么这个类就要定义为抽象类。抽象类同样用 abstract 关键字定义。

抽象类不能产生实例对象，通常是将抽象方法作为子类方法重载的模板使用的，且要把继承的抽象类中的方法都实现。实际上抽象类是方便继承而引入的。

实例 5-13　使用 abstract 关键字定义抽象类

实例代码如下：

```
<?php
abstract class AbstractClass{
    // 定义抽象方法
    abstract protected function getValue();
    // 普通方法
    public function printOut(){
        print $this->getValue()."<br />";
    }
}
class ConcreteClass extends AbstractClass{
    protected function getValue(){
        return "抽象方法的实现";
    }
}
$class1=new ConcreteClass;
$class1->printOut();
?>
```

运行该实例，输出结果如下：

```
抽象方法的实现
```

在这个实例中，父类定义了抽象方法以及对于方法的实现，但实际的内容却在子类中定义。

5.16　PHP 对象克隆

clone 关键字用于克隆一个完全一样的对象，__clone( ) 方法用来重写原本的属性和方法。

5.16.1　对象克隆关键字

需要在一个项目中使用两个或多个一样的对象，如果使用 new 关键字重新创建对象，再赋值相同的属性，这样做比较烦琐而且也容易出错。PHP 提供了对象克隆功能，可以根据一个对象完全克隆出一个一模一样的对象，而且克隆以后，两个对象互不干扰。

使用关键字 clone 克隆对象。语法：

```
$object2 = clone $object;
```

实例 5-14　使用关键字 clone 克隆对象

实例代码如下：

```
<?php
class Person {
    private $name;
    private $age;
    function __construct($name, $age) {
        $this->name=$name;
        $this->age=$age;
    }
    function say() {
        echo "我的名字叫：".$this->name."<br />";
        echo "我的年龄是：".$this->age;
    }
}
$p1=new Person("张三", 20);
$p2=clone $p1;
$p2->say();
?>
```

运行该实例，输出结果如下：

```
我的名字叫：张三
我的年龄是：20
```

5.16.2　__clone( ) 方法

如果想在克隆后改变原对象的内容，需要在类中添加 __clone( ) 方法重写原本的属性和方法。

__clone( ) 方法只会在对象被克隆时自动调用。

实例 5-15 使用 __clone( ) 方法重写对象原本的属性和方法

实例代码如下：

```
<?php
class Person {
    private $name;
    private $age;
    function __construct($name, $age) {
        $this->name=$name;
        $this->age=$age;
    }
    function say() {
        echo "我的名字叫：".$this->name;
        echo " 我的年龄是：".$this->age."<br />";
    }
    function __clone() {
        $this->name = "我是假的".$this->name;
        $this->age=30;
    }
}
$p1=new Person("张三", 20);
$p1->say();
$p2=clone $p1;
$p2->say();
?>
```

运行该实例，输出结果如下：

```
我的名字叫：张三 我的年龄是：20
我的名字叫：我是假的张三 我的年龄是：30
```

5.17 PHP 对象的存储与传输

在实际项目应用中，有些任务在一两个页面是无法完成的，由于变量到脚本执行完毕就释放，本页所生成的对象想在其他页面使用时便碰到了麻烦。

如果需要将对象及其方法传递到想使用对象的页面，比较简单可行的办法是将对象序列化后存储起来或直接传输给需要的页面，另一种办法是将对象注册为 session 变量。

5.17.1 序列化对象

对象序列化就是将对象转换成可以存储的字节流。当需要把一个对象在网络中传输时或者要把对象写入文件或是数据库时，就需要将对象进行序列化。

序列化完整过程包括两个步骤：一个是序列化，就是把对象转换为二进制的字符串，serialize( ) 函数用于序列化一个对象；另一个是反序列化，就是把对象被序列转换的二进制字符串再转换为对象，unserialize( ) 函数用来反序列化一个被序列化的对象。这样整个过程下来，对象内的类型结构及数据都是完整的。

语法：

```
string serialize(mixed value)
mixed unserialize(string str [,string callback])
```

实例 5-16　使用 serialize( ) 函数序列化一个对象

实例代码如下：

```
<?php
class Person {
    private $name;
    private $age;
    function __construct($name, $age) {
        $this->name=$name;
        $this->age=$age;
    }
    function say() {
        echo "我的名字叫: ".$this->name."<br />";
        echo " 我的年龄是: ".$this->age;
    }
}
$p1=new Person("张三",20);
$p1_string=serialize($p1);
//将对象序列化后写入文件
$fh=fopen("p1.text","w");
fwrite($fh,$p1_string);
fclose($fh);
?>
```

打开 p1.text 文件，里面写入的内容如下：

```
O:6:"Person":2:{s:12:" Person name";s:4:"张三";s:11:" Person age";i:20;}
```

但通常不去直接解析上述序列化生成的字符。

反序列化：

实例 5-17　使用 unserialize( ) 函数反序列化一个被序列化的对象

实例代码如下：

```
<?php
class Person {
    private $name;
    private $age;
    function __construct($name,$age) {
        $this->name=$name;
        $this->age=$age;
    }
    function say() {
        echo "我的名字叫: ".$this->name."<br />";
        echo " 我的年龄是: ".$this->age;
```

```
    }
}
$p2=unserialize(file_get_contents("p1.text"));
$p2->say();
?>
```

运行该实例，输出结果如下：

```
我的名字叫：张三
我的年龄是：20
```

提示：

（1）由于序列化对象不能序列化其方法，所以在 unserialize 时，当前文件必须包含对应的类或者 require 对应的类文件。

（2）序列化只能用于有限用户的情况下，因为需要为每个用户单独存储或写入文件，且保证文件名不能重复。在用户不能正常退出浏览器的情况下，不能保证文件被删除。

5.17.2 对象注册为 session 变量

当用户数量很多时，可以考虑用 session 保存对象。

实例 5-18 使用 session 来保存对象，并读取对象

实例代码如下：

视频

实例5-18 对象注册为Session

```
<?php
session_start();          // 启动 session

class User {
    public $name;
    public $email;

    public function __construct($name, $email) {
        $this->name=$name;
        $this->email=$email;
    }
}

// 创建一个 User 对象实例
$user=new User('张三', 'john@example.com');

// 将对象注册为 session 变量
$_SESSION['user']=$user;

// 访问 session 中的 User 对象
$currentUser=$_SESSION['user'];
echo "Welcome, " . $currentUser->name;
```

运行该实例，输出：

```
Welcome，张三
```

与序列化一样，注册对象为 session 变量时并不能保存其方法，所以在读取 session 变量时，当前文件必须包含对应的类或者 require 对应的类文件。

小　　结

本章主要介绍了面向对象编程的相关知识，学习了 PHP 类的定义、属性、方法的声明方法，学习了类的构造方法 __construct( )、析构方法 __destruct( )，还介绍了类的 PHP 特殊方法 __set( )、__get( )、__isset( ) 与 __unset( )，介绍了静态成员属性与静态方法 static 关键字，介绍了类的继承、接口，范围操作解析符等，涉及知识较多，需要上机操作进行练习。

习　　题

1. 什么是面向对象？
2. 简述 private、protected、public 修饰符的访问权限。
3. 面向对象的特征有哪些？
4. 简述抽象类和接口的概念以及区别。
5. 什么是构造函数，什么是析构函数，作用是什么？
6. 如何重载父类的方法，举例说明。
7. $this 和 self、parent 三个关键字分别代表什么？在哪些场合下使用？
8. 简述如何类中定义常量、如何在类中调用常量、如何在类外调用常量。
9. 作用域操作符 :: 如何使用？都在哪些场合下使用？
10. 简述 __autoload( ) 方法的工作原理。
11. 上机操作本章的所有实例。

第 6 章 PHP 与 Web 页面交互

本章主要介绍PHP的超全局变量$GLOBALS、$_SERVER、$_REQUEST、$_POST、$_GET，其中$_REQUEST、$_POST、$_GET与表单内容传送有紧密联系，表单提交需要通过这几个变量进行传值。本章还重点介绍了表单数据的必填值判断和数据有效性判断，给出了详细的实例。

学习目标

◆了解PHP超级全局变量的种类。

◆掌握PHP超级全局变量中的$GLOBALS、$_SERVER、$_REQUEST、$_POST、$_GET的区别及使用方法。

◆掌握PHP表单元素的实现方法。

◆掌握PHP表单实现必填字段验证的方法。

◆掌握PHP验证表单数据符合有效规则的方法。

6.1 PHP 超级全局变量

PHP中预定义了几个超级全局变量（superglobals），这意味着它们在一个脚本的全部作用域中都可用不需要特别说明，就可以在函数及类中使用。

PHP超级全局变量包括GLOBALS、_SERVER、_REQUEST、_POST、_GET、_FILES、_ENV、_COOKIE、_SESSION。下面将讲解几个常用的超级全局变量。

6.1.1 PHP $GLOBALS

视频 $GLOBALS

GLOBALS是PHP的一个超级全局变量组，在一个PHP脚本的全部作用域中都可以访问。

GLOBALS是一个包含了全部变量的全局组合数组。变量的名称就是数组的键。

以下实例介绍了如何使用超级全局变量GLOBALS。

实例 6-1　$GLOBALS 的使用

实例代码如下：

```
<?php
$x=75;
$y=25;
function addition()
{
    $GLOBALS['z']=$GLOBALS['x']+$GLOBALS['y'];
}
addition();
echo $z;
?>
```

运行该实例，输出结果如下：

```
100
```

以上实例中，z 是一个 GLOBALS 数组中的超级全局变量，该变量同样可以在函数外访问。

6.1.2　PHP $_SERVER

视 频

$_SERVER

_SERVER 是一个包含了诸如头信息（header）、路径（path）以及脚本位置（script locations）等信息的数组。这个数组中的项目由 Web 服务器创建。不能保证每个服务器都提供全部项目；服务器可能会忽略一些，或者提供一些没有在这里列举出来的项目。

以下实例中展示了如何使用 _SERVER 中的元素。

实例 6-2　$_SERVER 的使用

实例代码如下：

```
<?php
echo $_SERVER['PHP_SELF'];
echo "<br>";
echo $_SERVER['SERVER_NAME'];
echo "<br>";
echo $_SERVER['HTTP_HOST'];
echo "<br>";
echo $_SERVER['HTTP_REFERER'];
echo "<br>";
echo $_SERVER['HTTP_USER_AGENT'];
echo "<br>";
echo $_SERVER['SCRIPT_NAME'];
?>
```

运行该实例，输出结果如下：

```
/6/2.PHP
localhost
localhost
```

```
    Mozilla/5.0 (Windows NT 6.3; WOW64) AppleWebKit/537.36 (KHTML, like Gecko)
Chrome/63.0.3239.132 Safari/537.36/6/2.PHP
```

表 6-1 中列出了所有 _SERVER 变量中的重要元素及其描述。

表 6-1　_SERVER 变量中的重要元素及其描述

元素 / 代码	描　述
$_SERVER['PHP_SELF']	当前执行脚本的文件名，与 document root 有关。例如，在地址为 http://example.com/test.php/foo.bar 的脚本中使用 $_SERVER['PHP_ SELF'] 将得到 /test.php/foo.bar。__FILE__ 常量包含当前文件（如包含文件）的完整路径和文件名。从 PHP 4.3.0 版本开始，如果 PHP 以命令行模式运行，这个变量将包含脚本名。之前的版本该变量不可用
$_SERVER['GATEWAY_INTERFACE']	服务器使用的 CGI 规范的版本，如 CGI/1.1
$_SERVER['SERVER_ADDR']	当前运行脚本所在的服务器的 IP 地址
$_SERVER['SERVER_NAME']	当前运行脚本所在的服务器的主机名。如果脚本运行于虚拟主机中，该名称是由那个虚拟主机所设置的值决定，如 www.runoob.com
$_SERVER['SERVER_SOFTWARE']	服务器标识字符串，在响应请求时的头信息中给出，如 Apache/2.2.24
$_SERVER['SERVER_PROTOCOL']	请求页面时通信协议的名称和版本。如 HTTP/1.0
$_SERVER['REQUEST_METHOD']	访问页面使用的请求方法，如 GET、HEAD、POST、PUT
$_SERVER['REQUEST_TIME']	请求开始时的时间戳。从 PHP 5.1.0 起可用。如 1377687496
$_SERVER['QUERY_STRING']	query string（查询字符串），如果有的话，通过它进行页面访问
$_SERVER['HTTP_ACCEPT']	当前请求头中 Accept 项的内容，如果存在的话
$_SERVER['HTTP_ACCEPT_CHARSET']	当前请求头中 Accept-Charset 项的内容，如果存在的话，如 "iso-8859-1,*,utf-8"
$_SERVER['HTTP_HOST']	当前请求头中 Host 项的内容，如果存在的话
$_SERVER['HTTP_REFERER']	引导用户代理到当前页的前一页的地址（如果存在）。由 user agent 设置决定。并不是所有用户代理都会设置该项，有的还提供了修改 HTTP_REFERER 的功能。简言之，该值并不可信
$_SERVER['HTTPS']	如果脚本是通过 HTTPS 协议被访问，则被设为一个非空的值
$_SERVER['REMOTE_ADDR']	浏览当前页面用户的 IP 地址
$_SERVER['REMOTE_HOST']	浏览当前页面用户的主机名。DNS 反向解析不依赖于用户的 REMOTE_ADDR
$_SERVER['REMOTE_PORT']	用户计算机上连接到 Web 服务器所使用的端口号
$_SERVER['SCRIPT_FILENAME']	当前执行脚本的绝对路径
$_SERVER['SERVER_ADMIN']	该值指明了 Apache 服务器配置文件中的 SERVER_ADMIN 参数。如果脚本运行在一个虚拟主机上，则该值是那个虚拟主机的值，如 someone@runoob.com
$_SERVER['SERVER_SIGNATURE']	包含了服务器版本和虚拟主机名的字符串
$_SERVER['PATH_TRANSLATED']	当前脚本所在文件系统（非文档根目录）的基本路径。这是在服务器进行虚拟到真实路径的映像后的结果
$_SERVER['SCRIPT_NAME']	包含当前脚本的路径。这在页面需要指向自己时非常有用。__FILE__ 常量包含当前脚本（如包含文件）的完整路径和文件名
$_SERVER['SCRIPT_URI']	URI 用来指定要访问的页面，如 /index.html

6.1.3 PHP $_REQUEST

PHP 的 _REQUEST 用于收集 HTML 表单提交的数据。

以下实例显示了一个输入字段（input）及提交按钮（submit）的表单（form）。当用户通过单击 Submit 按钮提交表单数据时，表单数据将发送至 <form> 标签中 action 属性中指定的脚本文件。

在这个实例中，指定文件用于处理表单数据。如果希望通过其他 PHP 文件来处理该数据，可以修改该指定的脚本文件名，使用超级全局变量 _REQUEST 收集表单中的 input 字段数据。

实例 6-3　$_REQUEST 的使用

实例代码如下：

```
<html>
<body>
<form method="post" action="<?php echo $_SERVER['PHP_SELF'];?>">
Name: <input type="text" name="fname">
<input type="submit">
</form>
<?php
$name=$_REQUEST['fname'];
echo $name;
?>
</body>
</html>
```

运行该实例，输出结果如图 6-1 所示。

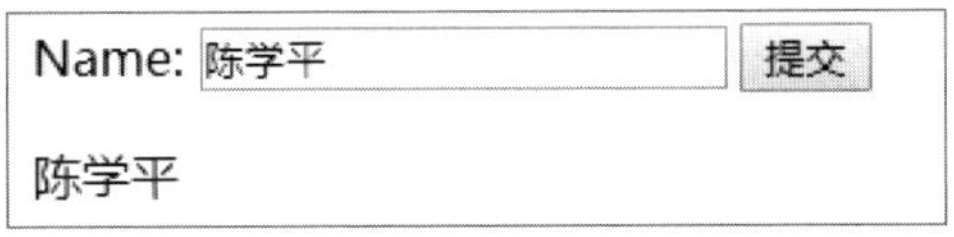

图 6-1　实例 6-3 运行结

6.1.4　PHP $_POST

PHP 的 _POST 被广泛应用于收集表单数据，在 HTML form 标签中指定该属性：method="post"。

视 频

$_POST $_GET

以下实例显示了一个输入字段（input）及提交按钮（submit）的表单（form）。当用户通过单击 Submit 按钮提交表单数据时，表单数据将发送至 <form> 标签中 action 属性中指定的脚本文件。在这个实例中，指定文件用于处理表单数据。如果希望通过其他 PHP 文件处理该数据，可以修改该指定的脚本文件名，使用超级全局变量 _POST 收集表单中的 input 字段数据：

实例 6-4　$_POST 的使用

实例代码如下：

```
<html>
<body>
<form method="post" action="<?php echo $_SERVER['PHP_SELF'];?>">
Name: <input type="text" name="fname">
<input type="submit">
</form>
<?php
```

```
$name=$_POST['fname'];
echo $name;
?>
</body>
</html>
```

运行该实例，输出结果如图 6-2 所示。

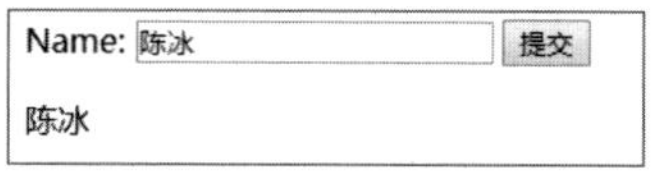

图 6-2　实例 6-4 运行结果

6.1.5　PHP $_GET

PHP 的 _GET 同样被广泛应用于收集表单数据，在 HTML form 标签中指定该属性：method="get"。

_GET 也可以收集 URL 中发送的数据。

假定有一个包含参数的超链接 HTML 页面：

```
<html>
<body>
<a href="test_get.php?subject=PHP&web=XXXX.com">Test $GET</a>
</body>
</html>
```

当用户单击超链接文字 Test GET 时，参数 subject 和 web 将发送至 test_get.php，可以在 test_get.php 文件中使用 _GET 变量获取这些数据。

以下实例显示了 test_get.php 文件的代码。

实例 6-5　$_GET 的使用

实例代码如下：

```
<html>
<body>
<?php
echo "Study ".$_GET['subject']." at ".$_GET['web'];
?>
</body>
</html>
<!DOCTYPE html>
<html>
<body>
<a href="test_get.php?subject=PHP&web=XXXX.com">测试 $_GET</a>
</body>
</html>
```

运行该实例，输出结果如图 6-3 所示。

图 6-3　实例 6-5 运行结果

6.2　PHP 表单和用户输入

视频

表单数据的获取

PHP 中的 _GET 和 _POST 变量用于检索表单中的信息（如用户输入）。

6.2.1　PHP 表单处理

有一点需要注意，当处理 HTML 表单时，PHP 能把来自 HTML 页面中的表单元素自动变成可供 PHP 脚本使用的内容。

下面的实例包含了一个 HTML 表单，带有两个输入框和一个提交按钮。

实例 6-6　PHP 表单前端页面

实例代码如下：

```
//form.html 文件代码
<html>
<head>
<meta charset="utf-8"> <title>菜鸟教程</title> </head>
<body>
<form action="welcome.php" method="post">
名字：<input type="text" name="fname">
年龄：<input type="text" name="age">
<input type="submit" value="提交"> </form>
</body>
</html>
```

当用户填写完上面的表单并单击提交按钮时，表单数据会被送往名为 welcome.php 的 PHP 文件。

实例 6-7　PHP 表单获取数据页面

实例代码如下：

```
//welcome.php 文件代码
欢迎 <?php
echo $_POST["fname"]; ?>!<br>
你的年龄是 <?php echo $_POST["age"]; ?> 岁。
```

通过浏览器访问，演示结果如图 6-4 所示。

图 6-4　实例 6-7 运行结果

视频

下拉菜单

当在表单页面输入姓名和年龄时，可以得到访问者的姓名年龄。

```
欢迎陈学平！
你的年龄是 50 岁。
```

6.2.2 PHP 获取下拉菜单的数据

1. PHP 下拉菜单单选

以下实例设置了下拉菜单三个选项，表单使用 GET 方式获取数据，action 属性值为空表示提交到当前脚本，通过 select 的 name 属性获取下拉菜单的值：

实例 6-8 实现 PHP 下拉菜单单选

实例代码如下：

```
//php_form_select.php 文件代码
<?php
$q=isset($_GET['q'])? htmlspecialchars($_GET['q']) : '';
if($q){
    if($q=='RUNOOB') {
        echo '菜鸟教程<br>http://www.runoob.com';
    }
    else if($q=='GOOGLE'){
        echo 'Google 搜索<br>http://www.google.com';
    }else if($q=='TAOBAO') {
        echo '淘宝<br>http://www.taobao.com';
    }
}
else {
?>
<form action="" method="get">
<select name="q">
<option value="">选择一个站点:</option> <option value="RUNOOB">Runoob </option>
<option value="GOOGLE">Google</option>
<option value="TAOBAO">Taobao</option>
</select> <input type="submit" value="提交"> </form>
<?php } ?>
```

运行该实例，显示结果如图 6-5 所示。

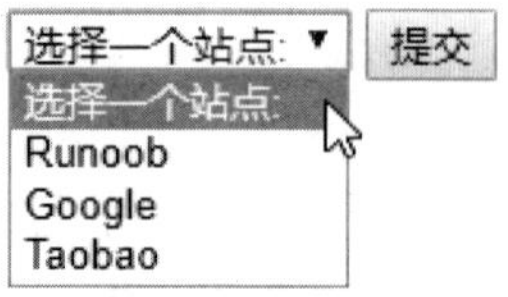

图 6-5 实例 6-8 测试结果

2. PHP 下拉菜单多选

如果下拉菜单是多选的（multiple="multiple"），可以通过将设置 select name="q[]" 以数组的方式获取，以下使用 POST 方式提交，代码如下所示。

实例 6-9 实现 PHP 下拉菜单多选

实例代码如下：

```
//php_form_select_mul.php 文件代码
<?php
$q=isset($_POST['q'])? $_POST['q'] : '';
if(is_array($q)) {
    $sites=array( 'RUNOOB'=>'菜鸟教程: http://www.runoob.com', 'GOOGLE'=>'Google 搜索: http://www.google.com', 'TAOBAO'=>'淘宝: http://www.taobao. com', );
    foreach($q as $val) {            //PHP_EOL 为常量，用于换行
        echo $sites[$val].PHP_EOL;
    }
```

```
}
else {
?>
<form action="" method="post">
<select multiple="multiple" name="q[]">
<option value="">选择一个站点 :</option>
<option value="RUNOOB">Runoob</option>
<option value="GOOGLE">Google</option>
<option value="TAOBAO">Taobao</option>
</select> <input type="submit" value=" 提交 ">
</form>
<?php } ?>
```

运行该实例，输出结果如图 6-6 所示。

图 6-6　实例 6-9 输出结果

3. PHP 单选按钮

PHP 单选按钮表单中 name 属性的值是一致的，value 值是不同的，代码如下所示。

视 频

单选按钮、复选框

实例 6-10　实现 PHP 单选按钮

实例代码如下：

```
//php_form_radio.php 文件代码
<?php
$q=isset($_GET['q'])? htmlspecialchars($_GET['q']) : '';
if($q) {
    if($q=='RUNOOB') {
        echo ' 菜鸟教程 <br>http://www.runoob.com';
    }
    else if($q=='GOOGLE') {
        echo 'Google 搜索 <br>http://www.google.com';
    }
    else if($q=='TAOBAO') {
        echo ' 淘宝 <br>http://www.taobao.com';
    }
}
else {
?>
<form action="" method="get">
<input type="radio" name="q" value="RUNOOB" />Runoob
<input type="radio" name="q" value="GOOGLE" />Google
<input type="radio" name="q" value="TAOBAO" />Taobao
<input type="submit" value=" 提交 ">
</form>
<?php } ?>
```

运行该实例，输出结果如图 6-7 所示。

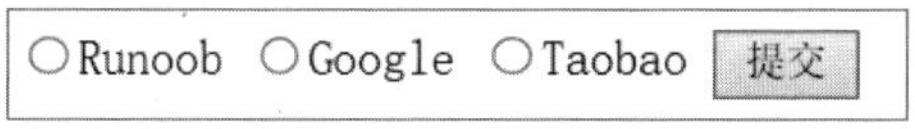

图 6-7　单选按钮

4. PHP 的 checkbox 复选框

PHP checkbox 复选框可以选择多个值。

实例 6-11 实现 PHP 复选框

实例代码如下：

```
////php_form_select_checkbox.php 文件代码
<?Php
$q=isset($_POST['q'])? $_POST['q'] : '';
if(is_array($q)) {
    $sites = array( 'RUNOOB'=>'菜鸟教程: http://www.runoob.com', 'GOOGLE'=> 'Google 搜索: http://www.google.com', 'TAOBAO'=>'淘宝 : http://www. taobao.com', );
    foreach($q as $val) {            //PHP_EOL 为常量，用于换行
        echo $sites[$val].PHP_EOL;
    }
}
else {
?>
<form action="" method="post">
<input type="checkbox" name="q[]" value="RUNOOB"> Runoob<br>
<input type="checkbox" name="q[]" value="GOOGLE"> Google<br>
<input type="checkbox" name="q[]" value="TAOBAO"> Taobao<br>
<input type="submit" value="提交">
</form>
<?php } ?>
```

运行该实例，输出结果如图 6-8 所示。

图 6-8 复选按钮

6.2.3 表单验证

在任何时候对用户输入进行验证（通过客户端脚本），可以让浏览器验证速度更快，并且可以减轻服务器的负载。

如果用户输入需要插入数据库，应该使用服务器验证。在服务器验证表单的一种好的方式是，把表单传给自己，而不是跳转到不同的页面。这样用户就可以在同一张表单页面得到错误信息。用户也就更容易发现错误了。

下面介绍如何使用 PHP 验证客户端提交的表单数据。

1. PHP 表单验证

在处理 PHP 表单时需要考虑安全性。为了防止黑客及垃圾信息需要对表单进行数据安全验证。

本节介绍的 HTML 表单中包含以下输入字段：必需字段与可选文本字段、单选按钮及提交按

钮。显示效果如图 6-9 所示。

图 6-9 显示效果

视 频

表单验证

该页面的代码如下：

实例 6-12 PHP 表单验证

实例代码如下：

视 频

表单验证实例12–13

```
<!DOCTYPE HTML>
<html>
<head>
<meta charset="utf-8">
<title> 菜鸟教程 </title>
<style>
.error {color: #FF0000;}
</style>
</head>
<body>
<?php
// 定义变量并默认设置为空值
$nameErr=$emailErr=$genderErr=$websiteErr="";
$name=$email=$gender=$comment=$website="";
if($_SERVER["REQUEST_METHOD"]=="POST")
{
    if(empty($_POST["name"]))
    {
        $nameErr=" 名字是必需的 ";
    }
    else
    {
        $name=test_input($_POST["name"]);
        // 检测名字是否只包含字母与空格
        if(!preg_match("/^[a-zA-Z ]*$/",$name))
        {
            $nameErr = " 只允许字母和空格 ";
        }
    }
```

```
    if(empty($_POST["email"]))
    {
      $emailErr="邮箱是必需的";
    }
    else
    {
        $email=test_input($_POST["email"]);
        // 检测邮箱是否合法
        if(!preg_match("/([\w\-]+\@[\w\-]+\.[\w\-]+)/",$email))
        {
            $emailErr="非法邮箱格式";
        }
    }

    if(empty($_POST["website"]))
    {
        $website="";
    }
    else
    {
        $website=test_input($_POST["website"]);
        // 检测 URL 地址是否合法
        if(!preg_match("/\b(?:(?:https?|ftp):\/\/|www\.)[-a-z0-9+&@# \/%?=~_|!:,.;]*
[-a-z0-9+&@#\/%=~_|]/i",$website))
        {
            $websiteErr="非法的 URL 地址";
        }
    }

    if(empty($_POST["comment"]))
    {
        $comment="";
    }
    else
    {
        $comment=test_input($_POST["comment"]);
    }

    if(empty($_POST["gender"]))
    {
        $genderErr="性别是必需的";
    }
    else
    {
        $gender=test_input($_POST["gender"]);
    }
}
function test_input($data)
{
```

```
        $data=trim($data);
        $data=stripslashes($data);
        $data=htmlspecialchars($data);
        return $data;
    }
    ?>
    <h2>PHP 表单验证实例 </h2>
    <p><span class="error">* 必需字段。</span></p>
    <form method="post" action="<?php echo htmlspecialchars($_SERVER ["PHP_
SELF"]);?>">
    名字：<input type="text" name="name" value="<?php echo $name;?>">
       <span class="error">*
    <?php echo $nameErr;?></span>
       <br><br>
       E-mail: <input type="text" name="email" value="<?php echo $email;?>">
       <span class="error">* <?php echo $emailErr;?></span>
       <br><br>
    网址：<input type="text" name="website" value="<?php echo $website;?>">
       <span class="error"><?php echo $websiteErr;?></span>
        <br><br> 备 注 : <textarea name="comment" rows="5" cols="40"><?php echo
$comment;?></textarea>
       <br><br>
    性别：
        <input type="radio" name="gender" <?php if (isset($gender) && $gender==
"female") echo "checked";?>  value="female">女
        <input type="radio" name="gender" <?php if (isset($gender) &&
$gender=="male") echo "checked";?>  value="male">男
       <span class="error">* <?php echo $genderErr;?></span>
       <br><br>
       <input type="submit" name="submit" value="Submit">
    </form>
    <?php
    echo "<h2>您输入的内容是：</h2>";
    echo $name;
    echo "<br>";
    echo $email;
    echo "<br>";
    echo $website;
    echo "<br>";
    echo $comment;
    echo "<br>";
    echo $gender;
    ?>
    </body>
    </html>
```

输入数据测试，效果如图 6-10 所示。

（a）效果一　　（b）效果二

图 6-10　测试效果

2. 表单验证规则

上述表单验证规则如表 6-2 所示。

表 6-2　表单验证规则

字　段	验 证 规 则
名字	必需。+ 只能包含字母和空格
E-mail	必需。+ 必须是一个有效的电子邮件地址（包含’@’和’.’）
网址	必需。如果存在，它必须包含一个有效的 URL
备注	必需。多行输入字段（文本域）
性别	必需。必须选择一个

其纯 HTML 表单代码如下：

（1）文本字段。“名字”“E-mail”“网址”字段为文本输入元素，“备注”字段是 textarea。HTML 代码如下所示：

```
"名字"：<input type="text" name="name">
E-mail: <input type="text" name="email">
网址：<input type="text" name="website">
备注：<textarea name="comment" rows="5" cols="40"></textarea>
```

（2）单选按钮。“性别”字段是单选按钮，HTML 代码如下所示：

```
性别：
<input type="radio" name="gender" value="female">女
<input type="radio" name="gender" value="male">男
```

（3）表单元素。HTML 表单代码如下所示：

```
<form method="post" action="<?php echo htmlspecialchars($_SERVER ["PHP_SELF"]);?>">
```

该表单使用 method="post" 方法提交数据。

6.2.4　$_SERVER["PHP_SELF"] 变量

_SERVER["PHP_SELF"] 是超级全局变量，返回当前正在执行脚本的文件名，与 document root 相关。_SERVER["PHP_SELF"] 会发送表单数据到当前页面，而不是跳转到不同的页面。

6.2.5　htmlspecialchars( ) 方法

htmlspecialchars( ) 方法把一些预定义的字符转换为 HTML 实体，见表 6-3。

表 6-3　预定义字符转换为 HTML 实体

字　符	HTML 实体	字　符	HTML 实体
&（和号）	&	<（小于）	<
"（双引号）	"	>（大于）	>
'（单引号）	'		

6.2.6　PHP 表单注意事项

_SERVER["PHP_SELF"] 变量有可能会被黑客使用。当黑客使用跨网站脚本的 HTTP 链接来攻击时，_SERVER["PHP_SELF"] 服务器变量也会被植入脚本。原因就是跨网站脚本是附在执行文件的路径后面的，因此，_SERVER["PHP_SELF"] 的字符串就会包含 HTTP 链接后面的 JavaScript 程序代码。

XSS 又称 CSS（cross-site script），跨站脚本攻击。恶意攻击者向 Web 中插入恶意 HTML 代码，当用户浏览该页面时，嵌入其中的 HTML 代码会被执行，从而达到恶意用户的特殊目的。

指定以下表单文件名为 test_form.php:

```
<form method="post" action="<?php echo $_SERVER["PHP_SELF"];?>">
```

现在，使用 URL 指定提交地址 test_form.php，以上代码修改为如下所示：

```
<form method="post" action="test_form.php">
```

这样做就很好了。但是，考虑到用户会在浏览器地址栏中输入以下地址：

```
http://www.xxxx.com/test_form.php/%22%3E%3Cscript%3Ealert('hacked')%3C/script%3E
```

以上的 URL 中，将被解析为如下代码并执行：

```
<form method="post" action="test_form.php/"><script>alert('hacked') </script>
```

代码中添加了 script 标签，并添加了 alert 命令。 当页面载入时会执行该 JavaScript 代码（用户会看到弹出框）。这个简单的实例用来说明 PHP_SELF 变量会被黑客利用。

注意：任何 JavaScript 代码可以添加在 <script> 标签中，黑客可以利用这点重定向页面到另外一台服务器的页面上，页面代码文件中可以保护恶意代码，代码可以修改全局变量或者获取用户的表单数据。

6.2.7 避免 $_SERVER["PHP_SELF"] 被利用

可以通过 htmlspecialchars( ) 函数避免 _SERVER["PHP_SELF"] 被利用。

form 代码如下所示：

```
<form method="post" action="<?php echo htmlspecialchars($_SERVER ["PHP_SELF"]);?>">
```

htmlspecialchars( ) 函数将一些预定义的字符转换为 HTML 实体。

现在如果用户想利用 PHP_SELF 变量，输出结果如下所示：

```
<form method="post" action="test_form.php/&quot;&gt;&lt;script&gt;
alert('hacked') &lt;/script&gt;">
```

尝试该漏洞失败。

6.2.8 使用 PHP 验证表单数据

1. PHP 验证表单数据的函数

PHP 验证表单数据的函数介绍如下：

通过 PHP 的 htmlspecialchars( ) 函数处理用户所有提交的数据。

当使用 htmlspecialchars( ) 函数时，用户尝试提交以下文本域：

```
<script>location.href('http://www.xxxx.com')</script>
```

该代码将不会被执行，因为它会被保存为 HTML 转义代码，如下所示：

```
&lt;script&gt;location.href('http://www.xxxx.com')&lt;/script&gt;
```

以上代码是安全的，可以在页面中正常显示或者插入邮件中。

当用户提交表单时，将做以下两件事情：

使用 PHP 的 trim( ) 函数去除用户输入数据中不必要的字符（如空格、tab、换行）。

使用 PHP 的 stripslashes( ) 函数去除用户输入数据中的反斜杠（\）。

接下来将这些过滤函数写在一个自己定义的函数中，这样可以大大提高代码的复用性。

将自定义函数命名为 test_input( )。

2. 通过 test_input( ) 函数检测 $_POST 中的所有变量

实例 6-13 通过 test_input( ) 函数检测 $_POST 中的所有变量

实例代码如下：

```
<!DOCTYPE HTML>
<html>
<head>
<meta charset="utf-8">
<title>菜鸟教程(runoob.com)</title>
</head>
<body>
<?php
// 定义变量并默认设置为空值
$name=$email=$gender=$comment=$website="";
```

```
if($_SERVER["REQUEST_METHOD"]=="POST"){
   $name=test_input($_POST["name"]);
   $email=test_input($_POST["email"]);
   $website=test_input($_POST["website"]);
   $comment=test_input($_POST["comment"]);
   $gender=test_input($_POST["gender"]);
}
function test_input($data){
   $data=trim($data);
   $data=stripslashes($data);
   $data=htmlspecialchars($data);
   return $data;
}
?>
<h2>PHP 表单验证实例 </h2>
<form method="post" action="<?php echo htmlspecialchars($_SERVER ["PHP_SELF"]);?>">
   名字：<input type="text" name="name">
   <br><br>
   E-mail: <input type="text" name="email">
   <br><br>
   网址：<input type="text" name="website">
   <br><br>
   备注：<textarea name="comment" rows="5" cols="40"></textarea>
   <br><br>
   性别：
   <input type="radio" name="gender" value="female">女
   <input type="radio" name="gender" value="male">男
   <br><br>
   <input type="submit" name="submit" value="Submit">
</form>
<?php
echo "<h2>您输入的内容是:</h2>";
echo $name;
echo "<br>";
echo $email;
echo "<br>";
echo $website;
echo "<br>";
echo $comment;
echo "<br>";
echo $gender;
?>
</body>
```

运行效果如图 6-11 和图 6-12 所示。

图 6-11　表单验证实例

图 6-12　运行结果

注意：在执行以上脚本时，会通过 $_SERVER[“REQUEST_METHOD”] 检测表单是否被提交。如果 REQUEST_METHOD 是 POST，表单将被提交，数据将被验证。如果表单未提交将跳过验证并显示空白。

在以上实例中使用输入项都是可选的，即使用户不输入任何数据也可以正常显示。

下面介绍如何对用户输入的数据进行验证。

6.2.9　PHP 表单必需字段验证

本节介绍如何设置表单必需字段及错误信息。

1. PHP 必需字段

上面已经介绍了表单的验证规则，名字、E-mail 和性别字段是必需的，各字段不能为空。

如果在前面的章节中，所有输入字段都是可选的。

在以下代码中加入一些新的变量：nameErr、emailErr、genderErr 和 websiteErr。这些错误变量将显示在必需字段上。再为每个 _POST 变量增加一个 if else 语句。

这些语句将检查 _POST 变量是否为空（使用 PHP 的 empty( ) 函数）。如果为空，将显示对应的错误信息。如果不为空，数据将传递给 test_input( ) 函数：

必填字段的关键代码如下：

```
<?php                //定义变量并默认设为空值
$nameErr=$emailErr=$genderErr=$websiteErr="";
$name=$email=$gender=$comment=$website="";
if($_SERVER["REQUEST_METHOD"]=="POST") {
  if(empty($_POST["name"])) {
    $nameErr="名字是必需的。";
  } else {
    $name=test_input($_POST["name"]);
  }
  if(empty($_POST["email"])) {
```

```
    $emailErr=" 邮箱是必需的。";
  } else {
    $email=test_input($_POST["email"]);
  }
  if(empty($_POST["website"])) {
    $website="";
  } else {
    $website=test_input($_POST["website"]);
  }
  if(empty($_POST["comment"])) {
    $comment="";
  } else {
    $comment=test_input($_POST["comment"]);
  }
  if(empty($_POST["gender"])) {
    $genderErr=" 性别是必需的。";
  } else {
    $gender=test_input($_POST["gender"]);
  }
}?>
```

2. PHP 显示错误信息

在 HTML 实例表单中，为每个字段添加了一些脚本，各个脚本会在信息输入错误时显示错误信息。（如果用户未填写信息就提交表单则会输出错误信息。）

实例 6-14　PHP 表单必填字段判断

实例代码如下：

```
<!DOCTYPE HTML>
<html>
<head>
<meta charset="utf-8">
<title> 菜鸟教程 </title>
<style>
.error {color: #FF0000;}
</style>
</head>
<body>
<?php
// 定义变量并默认设为空值
$nameErr=$emailErr=$genderErr=$websiteErr = "";
$name=$email=$gender=$comment=$website = "";
if($_SERVER["REQUEST_METHOD"] == "POST") {
   if(empty($_POST["name"])) {
      $nameErr=" 名字是必需的。";
   } else {
      $name=test_input($_POST["name"]);
   }
   if(empty($_POST["email"])) {
      $emailErr=" 邮箱是必需的。";
```

```
    } else {
        $email=test_input($_POST["email"]);
    }
    if (empty($_POST["website"])) {
        $website="";
    } else {
        $website=test_input($_POST["website"]);
    }
    if(empty($_POST["comment"])) {
        $comment="";
    } else {
        $comment=test_input($_POST["comment"]);
    }
    if(empty($_POST["gender"])) {
        $genderErr="性别是必需的。";
    } else {
        $gender=test_input($_POST["gender"]);
    }
}
function test_input($data) {
    $data=trim($data);
    $data=stripslashes($data);
    $data=htmlspecialchars($data);
    return $data;
}
?>
<h2>PHP 表单验证实例</h2>
<p><span class="error">* 必填字段。</span></p>
<form method="post" action="<?php echo htmlspecialchars($_SERVER ['PHP_SELF']);?>">
    名字：<input type="text" name="name">
    <span class="error">* <?php echo $nameErr;?></span>
    <br><br>
    E-mail: <input type="text" name="email">
    <span class="error">* <?php echo $emailErr;?></span>
    <br><br>
    网址：<input type="text" name="website">
    <span class="error"><?php echo $websiteErr;?></span>
    <br><br>
    备注：<textarea name="comment" rows="5" cols="40"></textarea>
    <br><br>
    性别：
    <input type="radio" name="gender" value="female">女
    <input type="radio" name="gender" value="male">男
    <span class="error">* <?php echo $genderErr;?></span>
    <br><br>
    <input type="submit" name="submit" value="Submit">
</form>
<?php
echo "<h2>您的输入：</h2>";
echo $name;
```

```
echo "<br>";
echo $email;
echo "<br>";
echo $website;
echo "<br>";
echo $comment;
echo "<br>";
echo $gender;
?>
</body>
</html>
```

测试如图 6-13 所示。

先不输入内容，单击 Submit，则出现图 6-14 提示。

图 6-13　测试效果

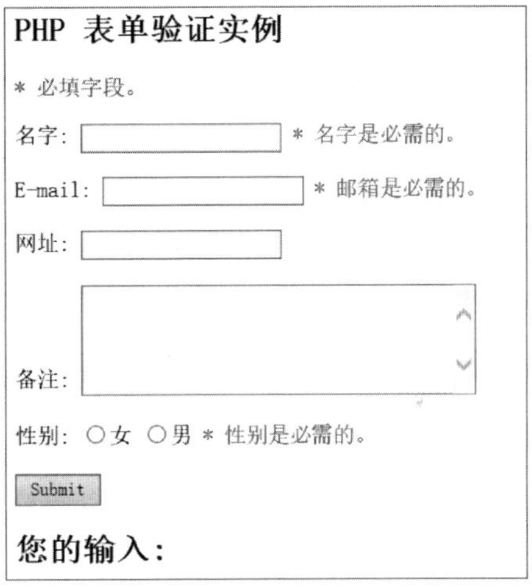

图 6-14　提示必填

6.2.10　PHP 表单验证邮件和 URL

本节介绍如何验证 names（名称）、E-mails（邮件）和 URL。

1. PHP 验证名称

以下代码将通过简单的方式来检测 name 字段是否包含字母和空格，如果 name 字段值不合法，将输出错误信息：

```
$name=test_input($_POST["name"]);
if(!preg_match("/^[a-zA-Z ]*$/",$name)) {
  $nameErr=" 只允许字母和空格 ";
}
```

说明：preg_match() 用于进行正则表达式匹配。

语法：

```
int preg_match(string $pattern,string $subject[,array $matches[,int $flags]])
```

在 subject 字符串中搜索与 pattern 给出的正则表达式相匹配的内容。如果提供了 matches，则其会被搜索的结果所填充。matches[0] 将包含与整个模式匹配的文本，matches[1] 将包含与第一个捕获的括号中的子模式所匹配的文本，依此类推。

2. PHP 验证邮件

以下代码将通过简单的方式检测 E-mail 地址是否合法。如果 E-mail 地址不合法，将输出错误信息：

```
$email = test_input($_POST["email"]);if (!preg_match("/([\w\-]+\@ [\w\-]+\.[\w\-]+)/", $email)) {
  $emailErr=" 非法邮箱格式 ";
}
```

3. PHP 验证 URL

以下代码将检测 URL 地址是否合法（以下正则表达式中含有破折号 "-"），如果 URL 地址不合法，将输出错误信息：

```
$website=test_input($_POST["website"]);if  (!preg_match("/\b(?:(?: https?|ftp):
\/\/|www\.)[-a-z0-9+&@#\/%?=~_|!:,.;]*[-a-z0-9+&@#\/%=~_|]/i",$website)) {
  $websiteErr=" 非法的 URL 的地址 ";
}
```

4. PHP 验证 name、E-mail 和 URL

实例 6-15 PHP 验证姓名 name、邮件地址 E-mail 和网址 URL

实例代码如下：

```
<?php      // 定义变量并默认设置为空值
$nameErr=$emailErr=$genderErr=$websiteErr="";
$name=$email=$gender=$comment=$website="";
if($_SERVER["REQUEST_METHOD"] == "POST") {
   if(empty($_POST["name"])) {
      $nameErr="Name is required";
   }
   else {
      $name=test_input($_POST["name"]);
      // 检测名字是否只包含字母跟空格
      if(!preg_match("/^[a-zA-Z ]*$/",$name)) {
         $nameErr=" 只允许字母和空格 ";
      }
   }

   if(empty($_POST["email"])) {
      $emailErr="Email is required";
   }
   else {
      $email=test_input($_POST["email"]);
```

```
        // 检测邮箱是否合法
        if(!preg_match("/([\w\-]+\@[\w\-]+\.[\w\-]+)/",$email)) {
           $emailErr="非法邮箱格式";
        }
    }

    if(empty($_POST["website"])) {
        $website="";
    }
    else {
        $website=test_input($_POST["website"]);
        // 检测 URL 地址是否合法
         if(!preg_match("/\b(?:(?:https?|ftp):\/\/|www\.)[-a-z0-9+&@#\/%?
=~_|!:,.;]*[-a-z0-9+&@#\/%=~_|]/i",$website)) {
           $websiteErr = "非法的 URL 的地址";
        }
    }
    if(empty($_POST["comment"])) {
        $comment="";
    }
    else {
        $comment=test_input($_POST["comment"]);
    }
    if(empty($_POST["gender"])) {
        $genderErr="性别是必需的";
    }
    else {
        $gender=test_input($_POST["gender"]);
    }
}?>
```

测试结果如图 6-15 ~ 图 6-18 所示。

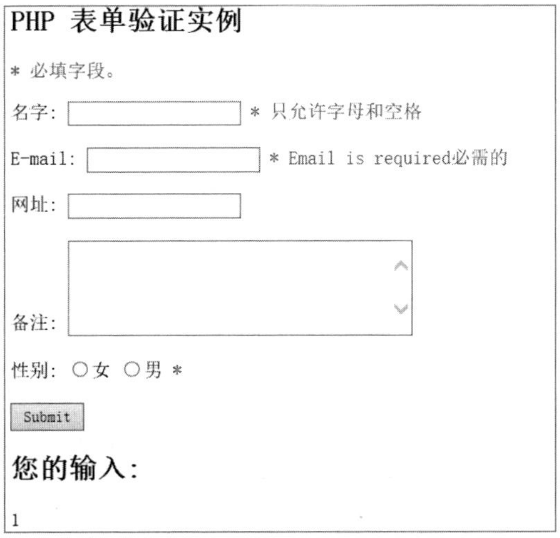

图 6-15　必填字段

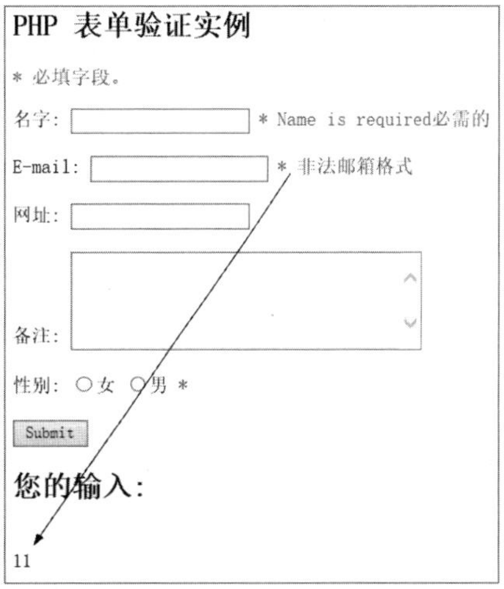

图 6-16　非法邮件测试

图 6-17　正常输入测试

图 6-18　测试数据结果

6.2.11　PHP 完整表单实例

本节将介绍如何让用户在单击“提交”（Submit）按钮提交数据前保证所有字段正确输入。

1. PHP 在表单中确保输入值正确

在用户单击“提交”按钮后，为确保字段值输入正确，在 HTML 的 input 元素中添加 PHP 脚本，各字段名为 name、email 和 website。在备注的 textarea 字段中，将脚本放于 <textarea> 和 </textarea> 标签之间。

PHP 脚本输出值为：name、email、website 和 comment 变量。

要检查被选中的单选按钮，必须设置好 checked 属性（不是 radio 按钮的 value 属性）：

```
<form method = "post" action="<?php echo htmlspecialchars($_SERVER  ["PHP_SELF"]);?>">
   名字 : <input type="text" name="name" value="<?php echo $name;?>">
   <span class="error">* <?php echo $nameErr;?></span>
   <br><br>
   E-mail: <input type="text" name="email" value="<?php echo $email;?>">
   <span class="error">* <?php echo $emailErr;?></span>
   <br><br>
   网址 : <input type="text" name="website" value="<?php echo $website;?>">
   <span class="error"><?php echo $websiteErr;?></span>
   <br><br>
   备注 : <textarea name = "comment" rows = "5" cols="40"><?php echo $comment;?> </textarea>
   <br><br>
   性别 :
    <input type="radio" name="gender" <?php if (isset($gender) &&
$gender=="female") echo "checked";?>  value="female">女
    <input type="radio" name="gender" <?php if (isset($gender) &&
$gender=="male") echo "checked";?>  value="male">男
   <span class="error">* <?php echo $genderErr;?></span>
   <br><br>
   <input type="submit" name="submit" value="Submit"> </form>
```

2. PHP 完整表单代码

以下是完整的 PHP 表单验证实例代码：

实例 6-16　PHP 完整的表单验证

实例代码如下：

```
<!DOCTYPE HTML>
<html>
<head>
<meta charset="utf-8">
<title> 菜鸟教程 (runoob.com)</title>
<style>
.error {color: #FF0000;}
</style>
</head>
<body>

<?php
// 定义变量并默认设置为空值
$nameErr=$emailErr=$genderErr=$websiteErr="";
$name=$email=$gender=$comment=$website="";

if($_SERVER["REQUEST_METHOD"]=="POST"){
    if (empty($_POST["name"])){
        $nameErr=" 名字是必需的 ";
    }
    else{
        $name=test_input($_POST["name"]);
        // 检测名字是否只包含字母和空格
        if(!preg_match("/^[a-zA-Z ]*$/",$name)){
            $nameErr=" 只允许字母和空格 ";
        }
    }

    if(empty($_POST["email"])){
         $emailErr=" 邮箱是必需的 ";
    }
    else{
        $email=test_input($_POST["email"]);
        // 检测邮箱是否合法
        if(!preg_match("/([\w\-]+\@[\w\-]+\.[\w\-]+)/",$email)){
            $emailErr=" 非法邮箱格式 ";
        }
    }

    if(empty($_POST["website"])){
        $website="";
    }
    else{
        $website=test_input($_POST["website"]);
```

```
        // 检测 URL 地址是否合法
        if (!preg_match("/\b(?:(?:https?|ftp):\/\/|www\.)[-a-z0-9+&@# \/%?=~_|!:,.;]
*[-a-z0-9+&@#\/%=~_|]/i",$website)){
            $websiteErr="非法的 URL 地址";
        }
    }

    if(empty($_POST["comment"])){
        $comment="";
    }
    else{
        $comment=test_input($_POST["comment"]);
    }

    if(empty($_POST["gender"])){
        $genderErr="性别是必需的";
    }
    else{
        $gender=test_input($_POST["gender"]);
    }
}

function test_input($data){
    $data=trim($data);
    $data=stripslashes($data);
    $data=htmlspecialchars($data);
    return $data;
}
?>

<h2>PHP 表单验证实例</h2>
<p><span class="error">* 必需字段。</span></p>
<form method="post" action="<?php echo htmlspecialchars($_SERVER ["PHP_ SELF"]);?>">
   名字：<input type="text" name="name" value="<?php echo $name;?>">
   <span class="error">* <?php echo $nameErr;?></span>
   <br><br>
   E-mail: <input type="text" name="email" value="<?php echo $email;?>">
   <span class="error">* <?php echo $emailErr;?></span>
   <br><br>
   网址：<input type="text" name="website" value="<?php echo $website;?>">
   <span class="error"><?php echo $websiteErr;?></span>
   <br><br>
   备注：<textarea name="comment" rows="5" cols="40"><?php echo $comment;?> </textarea>
   <br><br>
   性别：
    <input type="radio" name="gender" <?php if(isset($gender) && $gender ==
"female") echo "checked";?>  value="female">女
    <input type="radio" name="gender" <?php if (isset($gender) && $gender ==
"male") echo "checked";?>  value="male">男
   <span class="error">* <?php echo $genderErr;?></span>
```

```
    <br><br>
    <input type="submit" name="submit" value="Submit">
</form>

<?php
echo "<h2> 您输入的内容是 :</h2>";
echo $name;
echo "<br>";
echo $email;
echo "<br>";
echo $website;
echo "<br>";
echo $comment;
echo "<br>";
echo $gender;
?>

</body>
</html>
```

运行实例结果如图 6-19 所示。

内容测试结果如图 6-20 所示。

图 6-19　实例效果

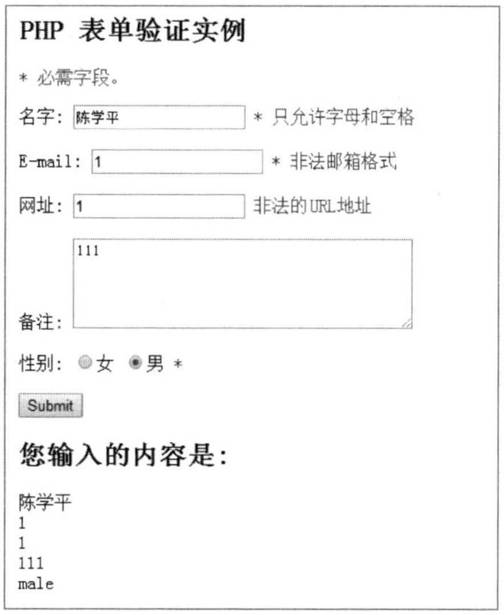

图 6-20　测试效果

图 6-20 能够显示测试数据，但是图中提示测试数据不合法。

6.2.12　PHP $_GET 变量

在 PHP 中，预定义的 _GET 变量用于收集来自 method="get" 的表单中的值。

1. $_GET 变量介绍

从带有 GET 方法的表单发送的信息，对任何人都是可见的（会显示在浏览器的地址栏中），并且对发送信息的量也有限制。

form.html 文件代码如下：

```
// 实例参考网盘提供的源文件 6form 中的代码
<html><head><meta charset="utf-8"><title> 菜鸟教程 </title></head><body>
<form action="welcome.php" method="get">
名字 : <input type="text" name="fname">
年龄 : <input type="text" name="age"><input type="submit" value=" 提交 ">
</form>
</body></html>
```

当用户单击“提交”（submit）按钮时，发送到服务器的 URL 如下所示：

```
http://localhost/6FORM/welcome.php?fname=%B3%C2%D1%A7%C6%BD&age=51
```

注意：http://localhost/6FORM/ 是在本地测试的地址；welcome.php 文件可通过 $_GET 变量收集表单数据（注意，表单域的名称会自动成为 $_GET 数组中的键）。代码如下：

```
欢迎 <?php echo $_GET["fname"]; ?>!<br>你的年龄是 <?php echo $_GET["age"]; ?>  岁。
```

以上表单的测试结果如图 6-21 所示。

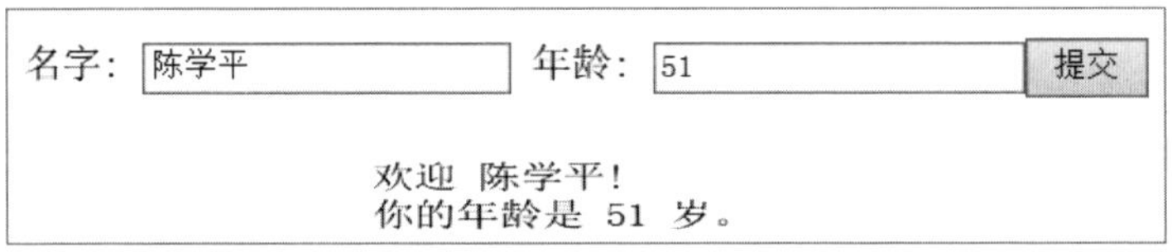

图 6-21 测试效果

2. 何时使用 method="get"

在 HTML 表单中使用 method="get" 时，所有变量名和值都会显示在 URL 中。

注意：在发送密码或其他敏感信息时，不应该使用这个方法。

然而，正因为变量显示在 URL 中，因此可以在收藏夹中收藏该页面。在某些情况下，这是很有用的。

注释：HTTP GET 方法不适合大型的变量值。它的值不能超过 2 000 个字符。

6.2.13 PHP $_POST 变量

在 PHP 中，预定义的 _POST 变量用于收集来自 method="post" 的表单中的值。

1. $_POST 变量

从带有 POST 方法的表单发送的信息，对任何人都是不可见的（不会显示在浏览器的地址栏中），并且对发送信息的量也没有限制。

注意：默认情况下，POST 方法发送信息的量最大值为 8 MB（可通过设置 php.ini 文件中的 post_max_size 进行更改）。

Form1.html 文件代码如下：

```
<html><head><meta charset="utf-8"><title>菜鸟教程</title></head><body>
<form action="welcome1.php" method="post">
名字: <input type="text" name="fname">
年龄: <input type="text" name="age"><input type="submit" value="提交">
</form>
</body></html>
```

当用户单击“提交”按钮时，URL 类似如下所示：

```
http://localhost/6FORM/welcome1.php
```

比较一下与 GET 方式在传送值时的区别，POST 传送时，不会将参数显示在地址栏中。

welcome1.php 文件现在可以通过 _POST 变量收集表单数据（注意，表单域的名称会自动成为 _POST 数组中的键）。代码如下：

```
欢迎 <?php echo  _POST["fname"]; ?>!<br>你的年龄是 <?php echo  _POST["age"]; ?>  岁。
```

通过浏览器访问测试效果如图 6-22 所示。

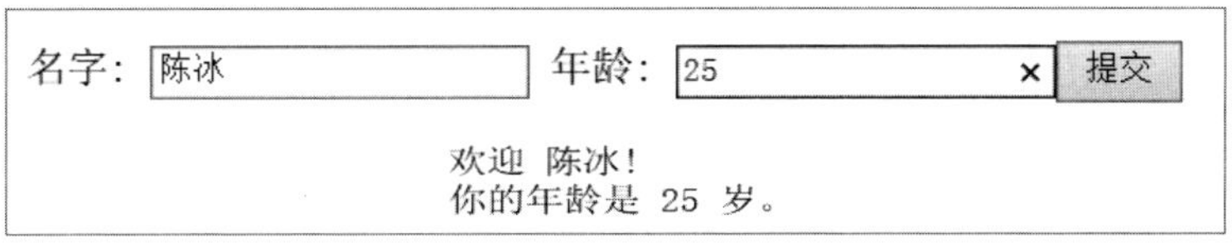

图 6-22 测试效果

2. 何时使用 method="post"

从带有 POST 方法的表单发送的信息，对任何人都是不可见的，并且对发送信息的量也没有限制。由于变量不显示在 URL 中，所以无法把页面加入书签。

6.2.14 PHP $_REQUEST 变量

预定义的 _REQUEST 变量包含了 _GET、_POST 和 _COOKIE 的内容。

_REQUEST 变量可用来收集通过 GET 和 POST 方法发送的表单数据。

可以将 welcome.php 文件修改为如下代码，它可以接收 _GET、_POST 等数据。

例如：

```
欢迎 <?php echo $_REQUEST["fname"]; ?>!<br>
你的年龄是 <?php echo $_REQUEST["age"]; ?>  岁。
```

显示的结果与上面的一样，同样能够获得数据。

小　结

本章主要介绍了 PHP 超级全局变量中的 GLOBALS、_SERVER、_REQUEST、_POST、_GET 等变量，同时介绍了表单用户的输入和值的获取，并且重点介绍了表单的数据输入验证。要求读者自己上机多操作，掌握相关技术。

习　　题

1. 完成表单前端页面中的文本框、单选、多选、下拉菜单的设置。

2. 完成表单的数据获取。

3. 完成表单对用户输入数据的验证。如用户名、密码、邮件、性别必填字段的限制，用户名、密码长度的限制，邮件格式、手机号码的限制。

第 7 章 PHP 的 Cookie 和 Session 技术

本章主要介绍 PHP 的 Cookie 和 Session 技术，先介绍了 Cookie 和 Session 技术的概念，Cookie 和 Session 的创建与读取，并给出了详细的使用实例，Cookie 和 Session 可以保存访问者的信息，在网站建设中非常有用。

Cookie 和 Session 是 PHP 程序设计中非常重要的技巧。深入理解并掌握 Cookie 和 Session 的应用是进行 PHP 程序设计的基础。

学习目标

◆了解 PHP 的 Cookie 和 Session 技术的区别

◆掌握 Cookie 技术的创建与读取方法

◆掌握 Session 的启动、创建、读取、销毁方法

7.1　Cookie 技术

7.1.1　PHP 中 Cookie 的功能和用途

1. Cookie 的功能

Cookie 由服务器端生成，发送给 User-Agent（一般是浏览器），浏览器会将 Cookie 的 key/value 保存到某个目录的文本文件内，再次请求同一网站时就发送该 Cookie 给服务器（前提是浏览器设置为启用 Cookie）。Cookie 的名称和值可由服务器端开发者自己定义，这样服务器可以知道该用户是否是合法用户以及是否需要重新登录等，服务器可以设置或读取 Cookies 中包含的信息，借此维护用户与服务器会话中的状态。Web 服务器可以通过 Cookie 包含的信息筛选或维护这些信息，以判断在 HTTP 传输中的状态。

2. Cookie 应用范围

Cookie 常用于以下 3 个方面：

（1）记录访客的某些信息。如可以利用 Cookie 记录用户访问网页的次数，或者记录用户曾

经输入过的信息。另外，某些网站可以使用 Cookie 自动记录访客上次登录的用户名。

（2）在页面间传递变量。浏览器并不会保存当前页面的任何变量信息，当关闭页面时，页面上的所有变量信息将随之消失。如果用户声明变量 id=6，要把这个变量传递到另一个页面，可以把变量 id 以 Cookie 的形式保存下来，然后在下一页通过读取该 Cookie 获取该变量的值。

（3）将所查看的网页内容存储在 Cookie 临时文件中，可以提高以后浏览的速度。

注意：一般不要用 Cookie 保存数据集或其他大量数据。并非所有的浏览器都支持 Cookie，并且数据信息是以明文文本的形式保存在客户端计算机中，因此最好不要保存敏感的、未加密的数据，否则会影响网络的安全性。

3. Cookie 的用途

最根本的用途是 Cookie 能够帮助 Web 站点保存有关访问者的信息。更概括地说，Cookie 是一种保持 Web 应用程序连续性（即执行“状态管理”）的方法。浏览器和 Web 服务器除了在短暂的实际信息交换阶段以外总是断开的，而用户向 Web 服务器发送的每个请求都是单独处理的，与其他所有请求无关。然而在大多数情况下，都有必要让 Web 服务器在请求某个页面时对用户进行识别。例如，购物站点上的 Web 服务器跟踪每个购物者，以便站点能够管理购物车和其他用户相关信息。因此 Cookie 的作用就类似于名片，它提供了相关的标识信息，可以帮助应用程序确定如何继续执行。

使用 Cookie 能够达到多种目的，所有这些目的都是使 Web 站点记住访问信息。例如，一个实施民意测验的站点可以简单地利用 Cookie 作为布尔值，表示访问的浏览器是否已经参与了投票，从而避免重复投票；而那些要求用户登录的站点则可以通过 Cookie 确定访问者是否已经登录过，这样就不必每次都输入凭据。

7.1.2 PHP 中如何创建 Cookie

Cookie 的创建十分简单，只要用户的浏览器支持 Cookie 功能，就可以使用 PHP 内建函数建立一个新 Cookie。

在 PHP 中，通过 setcookie( ) 函数创建 Cookie。

在创建 Cookie 之前必须了解的是，Cookie 是 HTTP 头标的组成部分，而头标必须在页面其他内容之前发送，因此它必须最先输出。所以即使是空格或者是空行，都不要在调用 setcookie( ) 函数之前输出。若在 setcookie( ) 函数前输出一个 HTML 标记、echo 语句，甚至一个空行都会导致程序出错。

语法：

```
setcookie(name,value,expire,path,domain,secure)
```

setcookie( ) 函数定义一个和其余的 HTTP 标头一起发送的 Cookie，它的所有参数是对应 HTTP 标头 Cookie 资料的属性。setcookie( ) 函数的导入参数看起来不少，但除了参数 name，其他参数都是非必需的，而经常使用的只有 name、value 和 expire 参数。

setcookie( ) 函数的参数说明如下：

（1）name：Cookie 的变量名，可以通过 _COOKIE["cookiename"] 调用变量名为 cookiename

的 Cookie。

（2）value：Cookie 变量的值，该值保存在客户端，不能用来保存敏感数据，可以通过 _COOKIE ["values"] 获取名为 values 的值。

（3）expire：Cookie 的失效时间，expire 是标准 UNIX 时间标记，可以用 time( ) 函数或者 mktime( ) 函数获取，单位为秒。如果不设置 Cookie 的失效时间，那么 Cookie 将永远有效，除非手动将其删除。

（4）path：Cookie 在服务端的有效路径，如果该参数设置成 "/"，则它在整个 domain 内有效，如果设置为 "/11"，它在 domain 下的 "/11" 目录及子目录内有效。默认是当前目录。

（5）domain：Cookie 有效的域名。如果要使 Cookie 在 abc.com 域名下的所有子域名都有效，应该设置为 abc.com。

（6）secure：指明 Cookie 是否通过安全的 HTTPS，值为 0 或 1。如果值为 1，则 Cookie 只能在 HTTPS 连接上有效；如果值为默认值 0，则 Cookie 在 HTTP 和 HTTPS 连接上均有效。

如果只有 name 参数，则原有此名称的 Cookie 选项将会被删除，也可以使用空字符串来省略此参数。参数 expire 和 secure 是一个整数，可以使用 0 来省略此参数，而不是使用空字符串。但参数 expire 是一个 UNIX 时间整数，由 time( ) 或者 mktime( ) 函数传回。参数 secure 指出此 Cookie 将只有在安全的 HTTPS 连接时传送。

使用 setcookie( ) 函数的全部参数设置，实例代码如下所示。

```
<?php
  setcookie("username","sky",time()+60*60,"/test",".php.cn",1);
?>
```

说明： 上例中表示建立一个识别名称为 username 的 Cookie，其内容值为字符串"sky"，而在客户端的存储有效期为 1 小时。参数"/test" 表示 Cookie 只有在 text 子目录或子目录中有效。参数".php.cn" 使 Cookie 能在如 php.cn 域名下的所有子域中都有效，虽然 "." 并不是必需的，但加上它会兼容更多的浏览器。当最后一个参数设为 1 时，则 Cookie 仅在安全的连接中才能被设置。

使用 setcookie( ) 函数给的值只能是数字或者字符串，不能是其他的复杂结构。

7.1.3　PHP 中如何读取 Cookie

如果 Cookie 设置成功，客户端就拥有了 Cookie 文件，用来保存 Web 服务器为其设置的用户信息。在客户端使用 Windows 操作系统浏览服务器中的脚本，Cookie 文件会被存放在"C:\Documents and Settings\ 用户名 \Cookies" 文件夹下。Cookie 以普通文本文件形式记录信息，虽然直接使用文本编辑器就可以打开浏览，但直接阅读 Cookie 文件中的信息是没有意义的。而是当客户再次访问该网站时，浏览器会自动把与该站点对应的 Cookie 信息全部发送给服务器。从 PHP 5 之后，任何从客户端发送过来的 Cookie 信息，都会被自动保存在 _COOKIE 全局数组中，所以在每个 PHP 脚本中都可以从该数组中读取相应的 Cookie 信息。_COOKIE 全局数组存储所有通过 HTTP 传递的 Cookie 资料内容，并以 Cookie 的识别名称为索引值，内容值为元素。

在设置 Cookie 脚本中，第一次读取它的信息并不会生效，必须刷新或到下一个页面才可以看到 Cookie 值，因为 Cookie 要先被设置到客户端，再次访问时才能被发送过来，这时才能被获取。所以要测试一个 Cookie 是否被成功设定，可以在到期之前通过另外一个页面访问其值。

在 PHP 中，可以直接通过超全局变量数组 _COOKIE[] 读取浏览器端的 Cookie 值。

实例 7-1 使用 $_COOKIE[] 读取浏览器端的 Cookie 值

实例代码如下：

```
<?php
date_default_timezone_set('PRC');                    //设置时区
 if(!isset($_COOKIE['time'])){                       //检测 Cookie 文件是否存在
    setcookie('time',date('y-m-d H:i:s'));           //设置一个 Cookie 变量
    echo "第一次访问";
 }
 else{
    setcookie('time',date('y-m-d H:i:s'),time()+60);   //设置保存 Cookie 失效的时间的变量
    echo "上次访问的时间为：".$_COOKIE['time'];        //输出上次访问网站的时间
    echo '<br>';
 }
 echo "本次访问的时间为：".date('y-m-d H:i:s');      //输出当前的访问时间
?>
```

在上面的代码中，首先使用 isset( ) 函数检测 Cookie 文件是否存在。如果不存在，则使用 setcookie( ) 函数创建一个 Cookie，并输出相应的字符串；如果 Cookie 文件存在，则使用 setcookie( ) 函数设置文件失效的时间，并输出用户上次访问网站的时间，最后在页面输出本次访问网站的当前时间。

首次运行实例时，由于没有检测到 Cookie 文件，运行结果如下所示：

```
第一次访问本次访问的时间为：19-05-27 21:48:58
```

如果用户在 Cookie 设置失效的时间（上面的实例为 60 s）前刷新或者再次访问该网页，运行结果如下：

```
上次访问的时间为：19-05-27 21:48:58
本次访问的时间为：19-05-27 21:49:31
```

注意：如果未设置 Cookie 失效时间，则在关闭浏览器时自动删除 Cookie 数据。如果为 Cookie 设置了失效时间，浏览器将会记住 Cookie 数据，即使重新启动了计算机，只要没有到期，再访问网站时也会获得访问的数据信息。

7.2 Session 技 术

7.2.1 Session 简介

1. Session 的定义

Session 一般译作会话，牛津词典对其的解释是进行某活动连续的一段时间。从不同层面看待

Session，它有着类似但不完全同样的含义。比方，在 Web 应用的用户看来，他打开浏览器访问一个电子商务站点，登录、完成购物直到关闭浏览器，这是一个会话。

而在 Web 应用的开发人员看来。用户登录时须要创建一个数据结构以存储用户的登录信息。这个结构称为 Session。因此在谈论 Session 时要注意上下文环境。

2. Session 因何而来

HTTP 协议是 WebServer 与 Client（浏览器）相互通信的协议，它是一种无状态协议。所谓无状态，指的是不会维护 HTTP 请求数据，HTTP 请求是独立的、非持久的，即此次连接无法得到上次连接的状态。即用户从 A 页面跳转到 B 页面会再一次发送 HTTP 请求。而服务端在返回响应时是无法获知该用户在请求 B 页面之前做了什么。随着网络技术的发展，人们再也不满足于死板乏味的静态 HTML，他们希望 Web 应用能动起来，于是 Client 出现了脚本和 DOM 技术，HTML 中添加了表单，而服务端出现了 CGI 等动态技术。而正是这样的 Web 动态化的需求，给 HTTP 协议提出了一个难题：一个无状态的协议如何才能关联两次连续的请求？也就是说无状态的协议如何才能满足有状态的需求？这时 Session/ Cookie 方案应需而生。它是将信息存储于 Client 的一种机制。

3. Session 的原理

Session 的基本原理是服务端为每个 Session 维护一份会话信息数据，而 Client 和服务端依靠一个全局唯一的标识（即 Sessionid）访问会话信息数据。用户访问 Web 应用时，服务端程序决定何时创建 Session。创建 Session 为 Session 生命周期的第一部分，能够概括为三个步骤：

（1）生成全局唯一标识符（Sessionid）。

（2）开辟数据存储空间。通常会在内存中创建对应的数据结构，但这样的情况下，系统一旦掉电，全部会话数据都会丢失。假设是电子商务站点，这样的事故会造成严重的后果。

可以写到文件中甚至存储在数据库或者缓存中，这样尽管会添加 I/O 开销，但 Session 能够实现某种程度的持久化，并且更有利于 Session 的共享。

（3）将 Session 的全局唯一标识符发送给 Client。

在 Client 有了 Sessionid 后就能够通过这个 id 访问在创建 Session 时开辟的数据存储空间，进而能够在这个存储空间存取数据。

注意： *在 Session 生命周期内产生的数据并不会实时地写入 Server 端 Session 数据的存储空间，而是通过一个全局变量寄存在内存中。在 session 的生命周期结束时才会将数据写入 Session 存储空间。*

那么什么时候 Session 的生命周期结束呢？归纳起来有下面 3 点：

（1）Server 会把长时间没有活动的 Session 从 Server 内存中清除。此时 Session 便失效。

（2）Session 会在页面生命周期结束时，自己主动结束当前没有终止的 session 生命周期。

（3）调用 Session 的销毁方法。

从上面的说明能够看出，Session 能够主动失效，也能够被动失效。这给开发人员带来了更加灵活的使用方式。

4. Sessionid 的传递

Client 和服务端之间的通信是通过 Sessionid 建立联系的，那么 Sessionid 是如何传递的呢？

用户端与服务端的 Web 通信协议是 HTTP。而通过 HTTP 取得用户数据惯用的 3 种方法各自是 POST 方法、GET 方法和 Cookie。而 PHP 默认传递方法是 Cookie，也是最佳方法。仅仅在 Client 不支持 Cookie 时（如浏览器禁用了 Cookie 功能）才会通过 GET 或 POST 方法传递 Sessionid，即通过在 URL 的 query_string 部分传递 Sessionid。不建议使用 GET 方法传递参数，由于那样容易泄露信息。

7.2.2 PHP 中如何启动 Session 会话

Session 的设置与 Cookie 不同，必须先行启动，在 PHP 中必须调用 session_start() 函数，以便让 PHP 核心程序和 Session 相关的内建环境变量预先载入内存中。

使用 session_start( ) 函数启动会话，语法格式如下：

```
session_start(void);    // 创建 Session，开始一个会话，进行 Session 初始化
```

session_start( ) 函数没有参数，且返回值均为 TURE。该函数有两个主要作用，一是开始一个会话，二是返回已经存在的会话。

当第一次访问网站时，session_start( ) 函数就会创建唯一的 Session ID，并自动通过 HTTP 的响应头将此 Session ID 保存到客户端 Cookie 中。同时，也在服务器端创建一个以此 Session ID 命名的文件，用于保存此用户的会话信息。当同一个用户再次访问此网站时，也会自动通过 HTTP 的请求头将客户端 Cookie 中保存的 Session ID 给带过来，这时 session_start( ) 函数就不会再去分配一个新的 Session ID，而是在服务器的硬盘中去寻找和此 Session ID 同名的 Session 文件，将之前为此用户保存的会话信息读出，在当前脚本中应用，达到跟踪此用户的目的。所以在会话期间，同一个用户在访问服务器上任何一个页面时，都是使用同一个 Session ID。

注意： 通常，session_start( ) 函数在页面开始位置调用，然后会话变量被登录到数据 $_SESSION。

说明： 如果使用基于 Cookie 的 Session，在使用该函数开启 Session 之前，不能有任何输出的内容。因为基于 Cookie 的 Session 是在开启时调用 session_start( ) 函数生成唯一的 Session ID，需要保存在客户端计算机的 Cookie 中，所以使用 session_start( ) 函数之前浏览器不能有任何输出，即使是空格和空行也不行，否则会输出字符串产生错误。

如果不想在每个脚本中都使用 session_start( ) 函数开启 Session，可以在 php.ini 中设置 session.auto_start = 1，就不需要每次使用 Session 之前都调用 session_start( ) 函数。但启用这个选项也是有一些限制的，就是不能将对象放入 Session 中，因为类定义必须在启动 Session 之前加载。所以一般不建议使用 session.auto_start 开启 Session。

7.2.3 PHP 中如何注册和读取 Session 会话

1. 注册 Session 会话

在 PHP 中使用 Session 变量，除了必须启动外，还要经过一个注册的过程，注册和读取 Session 变量，都要通过访问 _SESSION 数组完成。从 PHP 4.1.0 版本起，_SESSION 如同 _POST、_GET 和 _COOKIE 等一样成为超级全局数组，但必须在调用 session_start( ) 函数开启

Session 之后才能使用。与 HTTP_SESSION_VARS 不同，_SESSION 总是具有全局的范围，因此不要对 _SESSION 使用 global 关键字。在 _SESSION 关联数组中的键名具有和 PHP 中普通变量名相同的命名规则。

会话变量被创建后，全部保存在数组 _SESSION 中。通过数组 _SESSION 创建一个会话变量很容易，只要直接给该数组添加一个元素即可。

例如，以下实例会启动会话，创建一个 Session 变量并赋予一个空值。代码如下：

```
<?php
  session_start();            //启动Session
  $_SESSION['name']=null;     //声明一个名为admin的变量，并设置为空值null
?>
```

执行脚本以后，Session 变量就会被保存在服务器端的某一个文件夹中。该文件的位置是通过 php.ini 文件在 session.save_path 属性指定的目录下，为此访问用户单独创建的，用来保存已经注册的 Session 变量。打个比方，某个保存 Session 变量的文件名为"sess_09403850rf7sk39s67"，文件名中包含了 Session ID，所以每个访问用户在服务器中都有自己保存 Session 变量的文件，而且这个文件可以直接使用文本编辑器打开。该文件的内容结构如下所示：

```
变量名 | 类型 : 长度: 值          //每个变量都适用相同的结构来保存
```

实例 7-2　Session 注册会话

实例代码如下：

```
<?php
  //启动session
  .session_start();
  //注册session变量，赋值为一个用户名称
  $_SESSION['usermane']="sky";
  //注册session变量，赋值为一个用户id
  $_SESSION['uid']=1;
?>
```

上面实例中的 Session 注册了两个变量，如果在服务器中找到为该用户保存 Session 变量的文件，打开后可以看到如下内容：

```
username | s:6: "sky"; uid | i:1:"1"; //保存用户Session中注册的两个变量的内容
```

2. 读取 Session 会话

首先需要判断会话变量是否有一个会话 ID 存在，如果不存在，就创建一个，并且使其能够通过全局数组 _SESSION 进行访问；如果已经存在，则将这个已经创建的会话变量载入以提供给用户使用。

例如，判断存储用户名的 Session 会话变量是否为空，如果不为空，则将该会话变量赋予 my_value，其代码显示如下：

实例 7-3　读取 Session 会话

实例代码如下：

```
<?php
  if(!empty($_SESSION['session_name'])){  //判断存储用户名的 Session 会话变量是否为空
    $my_value=$_SESSION['session_name'];    //将会话变量赋予一个变量 $my_value
  }
?>
```

下面给出一个完整的实例。

实例 7-4 Session 使用完整示例

该实例由两个页面构成。

实例代码如下：

session1.php

```
<?php
if(isset($_POST['submit'])){
    session_start();                          //开始建立一个会话
    $_SESSION['season']=$_POST['season'];     //存储会话数据
    header("Location: session2.php");         //应特别注意 header() 中的格式问题
}
?>
<b>存储会话</b>
<hr/>
选择需要设置的数据：
<form name="form1" method="post" action="" id="form1" >
    <select name="season" id="season_select" >
        <option value="春天">春天</option>
        <option value="夏天">夏天</option>
        <option value="秋天">秋天</option>
        <option value="冬天">冬天</option>
    </select>
    <br/>
    <br/>
    <br/>
   <input type="submit" name="submit" value="submit"/>
</form>
```

SESSION2.PHP

```
<?php
session_start();                              //建立或者继续一个会话
$season=$_SESSION['season'];                  //读取会话数据

echo "<b>读取会话</b><br/><br/>";
switch($season) {
    case '春天';
        echo '现在是绿意盎然的春天！';
        break;
    case '夏天';
        echo '现在是热情四溢的夏天！';
        break;
```

```
    case '秋天';
        echo '现在是丰收果实的秋天！';
        break;
    case '冬天';
        echo '现在是白雪皑皑的冬天！';
        break;
    default ;
        echo '对不起，会话中没有数据或者不存在该对话 ！ ';
}
?>
```

打开 session1.php 测试，如图 7-1 所示。

提交后结果如图 7-2 所示。

图 7-1　存储会话

图 7-2　读取会话

7.2.4　PHP 中如何删除和销毁 Session

当使用完一个 Session 变量后，可以将其删除；当完成一个会话以后，也可以将其销毁。如果用户想退出 Web 系统，就需要为其提供一个注销的功能，把其所有信息在服务器中销毁。

删除会话主要有删除单个会话、删除多个会话和结束当前会话 3 种方式，下面就 3 种方式分别进行简单介绍。

1. 删除单个会话

删除单个会话即删除单个会话的变量，同数组的操作一样，直接注销 _SESSION 数组的某个元素即可。

_SESSION['user'] 变量，可以使用 unset( ) 函数，代码如下所示：

```
unset( $_SESSION['user']);
```

注意：使用 unset( ) 函数时，要注意 $_SESSION 数组中元素不能省略，即不可以一次注销整个数组，这样做会禁止整个会话的功能，如 unset($_SESSION) 函数会将全局变量 $_SESSION 销毁，而且没有办法将其恢复，用户也不能再注册 $_SESSION 变量。

如果要删除多个或者全部会话，可采用下面两种方法。

2. 删除多个会话

如果想把某个用户在 Session 中注册的所有变量都删除，也就是删除多个会话，即一次注销所有会话变量，可以通过将一个空数组赋值给 _SESSION 实现。代码如下所示：

```
$_SESSION = array();
```

3. 结束当前会话

如果整个会话已经结束，首先应该注销所有会话变量，然后使用 session_destroy( ) 函数清除，结束当前会话，并清空会话中的所有资源，彻底销毁 Session。代码如下所示：

```
session_destroy();
```

相对于 session_start( ) 函数（创建 Session 文件），session_destroy( ) 函数用来关闭 Session 的运作（删除 Session 文件），如果成功则返回 TURE，销毁 Session 资料失败则返回 FALSE。但该函数并不会释放和当前 Session 相关的变量，也不会删除保存在客户端 Cookie 中的 Session ID。

PHP 默认的 Session 是基于 Cookie 的，Session ID 被服务器存储在客户端的 Cookie 中，所以在注销 Session 时也需要清除 Cookie 中保存的 Session ID，而这就必须借助 setcookie( ) 函数来完成。在 Cookie 中，保存 Session ID 的 Cookie 标识名称就是 Session 的名称，这个名称是在 php.ini 中通过 session.name 属性指定的值。在 PHP 脚本中，可以通过 session_name( ) 函数获取 Session 的名称。删除保存在客户端 Cookie 中的 Session ID。

通过前面的讲解可以总结出：Session 的删除和注销过程需要好几个步骤。下面通过一个实例，提供完整的代码，运行该脚本后即可关闭 Session，并销毁与本次会话有关的所有资源。

彻底销毁 Session 代码如下所示：

```
<?php
  // 开启 Session
  session_start();
  // 删除所有 Session 变量
  $_SESSION = array();
  // 判断 cookie 中是否保存 Session ID
   if(isset($_COOKIE[session_name()])){
     setcookie(session_name(),'',time()-3600, '/');
  }
  // 彻底销毁 Session
  session_destroy();
?>
```

注意：使用 $_SESSION = array() 清空 $_SESSION 数组的同时，也将这个用户在服务器端对应的 Session 文件内容清空。而使用 session_destroy( ) 函数时，则是将这个用户在服务器端对应的 Session 文件删除。

7.3 用户登录案例

视频

用户登录实例 7–5

实例 7-5 使用 cookie 和 session 实现用户登录

cookie 小实例：

```
<?php
setcookie("user", "cxp", time()+3600);
echo $_COOKIE["user"];
?>
```

说明：

```
setcookie("user", "cxp", time()+3600);
```

设置一个用户，并给它一个值 cxp

```
echo $_COOKIE["user"];
```

输出给定的值，测试效果如图 7-3 所示。

图 7-3　可以正常显示

下面介绍用户登录实例，其中会用到 PHP 7 连接数据库的方法。在第 10 章，会单独介绍数据库操作，本章初步介绍一下。

用户登录功能分三个页面来实现。

1. 登录页面 login.html

代码如下：

```
<html>
<head>
<title>Login</title>
<meta http-equiv="Content-Type" content="text/html; charset=gb2312">
</head><body>
<form name="form1" method="post" action="login.php">
<table width="300" border="0" align="center" cellpadding="2" cellspacing="2">
<tr>
<td width="150"><div align="right">用户名：</div></td>
<td width="150"><input type="text" name="username"></td>
</tr>
<tr>
<td><div align="right">密码：</div></td>
<td><input type="password" name="passcode"></td>
</tr>
<tr>
<td><div align="right">Cookie 保存时间：</div></td>
<td><select name="cookie" id="cookie">
<option value="0" selected>浏览器进程</option>
<option value="1">保存 1 天</option>
<option value="2">保存 30 天</option>
<option value="3">保存 365 天</option>
</select></td>
</tr>
</table>
```

```
<p align="center">
<input type="submit" name="Submit" value="Submit">
<input type="reset" name="Reset" value="Reset">
</p>
</form>
</body>
</html>
```

2. 登录检测页 login.php

代码如下：

```
<?php
header("Content-Type:text/html;charset=GB2312");  //该句代码实现中文显示，否则在有些时间会出现乱码。

$link=@mysqli_connect("localhost", "root","root",'test')        //选择数据库之前需要先连接数据库服务器 ，注意 PHP 7 中是 mysqli，不是 mysql。在该句中实现本地服务器的连接，需要用正确的用户名和密码，连接服务器，同时连接数据库 test
or die("数据库服务器连接失败");  //如何失败给出提示
//$conn=mysqli_connect($servername, $username, $password);

// Check connection
if(!$link) {
    die("连接失败：" . mysqli_connect_error());
}
//echo "连接成功";
//上面的代码是判断数据库服务器是否连接成功，如果失败则不会进入下一步。

//exit;

//获取用户输入
$username=$_POST['username'];
$passcode=$_POST['passcode'];
$cookie=$_POST['cookie'];
//ECHO $username;
//exit;

//执行SQL语句
//下面的语句同样是用mysqli，不是用mysql，同时加入了$link进行连接
$query=mysqli_query($link,"select username, userflag from users where username='$username' and passcode='$passcode'");
//or die("SQL语句执行失败");

//判断用户是否存在，密码是否正确
if($row=mysqli_fetch_array($query))
{
    if($row['userflag']==1 or $row['userflag']==0)     //判断用户权限信息是否有效
    {
        switch($cookie)        //根据用户的选择设置cookie保存时间
        {
```

```
            case 0:                //保存 Cookie 为浏览器进程
              setcookie("username", $row['username']);
              break;
            case 1:                //保存 1 天
              setcookie("username", $row['username'], time()+24*60*60);
              break;
            case 2:                //保存 30 天
              setcookie("username", $row['username'], time()+30*24*60*60);
              break;
            case 3:                //保存 365 天
              setcookie("username", $row['username'], time()+365*24*60*60);
              break;
        }
        header("location: main.php"); //自动跳转到 main.php
    }
    else
    {
        echo "用户权限信息不正确";
    }
}
else
{
    echo "用户名或密码错误";
}
?>
```

3. 登录成功验证页面

代码如下：

```
<?php
header("Content-Type:text/html;charset=GB2312");
session_start();

if(isset($_COOKIE['username']))
{
    $link=@mysqli_connect("localhost", "root","root",'test') //选择数据库之前需要
先连接数据库服务器
    or die("数据库服务器连接失败");
    // @mysqli_select_db($link,"test")      //选择数据库 mydb
    // or die("数据库不存在或不可用");
    //获取 Session
    $username=$_COOKIE['username'];
    //echo $username;
    $_SESSION['username']=$username; //该句是获取存储的用户名，在后面的测试中会读取出用
户名
    //执行 SQL 语句获得 userflag 的值
    $query=@mysqli_query($link,"select userflag from users "
    ."where username='$username'")
    or die("SQL 语句执行失败");
    $row=mysqli_fetch_array($query);
```

```
    // 获得用户权限信息
    $flag=$row['userflag'];
    // 根据 userflag 的值输出不同的欢迎信息
    if($flag==1)
    echo "欢迎管理员".$_SESSION['username']."登录系统";
    if($flag==0)
    echo "欢迎用户".$_SESSION['username']."登录系统";
    echo '<a href="logout.php" href="logout.php">注销</a>';
}
else
{
    echo "您没有权限访问本页面";
}
?>
```

4. 注销登录

代码如下：

```
<?php
header("Content-Type:text/html;charset=GB2312");
setcookie("username");
echo "注销成功";
?>
```

测试如图 7-4 至图 7-10 所示。

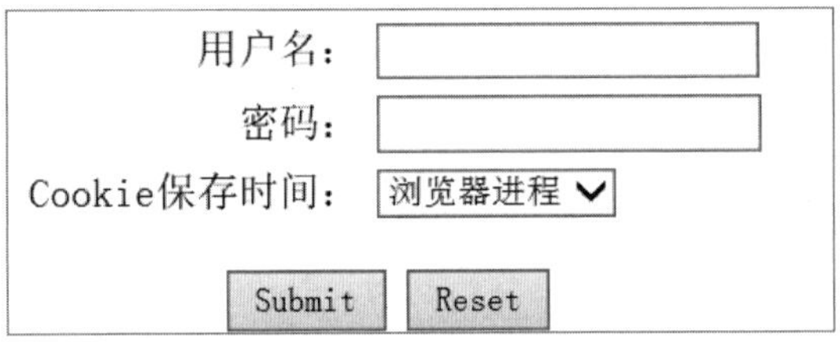

图 7-4　用户登录

图 7-5　普通用户

图 7-6　普通用户登录成功

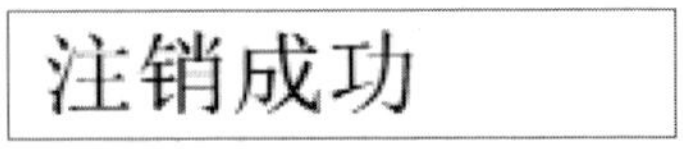

图 7-7　注销

说明：已经读取出了用户名。

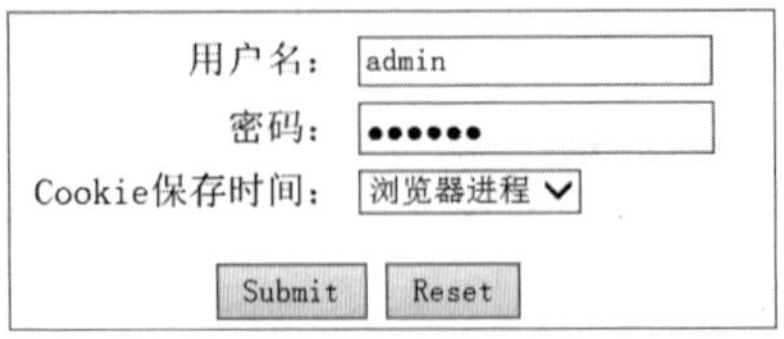

图 7-8　管理员登录

图 7-9　管理员登录成功

图 7-10　管理员注销

说明：已经读取了用户名。

另外，数据表的结构和数据如图 7-11 和图 7-12 所示。

#	名字	类型	整理	属性	空	默认	额外	操作
1	user_id	int(20)			否	无	AUTO_INCREMENT	修改 删除 浏览非重复值 (DISTINCT) 主键 唯一 索引 空间 全文搜索
2	username	varchar(20)	utf8_general_ci		否	无		修改 删除 浏览非重复值 (DISTINCT) 主键 唯一 索引 空间 全文搜索
3	userflag	varchar(30)	utf8_general_ci		否	无		修改 删除 浏览非重复值 (DISTINCT) 主键 唯一 索引 空间 全文搜索
4	passcode	varchar(20)	utf8_general_ci		否	无		修改 删除 浏览非重复值 (DISTINCT) 主键 唯一 索引 空间 全文搜索

图 7-11　数据表结构

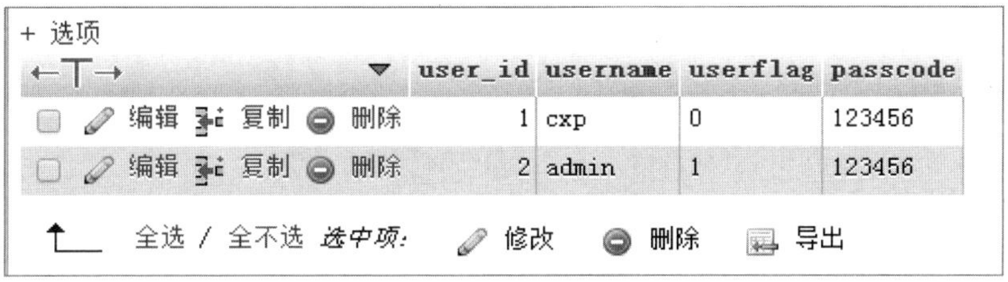

	user_id	username	userflag	passcode
编辑 复制 删除	1	cxp	0	123456
编辑 复制 删除	2	admin	1	123456

图 7-12　数据表的数据

小　　结

本章主要介绍了 PHP 的 Cookie 和 Session 技术，主要是会话的存储和读取，这对于用户注册登录信息的获取有用，可以读取用户的登录名等信息。读者需要自己上机操作巩固所学知识。

习　　题

完成下面的实验内容。

实验　PHP Session 与 Cookie

实验目的

（1）了解 session 与 cookie 的区别。

（2）掌握 session 与 cookie 的使用。

实验内容

（1）PHP Session 用户登录信息保存

（2）PHP Cookie 用户登录信息保存

实验过程

实验 1　PHP Session 用户登录信息保存

```
//登录页面及判断是否登录页面 session.php
<?php session_start();?>
<html>
    <head>
        <title>Session_cookie_usecase</title>
    </head>
    <body>
    <?php

        if($_SESSION[user]!=null)
        {
    ?>
        <?=$_SESSION[user]?> has login!
    <?
        }
        else
        {
    ?>
        <form action="doSession.php" method="post">
            username:<input type="text" name="username"/><br/>
            password:<input type="password" name="pwd"/><br/>
            <input type="submit" value="login"/>
        </form>
    <?php
        }
    ?>
    </body>
</html>

//处理用户登录页面 doSession.php
<?php
    session_start();
    $username =$_POST[username];
    $password=$_POST[pwd];
    echo $password.$username;
    if($username=="ly" && $password=="123")
    {
        echo "login  success!";
        $_SESSION[user]="ly";
    }
    else
    {
        echo "login false";
    }

?>
```

问题：

（1）session_start() 函数是否必须放在第一行？有没有其他解决办法？

（2）如何清除 Session 数据？

实验 2　PHP Cookie 用户登录信息保存

```
//用户登录及 Cookie 检测页面 cookie.php
<html>
    <head>
        <title>Session_cookie_usecase</title>
    </head>
    <body>
    <?php
        if($_COOKIE[user]!=null)
        {
    ?>
        <?=$_COOKIE[user]?> has login!
    <?
        }
        else
        {
    ?>
        <form action="doCookie.php" method="post">
            username:<input type="text" name="username"/><br/>
            password:<input type="password" name="pwd"/><br/>
            remeberLogin:<input type="radio" name="rm" value="yes"/><br/>
            <input type="submit" value="login"/>
        </form>
    <?php
        }
    ?>
    </body>
</html>
//处理用户登录页面 doCookie.php
<?php
    $username =$_POST[username];
    $password=$_POST[pwd];
    echo $password.$username;
    if($username=="ly" && $password=="123")
    {
        echo "login  success!";
        if($_POST[rm]=="yes")
        {
            setcookie("user","ly",time()+3600);
        }
    }
    else
    {
        echo "login false";
    }
?>
```

问题：

（1）如何让 Cookie 失效？

（2）Session 和 Cookie 之间有什么区别？

第 8 章 PHP 正则表达式

本章主要介绍了 PHP 最简单的匹配，PHP 正则表达式的语法，PHP 的匹配、替换、分割函数，并给出一些最常用的正则表达式使用实例。

学习目标

- ◆了解正则表达式的概念。
- ◆了解最简单的匹配。
- ◆掌握正则表达式语法。
- ◆掌握 PHP 正则表达式匹配：preg_match、preg_match_all 函数的使用方法。
- ◆掌握 PHP 正则表达式替换：preg_replace 函数的使用方法。
- ◆掌握 PHP 正则表达式分割：preg_split 与 split 函数的使用方法。
- ◆掌握 PHP 常用正则表达式的规则。

8.1 正则表达式简介

在某些应用中，有时候需要根据一定的规则来匹配（查找）确认一些字符串，如要求用户输入的 QQ 号码为数字且至少 5 位。用于描述这些规则的工具就是正则表达式。

8.1.1 最简单的匹配

最简单的匹配就是直接给定字符匹配。如用字符 a 匹配 aabab，则会匹配出 3 个结果，分别是字符串中的第 1、2 和第 4 个字符。这种匹配是最简单的情况，但往往实际处理中会复杂得多，如下面的“QQ 号码为数字且至少 5 位”，其对应的正则表达式为：

```
^\d{5,}$
```

该正则表达式描述了需要确定的内容为至少 5 位以上的数字。该表达式中各符号的含义如下：

^：表示匹配字符串的开始，即该字符串是独立的开始而不是包含在某个字符串之内。

\d：表示匹配数字。

{5,}：表示至少匹配 5 位及以上。

：表示匹配字符串的结束，即该字符串是独立的结束。

现在就很清楚了，该正则表达式综合起来就是匹配 5 位以上的连续数字，且有独立的开始和结束，对于少于 5 位的数字，或者不是以数字开始和结尾的（如 a123456b）都是无效的。

从该实例可以看出，正则表达式是从左至右描述的。

同样，如果要匹配移动号码的正则表达式为：

```
^1\d{10}$
```

提示：由于对正则表达式的匹配结果在很多情况下都不是那么确定，所以最好下载一些辅助工具用于测试正则表达式的匹配结果。这类工具如 Match Tracer、RegExBuilder 等，其他类似的工具也可以。

8.1.2 元字符

在上面的实例中，^ 、\d 及 {5,} 等符号代表了特定的匹配意义，称为元字符，常用的元字符及其说明见表 8-1。

表 8-1 常用元字符及其说明

元 字 符	说 明
.	匹配除换行符之外的任意字符
\w	匹配字母或数字或下画线
\s	匹配任意空白符
\d	匹配数字
\b	匹配单词的开始或结束
^	匹配字符串的开始
$	匹配字符串的结束
[x]	匹配 x 字符，如匹配字符串中的 a、b 和 c 字符
\W	\w 的反义，即匹配任意非字母、数字、下画线和汉字字符
\S	\s 的反义，即匹配任意非空白符的字符
\D	\d 的反义，即匹配任意非数字的字符
\B	\b 的反义，即不是单词开头或结束的位置
[^x]	匹配除了 x 以外的任意字符，如 [^abc] 匹配除了 abc 这几个字母之外的任意字符

提示：

（1）当要匹配这些元字符时，需要用到字符转义功能，同样正则表达式中用 \ 来表示转义，如要匹配 . 符号，则需要用 \.，否则 . 会被解释成“除换行符外的任意字符”。当然，要匹配 \，则需要写成 \\。

（2）连续的数字或字母可以用 – 符号连接起来，如匹配所有的小写字母，[1-5] 匹配 1 至 5 这 5 个数字。

8.2　PHP 正则表达式语法

8.2.1　重复规则

正则表达式的威力在于其能够在模式中包含选择和循环，正则表达式用一些重复规则来表达循环匹配。

常用的重复规则及其说明见表 8-2。

表 8-2　常用的重复及其说明

重　复	说　明
*	重复零次或更多次
+	重复 1 次或更多次
?	重复零次或 1 次
{n}	重复 *n* 次
{n,}	重复 *n* 次或更多次
{n,m}	重复 *n* 到 *m* 次

8.2.2　分支

分支是指制定几个规则，如果满足任意一种规则，则都当作匹配成功。具体来说就是用 | 符号把各种规则分开，且条件从左至右匹配。

提示：由于分支规定，只要匹配成功，就不再对后面的条件加以匹配，所以如果想匹配有包含关系的内容，请注意规则的顺序。

下面是一个使用分支的实例。

美国的邮政编码规则是 5 个数字或者 5 个数字连上 4 个数字，如 12345 或者 54321-1234，如果要匹配所有邮编，则正确的正则表达式为：

```
\d{5}-\d{4}|\d{5}
//错误写法
\d{5}|\d{5}-\d{4}
```

错误写法中只能匹配到 5 位数字及 9 位数字的前 5 位数字的情况，而不能匹配 9 位数字的邮编。

8.2.3　分组

在正则表达式中，可以用小括号将一些规则括起来当作分组，分组可以作为一个元字符来看待。

分组的实例，验证 IP 地址：

```
(\d{1,3}\.){3}\d{1,3}
```

这是一个简单的且不完善的匹配 IP 地址的正则表达式，因为它除了能匹配正确的 IP 地址外，还能匹配如 322.197.578.888 等不存在的 IP 地址。

当然，用这个表达式简单匹配成功后可以再利用 PHP 的算术比较判断 IP 地址是否正确。而正则表达式中没有提供算术比较功能，如果要完全匹配正确的 IP 地址，则需要改进如下：

```
((25[0-5]|2[0-4]\d|[01]?\d\d?)\.){3}(25[0-5]|2[0-4]\d|[01]?\d\d?)
```

规则说明：该规则的关键之处在于确定 IP 地址每段范围为 0-255，然后再重复 4 次即可。如下所示：

```
25[0-5]|2[0-4]\d|[01]?\d\d?
```

用分支首先确定了 250-255 和 200-249。[01]?\d\d? 则确定了 0-199 的范围，综合起来就是 0-255。

8.2.4 贪婪与懒惰

默认情况下，正则表达式会在满足匹配条件的情况下尽可能匹配更多内容。如 a.*b，用其匹配 aabab，它会匹配整个 aabab，而不会只匹配到 aab 为止，这就是贪婪匹配。

与贪婪匹配对应的是，在满足匹配条件的情况下尽可能匹配更少的内容，这就是懒惰匹配。

上述实例对应的懒惰匹配规则为：

```
a.*?b
```

如果用该表达式去匹配 aabab，那么就会得到 aab 和 ab 这样两个匹配结果。

常用的懒惰限定符及其说明见表 8-3。

表 8-3 常用的懒惰限定符及其说明

懒惰限定符	说　明
*?	重复任意次，但尽可能少重复
+?	重复 1 次或更多次，但尽可能少重复
??	重复 0 次或 1 次，但尽可能少重复
{n,}	重复 *n* 次以上，但尽可能少重复
{n,m}	重复 *n* 到 *m* 次，但尽可能少重复

8.2.5 模式修正符

模式修正符是标记在整个正则表达式之外的，可以看作对正则表达式的一些补充说明。

常用的模式修正符及其说明见表 8-4。

表 8-4 常用的模式修正符及其说明

模式修正符	说　明
i	模式中的字符将同时匹配大小写字母
m	字符串视为多行
s	将字符串视为单行，换行符作为普通字符
x	将模式中的空白忽略
e	preg_replace( ) 函数在替换字符串中对逆向引用作正常替换，将其作为 PHP 代码求值，并用其结果替换所搜索的字符串
A	强制仅从目标字符串的开头开始匹配
D	模式中的 $ 元字符仅匹配目标字符串的结尾
U	匹配最近的字符串
u	模式字符串被当成 UTF-8

8.3　正则表达式匹配

8.3.1　正则表达式在 PHP 中的应用

在 PHP 应用中，正则表达式主要用于：

正则匹配：根据正则表达式匹配相应的内容。

正则替换：根据正则表达式匹配内容并替换。

正则分割：根据正则表达式分割字符串。

在 PHP 中有两类正则表达式函数，一类是 Perl 兼容正则表达式函数，一类是 POSIX 扩展正则表达式函数。二者差别不大，推荐使用 Perl 兼容正则表达式函数，因此，下文均以 Perl 兼容正则表达式函数为实例进行说明。

8.3.2　定界符

Perl 兼容模式的正则表达式函数，其正则表达式需要写在定界符中。任何不是字母、数字或反斜线的字符都可以作为定界符，通常使用 / 作为定界符。具体使用方法详见下面的实例。

注意： 尽管正则表达式的功能非常强大，但如果用普通字符串处理函数能完成的，就尽量不要用正则表达式函数，因为正则表达式效率会低得多。

8.3.3　preg_match( ) 函数

preg_match( ) 函数用于进行正则表达式匹配，成功返回 1，否则返回 0。

语法：

```
int preg_match(string pattern,string subject [,array matches])
```

参数说明见表 8-5。

表 8-5　preg_match( ) 函数参数及说明

参　数	说　明
pattern	正则表达式
subject	需要匹配检索的对象
matches	可选，存储匹配结果的数组，$matches[0] 将包含与整个模式匹配的文本，$matches[1] 将包含与第一个捕获的括号中的子模式所匹配的文本，依此类推

视 频

实例8.1–8.3
正则使用

实例 8-1　preg_match( ) 函数

实例代码如下：

```
<?php
if(preg_match("/php/i", "PHP is the web scripting language of choice.", $matches)){
    print "A match was found:". $matches[0];
}
else {
    print "A match was not found.";
}
```

```
?>
```

运行该实例，浏览器输出结果如下：

```
A match was found: PHP
```

在该实例中，使用了 i 修正符，因此会不区分大小写到文本中匹配 php。

提示： preg_match( ) 函数第一次匹配成功后就会停止匹配，如果要实现全部结果的匹配，即搜索到 subject 结尾处，则需使用 preg_match_all( ) 函数。

实例 8-2 从一个 URL 中取得主机域名

实例代码如下：

```
<?php
// 从 URL 中取得主机名
preg_match("/^(http:\/\/)?([^\/]+)/i","http://www.cqcet.com/index.html", $matches);
$host=$matches[2];
// 从主机名中取得后面两段
preg_match("/[^\.\/]+\.[^\.\/]+$/", $host, $matches);
echo "域名为：{$matches[0]}";
?>
```

运行该实例，浏览器输出结果如下：

```
域名为：cqcet.com
```

8.3.4 preg_match_all( ) 函数

preg_match_all( ) 函数用于进行正则表达式全局匹配，成功返回整个模式匹配的次数（可能为零），如果出错返回 FALSE。

语法：

```
int preg_match_all(string pattern,string subject,array matches [,int flags ])
```

参数说明见表 8-6。

表 8-6 preg_match_all( ) 函数参数及说明

参 数	说 明
pattern	正则表达式
subject	需要匹配检索的对象
matches	存储匹配结果的数组
flags	可选，指定匹配结果放入 matches 中的顺序，可供选择的标记有： PREG_PATTERN_ORDER：默认，对结果排序使 $matches[0] 为全部模式匹配的数组，$matches[1] 为第一个括号中的子模式所匹配的字符串组成的数组，依此类推 PREG_SET_ORDER：对结果排序使 $matches[0] 为第一组匹配项的数组，$matches[1] 为第二组匹配项的数组，依此类推 PREG_OFFSET_CAPTURE：如果设定本标记，对每个出现的匹配结果也同时返回其附属的字符串偏移量

下面的实例演示了将文本中所有 <pre></pre> 标签内的关键字（php）显示为红色。

实例 8-3 使用 preg_match_all( ) 函数设置文字

实例代码如下：

```
<?php
$str="<pre>学习 PHP 是一件快乐的事。</pre><pre>所有的 phper 需要共同努力！</pre>";
$kw="php";
preg_match_all('/<pre>([\s\S]*?)<\/pre>/',$str,$mat);
for($i=0;$i<count($mat[0]);$i++){
    $mat[0][$i]=$mat[1][$i];
    $mat[0][$i]=str_replace($kw, '<span style="color:#ff0000">'.$kw. '</span>', $mat[0][$i]);
    $str=str_replace($mat[1][$i], $mat[0][$i], $str);
}
echo $str;
?>
```

运行该实例，输出结果如下：

```
学习 PHP 是一件快乐的事。
所有的 phper 需要共同努力!
```

8.3.5 正则匹配中文汉字

正则匹配中文汉字根据页面编码不同而略有区别：

```
GBK/GB2312 编码：[x80-xff]+ 或 [xa1-xff]+
UTF-8 编码：[x{4e00}-x{9fa5}]+/u
```

实例 8-4 正则匹配中文汉字

实例代码如下：

```
<?php
$str="学习 php 是一件快乐的事。";
preg_match_all("/[x80-xff]+/", $str, $match);
//UTF-8 使用：
//preg_match_all("/[x{4e00}-x{9fa5}]+/u", $str, $match);
print_r($match);
?>
```

运行该实例，输出结果如下：

```
Array([0]=>Array([0]=>php))
```

8.4 PHP 正则表达式替换

8.4.1 正则替换简介

preg_replace( ) 函数用于正则表达式的搜索和替换。

语法：

```
mixed preg_replace(mixed pattern,mixed replacement,mixed subject[,int limit])
```

参数说明见表 8-7。

表 8-7 preg_replace( ) 函数参数及说明

参　数	说　明
pattern	正则表达式
replacement	替换的内容
subject	需要匹配替换的对象
limit	可选，指定替换的个数，如果省略 limit 或者其值为 -1，则所有的匹配项都会被替换

8.4.2 正则替换补充说明

replacement 可以包含 \\n 形式或 n 形式的逆向引用，优先使用后者。每个此种引用将被替换为与第 n 个被捕获的括号内的子模式所匹配的文本。n 可以从 0 到 99，其中 \\0 或 0 指的是被整个模式所匹配的文本。对左圆括号从左到右计数（从 1 开始）以取得子模式的数目。

对替换模式在一个逆向引用后面紧接着一个数字时（如 \\11），不能使用 \\ 符号表示逆向引用。因为这样将会使 preg_replace( ) 函数不清楚是想要一个 \\1 的逆向引用后面跟着一个数字 1 还是一个 \\11 的逆向引用。解决方法是使用 \ {1}1。这会形成一个隔离的 1 逆向引用，而使另一个 1 只是单纯的文字。

上述参数除 limit 外都可以是一个数组。如果 pattern 和 replacement 都是数组，将以其键名在数组中出现的顺序进行处理，这不一定和索引的数字顺序相同。如果使用索引来标识哪个 pattern 将被哪个 replacement 来替换，应该在调用 preg_replace( ) 函数之前用 ksort( ) 函数对数组进行排序。

实例 8-5 使用 preg_replace( ) 函数添加“-”分割符号

实例代码如下：

```
<?php
$str="The quick brown fox jumped over the lazy dog.";
$str=preg_replace('/\s/','-',$str);
echo $str;
?>
```

运行该实例，输出结果如下：

```
The-quick-brown-fox-jumped-over-the-lazy-dog.
```

实例 8-6 使用数组

实例代码如下：

```
<?php
$str="The quick brown fox jumped over the lazy dog.";
$patterns[0]="/quick/";
$patterns[1]="/brown/";
$patterns[2]="/fox/";
$replacements[2]="bear";
```

```
$replacements[1]="black";
$replacements[0]="slow";
print preg_replace($patterns, $replacements, $str);
/* 输出：
The bear black slow jumped over the lazy dog.
*/
ksort($replacements);
print preg_replace($patterns, $replacements, $str);
/* 输出：
The slow black bear jumped over the lazy dog.
*/
?>
```

实例 8-7　使用逆向引用

实例代码如下：

```
<?php
$str='<a href="http://www.cqcet.com/">cqcet</a>其他字符<a href="http: //www.
sohu.com/">sohu</a>';
$pattern="/<a\s([\s\S]*?)>([\s\S]*?)<\/a>/i";
print preg_replace($pattern, '\\2', $str);
?>
```

运行该实例，输出结果如下：

```
cqcet 其他字符 sohu
```

该实例演示了将文本中所有 <a></a> 标签去掉。

8.5　PHP 正则表达式分割

8.5.1　preg_split( ) 函数

preg_ split( ) 函数用于正则表达式分割字符串。

语法：

```
array preg_split(string pattern,string subject[,int limit[,int flags]])
```

返回一个数组，包含 subject 中沿着与 pattern 匹配的边界所分割的子串。

参数说明如表 8-8 所示。

表 8-8　preg_ split( ) 函数参数及说明

参　　数	说　　明
pattern	正则表达式
subject	需要匹配分割的对象
limit	可选，如果指定了 limit，则最多返回 limit 个子串，如果 limit 是 -1，则意味着没有限制，可以用来继续指定可选参数 flags

续表

参　数	说　明
flags	设定 limit 为 -1 后可选，可以是下列标记的任意组合（用按位或运算符 | 组合）： PREG_SPLIT_NO_EMPTY：preg_split( ) 函数只返回非空的成分 PREG_SPLIT_DELIM_CAPTURE：定界符模式中的括号表达式也会被捕获并返回 PREG_SPLIT_OFFSET_CAPTURE：对每个出现的匹配结果也同时返回其附属的字符串偏移量。注意这改变了返回数组的值，使其中的每个单元也是一个数组，其中第一项为匹配字符串，第二项为其在 subject 中的偏移量

实例 8-8　使用 preg_split( ) 函数分割字符串为数组

实例代码如下：

```
<?php
$str="php mysql,apache ajax";
$keywords=preg_split("/[\s,]+/", $str);
print_r($keywords);
?>
```

运行该实例，输出结果如下：

```
Array
(
    [0]=>php
    [1]=>mysql
    [2]=>apache
    [3]=>ajax
)
```

实例 8-9　使用 preg_split( ) 函数分割字符串

实例代码如下：

```
<?php
$str = 'string';
$chars = preg_split('//', $str, -1, PREG_SPLIT_NO_EMPTY);
print_r($chars);
?>
```

运行该实例，输出结果如下：

```
(
    [0]=>s
    [1]=>t
    [2]=>r
    [3]=>i
    [4]=>n
    [5]=>g
)
```

实例 8-10　使用 preg_split( ) 函数分割字符串返回字符串和偏移量

实例代码如下：

```
<?php
```

```
$str="php mysql,apache ajax";
$keywords=preg_split("/[\s,]+/", $str, -1, PREG_SPLIT_OFFSET_CAPTURE);
print_r($keywords);
?>
```

运行该实例，输出结果如下：

```
Array
(
    [0]=>Array
    (
        [0]=>php
        [1]=>0
    )
    [1]=>Array
    (
        [0]=>mysql
        [1]=>4
    )
    [2]=>Array
    (
        [0]=>apache
        [1]=>10
    )
    [3]=>Array
    (
        [0]=>ajax
        [1]=>17
    )
)
```

8.5.2　split( ) 函数

split( ) 函数同 preg_split( ) 函数类似，用正则表达式将字符串分割到数组中，返回一个数组，但推荐使用 preg_split( ) 函数。

语法：

```
array split(string pattern,string string[,int limit])
```

如果设定了 limit，则返回的数组最多包含 limit 个单元，而其中最后一个单元包含了 string 中剩余的所有部分。如果出错，则返回 FALSE。

实例 8-11　使用 split( ) 函数分割数组

实例代码如下：

```
<?php
$date="2019-05-08 20:00:01";
print_r(split('[- :]',$date));
?>
```

运行该实例，输出结果如下：

```
Array([0]=>2019 [1]=>05 [2]=>08 [3]=>20 [4]=>00 [5]=>01)
```

提示：

（1）如果不需要正则表达式的功能，可以选择使用更快更简单的替代函数，如 explode( ) 或 str_split( )。

（2）split( ) 函数对大小写敏感，如果在匹配字母字符时忽略大小写的区别，可使用用法相同的 spliti( ) 函数。

8.6 PHP 常用正则表达式整理

8.6.1 表单验证匹配

验证账号，字母开头，允许 5 ~ 16 字节，允许字母、数字、下画线：^[a-zA-Z][a-zA-Z0-9_] {4,15}

验证账号，不能为空，不能有空格，只能是英文字母：^\S+[a-z A-Z]

验证账号，不能有空格，不能非数字：^\d+

验证用户密码，以字母开头，长度在 6 ~ 18 之间：^[a-zA-Z]\w{5,17}

验证是否含有 ^ &',;=? \ 等字符：[^ &',;=? \x22]+

匹配 E-mail 地址：\w+([-+.]\w+)*@\w+([-.]\w+)*\.\w+([-.]\w+)*

匹配腾讯 QQ 号：[1-9][0-9]{4,}

匹配日期，只能是 2004-10-22 格式：^\d{4}\-\d{1,2}-\d{1,2}

匹配国内电话号码：^\d{3}-\d{8}|\d{4}-\d{7,8}

评：匹配形式如 010-12345678 或 0571-12345678 或 0831-1234567。

匹配中国邮政编码：^[1-9]\d{5}(?!\d)

匹配身份证号码：\d{14}(\d{4}|(\d{3}[xX])|\d{1})

注：中国的身份证为 15 位或 18 位。

不能为空且二十字节以上：^[\s|\S]{20,}

8.6.2 字符匹配

匹配由 26 个英文字母组成的字符串：^[A-Za-z]+

匹配由 26 个大写英文字母组成的字符串：^[A-Z]+

匹配由 26 个小写英文字母组成的字符串：^[a-z]+

匹配由数字和 26 个英文字母组成的字符串：^[A-Za-z0-9]+

匹配由数字、26 个英文字母或者下画线组成的字符串：^\w+

匹配空行：\n[\s|]*\r

匹配任何内容：[\s\S]*

匹配中文字符：[\x80-\xff]+ 或 [\xa1-\xff]+

只能输入汉字：^[\x80-\xff],{0,}

匹配双字节字符（包括汉字在内）：[^\x00-\xff]

8.6.3　匹配数字

只能输入数字：^[0-9]*

只能输入 *n* 位数字：^\d{n}

只能输入至少 *n* 位数字：^\d{n,}

只能输入 *m*-*n* 位的数字：^\d{m,n}

匹配正整数：^[1-9]\d*

匹配负整数：^-[1-9]\d*

匹配整数：^-?[1-9]\d*

匹配非负整数（正整数 +0）：^[1-9]\d*|0

匹配非正整数（负整数 +0）：^-[1-9]\d*|0

匹配正浮点数：^[1-9]\d*\.\d*|0\.\d*[1-9]\d*

匹配负浮点数：^-([1-9]\d*\.\d*|0\.\d*[1-9]\d*)

匹配浮点数：^-?([1-9]\d*\.\d*|0\.\d*[1-9]\d*|0?\.0+|0)

匹配非负浮点数（正浮点数 +0）：^[1-9]\d*\.\d*|0\.\d*[1-9]\d*|0?\.0+|0

匹配非正浮点数（负浮点数 +0）：^(-([1-9]\d*\.\d*|0\.\d*[1-9]\d*))|0?\.0+|0

8.6.4　其他

匹配 HTML 标记的正则表达式（无法匹配嵌套标签）：<(\S*?)[^>]*>.*?</\1>|<.*? />

匹配网址 URL：[a-zA-z]+://[^\s]*

匹配 IP 地址：((25[0-5]|2[0-4]\d|[01]?\d\d?)\.){3}(25[0-5]|2[0-4]\d|[01]?\d\d?)

匹配完整域名：[a-zA-Z0-9][-a-zA-Z0-9]{0,62}(\.[a-zA-Z0-9][-a-zA-Z0-9]{0,62})+\.?

提示：上述正则表达式通常都加了 ^ 与 $ 限定字符的起始和结束，如果需要匹配的内容包括在字符串当中，可能需要考虑去掉 ^ 和 $ 限定符。

以上正则表达式仅供参考，使用时先检验后使用。

小　结

本章主要介绍了正则表达式的常用知识，读者要掌握正则表达式的使用方法，对于一些常用的正则表达式要上机操作，如表单验证、数字验证、网址验证等。

习　题

1. POSIX 正则表达式扩展在 PHP 哪个版本被废弃了？
2. 请写出匹配任意数字、任意空白字符、任意单词字符的符号？

3. 执行一个正则表达式匹配的函数是什么？返回的结果有哪些？

4. 执行一个全局正则表达式匹配的函数是什么？

5. 执行一个正则表达式的搜索和替换的函数是什么？

6. 通过一个正则表达式分割字符串的函数是什么？

7. 返回匹配模式的数组条目的函数是什么？

8. 写出一个邮箱匹配规则？

9. 写出一个国内电话和手机的匹配规则，匹配的电话形式为 010-87898765、0798-8765342、0798-12345678、18607086789、+8613989765432。

10. 写出一个密码匹配规则，要求以字母开头，6 ~ 18 位。

11. 编写函数，要求将传入的字符串使用逗号或空格（包含 " ", \r, \t, \n, \f）分割成数组。

12. 截取某个字符串中的 MAC 地址，然后匹配类似地址 mac:0A:89:82:84:F4:09。

13. PHP 正则表达式练习（见图 8-1）。

（a）

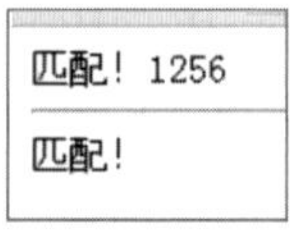

（b）

图 8-1

14. 正则元字符匹配练习。

```
<?php
// 正则的元字符使用
// 检测是否是一个合法的 mail 地址
if(________________){
    echo " 正确 ";
}
else{
    echo " 错误 ";
}

/*
```

```
// 检测是否是一个十六进制整数（正整数、负整数、0）
if(_______________){
    echo "正确";
}
else{
    echo "错误";
}

// 检测是否是一个整数（正整数、负整数、0）
//if(_______________){
if(_______________){
    echo "正确";
}
else{
    echo "错误";
}
*/

/*
// 检测一个变量名是否正确
//if(_______________){
if(preg_match("/^[a-zA-Z_][\w]*$/","a5b_c")){
    echo "正确";
}
else{
    echo "错误";
}
*/

// 匹配字串中的 4 位数字
//preg_match("/[0-9]{4}/","qweabi123srqcdwer456iabs7890asfcd",$a);
//preg_match("/\d{4}/","qweabi123srqcdwer456iabs7890asfcd",$a);
//var_dump($a[0]); // 匹配 :7890

//preg_match_all("/(ab|cd)/","qweabisrqcdweriabsasfcd",$a);
//var_dump($a[0]); // 匹配字串中所有 ab 或 cd

//preg_match_all("/is/","qweisrqwerisasfd",$a);
//var_dump($a); // 匹配字串中所有 is

//preg_match("/.*/","*a\nbc",$a);
//var_dump($a); //*a
```

15. 正则表达式匹配网页。

```
<?php
// 正则匹配函数: preg_match   preg_match_all
$str=<<<yfstr
    <div id="mainNav" class="clearfix">
        <a href="index.php"> 首页 </a>
```

```
        <a href="category.php?id=3">GSM 手机 </a>
        <a href="category.php?id=4"> 双模手机 </a>
        <a href="category.php?id=6"> 手机配件 </a>
        <a href="group_buy.php"> 团购
        商品 </a>
        <a href="activity.php"> 优惠活动 </a>
        <a href="snatch.php"> 夺宝奇兵 </a>
        <a href="auction.php"> 拍卖活动 </a>
        <a href="exchange.php"> 积分商城 </a>
        <a href="message.php"> 留言板 </a>
        <a href="http://bbs.ecshop.com/">EC 论坛 </a>
 </div>
yfstr;

echo "<table width='900' border='1'>";
echo "<tr><th> 名称 </th><th>URL 地址 </th><th> 链接 </th></tr>";
// 使用正则匹配
preg_match_all("/<a href=\"(.*?)\".*?>(.*?)<\/a>/s",$str,$a);
foreach($a[0] as $k=>$v){
    echo "<tr>";
    echo "<td>{$a[2][$k]}</td>";
    echo "<td>{$a[1][$k]}</td>";
    echo "<td>{$v}</td>";
    echo "</tr>";
}
echo "</table>";
```

第 9 章 MySQL 数据库

本章主要介绍 MySQL 数据库的简介和 MySQL 数据库的基本操作，如创建数据库、创建数据库表，重点介绍图形化软件 phpmyadmin 创建和管理数据库的方法。

学习目标

◆了解 MySQL 数据库的概念。

◆掌握 MySQL 的基本使用。

◆掌握 MySQL 管理工具 phpMyAdmin 的使用方法。

9.1　MySQL 的基本使用

9.1.1　数据库基础知识

数据库（DataBase）：是现代数据处理的主要技术。单个数据库可理解为多个表的集合。

数据库的类型：按数据间的关系，数据库可分为关系型、层次型、树状型。最常用的是关系型数据库。

数据库管理系统（DataBase Management System，DBMS）：是种软件，操作数据库的人机接口，对维护数据的安全性、完整性起重要作用。

9.1.2　MySQL 简介

MySQL 是一个精巧、快速、多线程、多用户、安全和强壮的 SQL 数据库管理系统。

MySQL 的主要目标是快速、健壮和易用。

MySQL 是一个真正的多用户、多线程 SQL 数据库服务器。SQL（结构化查询语言）是世界上最流行的和标准化的数据库语言。MySQL 是以一个客户机 / 服务器结构的实现，它由一个服务器守护程序 mysqld 和很多不同客户程序及库组成。

由于它的强大功能、灵活性、丰富的应用编程接口（API）以及精巧的系统结构，受到广大自由软件爱好者甚至是商业软件用户的青睐，特别是与 Apache 和 PHP 结合，为建立基于数据库的动态网站提供了强大动力。

对 UNIX 和 OS/2 平台，MySQL 是免费的；但对微软平台，在 30 天的试用期后必须获得一个 MySQL 许可证。

对初学者而言，它的易用性更是显而易见。

MySQL 主页提供有关 MySQL 的最新信息。

MySQL 查看、创建、更改、删除数据库和数据库表。

MySQL 的所有命令必须通过命令行输入；它不提供可视化界面。

注意：所有 MySQL 命令必须以“;”结束。如果忘记了输入分号，可以在下一行中输入“;”让前一命令得到处理。

9.1.3 MySQL 的基本操作

实例 9-1 MySQL 的基本操作

操作过程如下：

（1）登录。输入 mysql -u root –p，登录 MySQL 命令行客户端，根据提示输入密码，按【Enter】键，如图 9-1 和图 9-2 所示。

图 9-1 输入密码登录

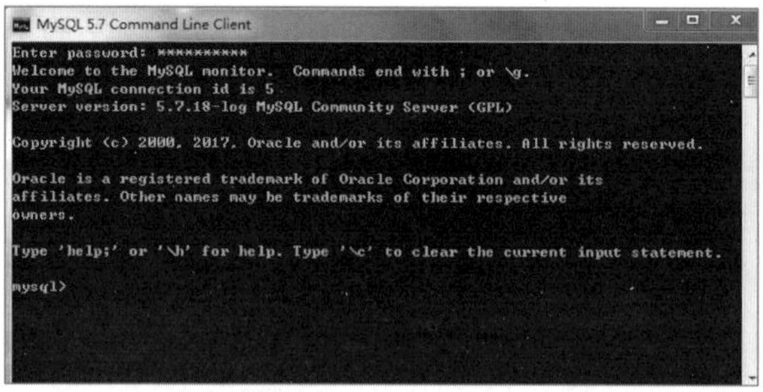

图 9-2 登录成功

（2）显示数据。使用 show 语句找出在服务器上当前存在什么数据库（显示可用数据库列表）。

```
mysql>show databases;
```

如图 9-3 所示。

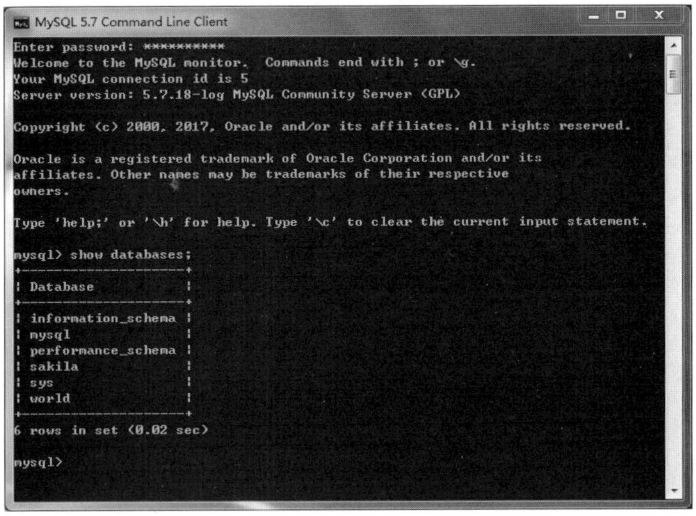

图 9-3　显示数据

（3）创建一个数据库 caidan。

语法：

```
create database name; 创建数据库
```

例如，创建数据库 caidan 的代码如下：

```
mysql>create database caidan;
```

如图 9-4 所示。

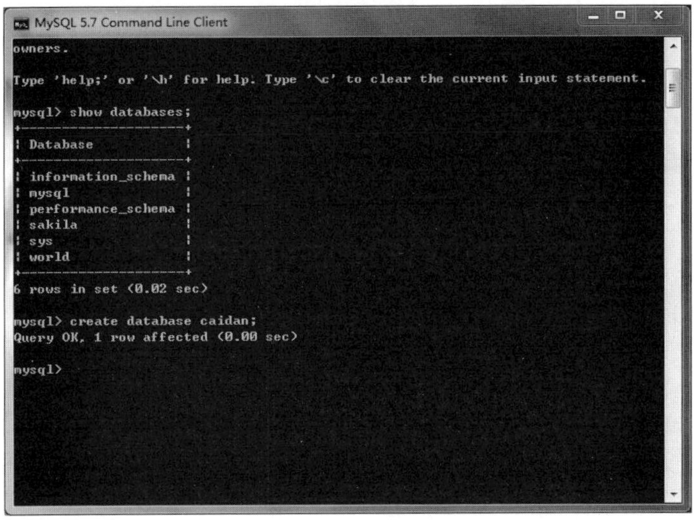

图 9-4　创建数据

（4）查看数据。使用 mysql>show databases; 命令查看，如图 9-5 所示。

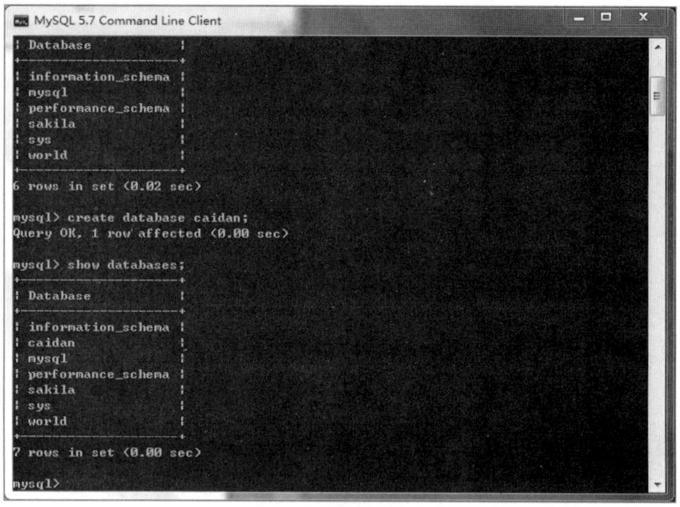

图 9-5　查看数据

（5）利用 use +（数据库名称）语句使用它，（既选中数据库）如图 9-6 所示。

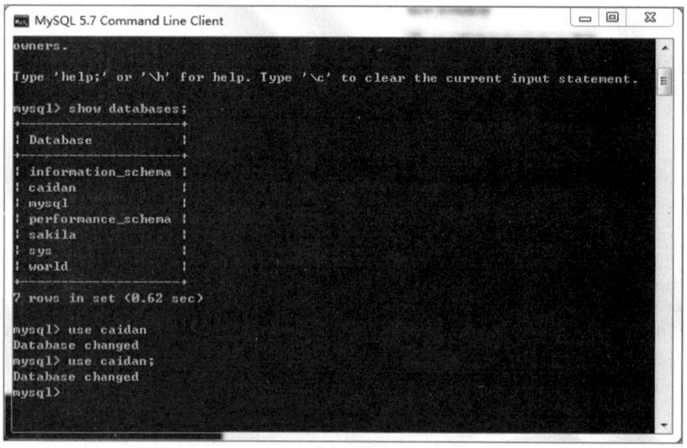

图 9-6　选择数据库

此时进入建立的数据库 caidan。

（6）创建一个数据表。

首先使用如下命令查看现在数据库中存在哪些表：

```
mysql> SHOW TABLES;
```

如图 9-7 所示。

说明刚才建立的数据库中还没有数据库表。

创建一个数据表，该数据表内容包括 id、name、public_time、product_price、status。

创建语句如图 9-8 所示。

创建了数据表后，可以通过 show tables 显示数据库中有哪些表，如图 9-9 所示。

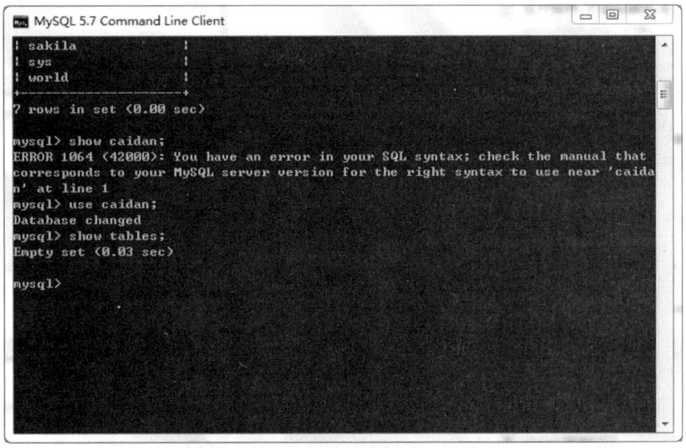

图 9-7　查看数据表

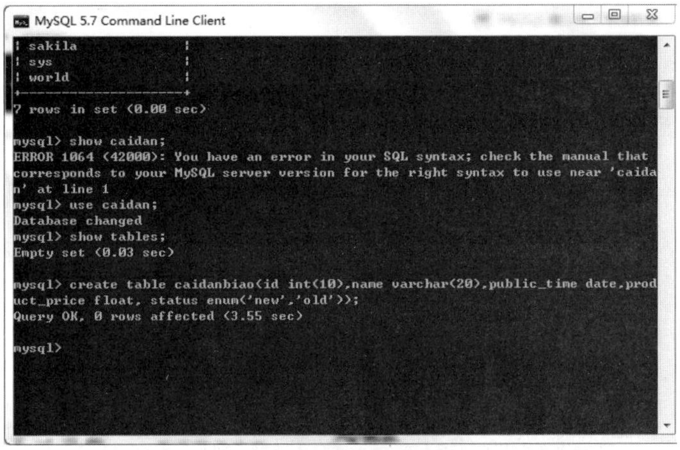

图 9-8　创建表的语句

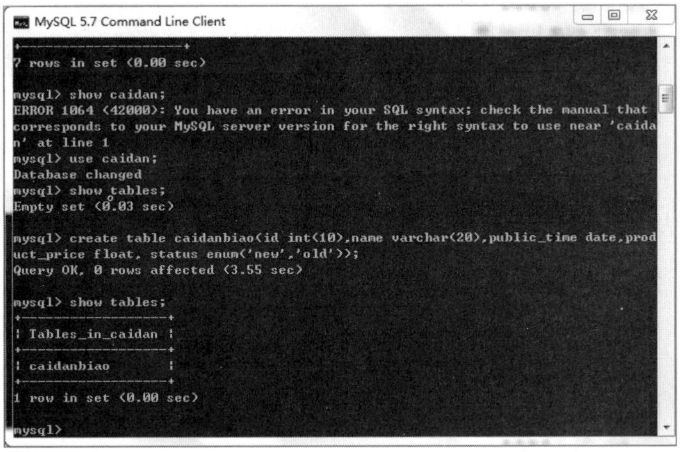

图 9-9　查看表

（7）显示表的结构。

```
describe tablename;
```

表的详细描述，如图 9-10 所示。

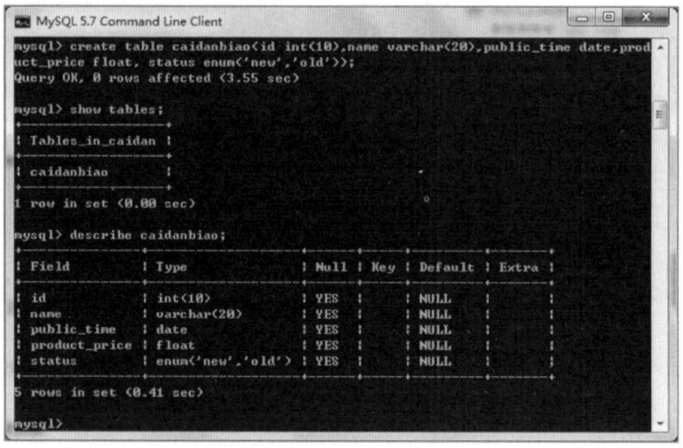

图 9-10　表的结构

用 SELECT 命令查看表中的数据：

```
mysql>select  *  from 表名;
```

如图 9-11 所示。

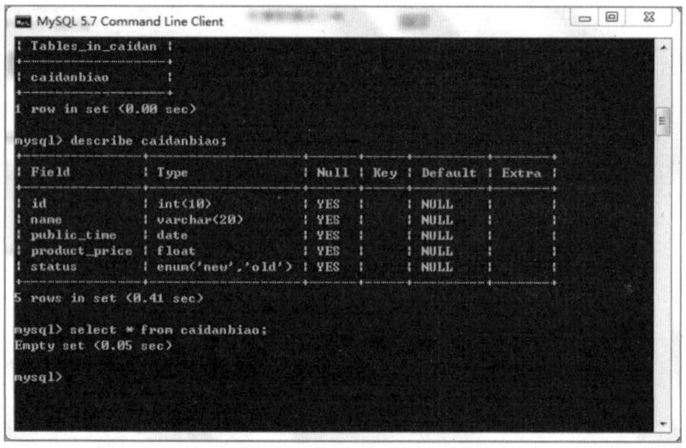

图 9-11　表中的数据

说明刚才创建的表还没有记录。

（8）加入一条记录。

格式：

```
Insert  into 表名(属性1,属性2,…) values(值1,值2,…);
```

例如：

```
mysql>insert  into 表名 values("hyq","M");
```

注意：日期表达方式。插入数据如图 9-12 所示。

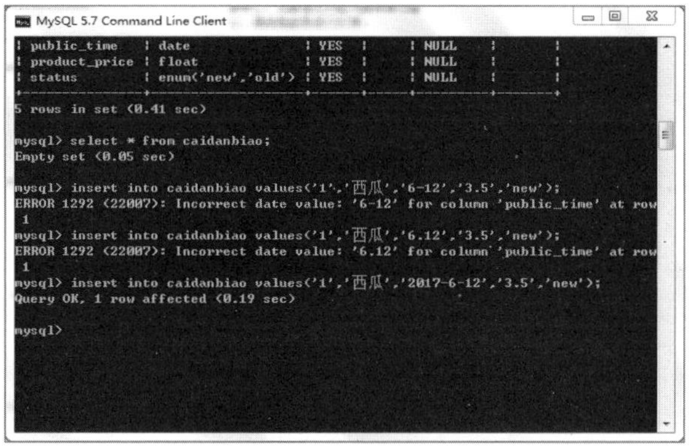

图 9-12　插入数据

用 SELECT 命令查看表中的数据：

```
mysql>select  *  from 表名;
```

数据如图 9-13 所示。

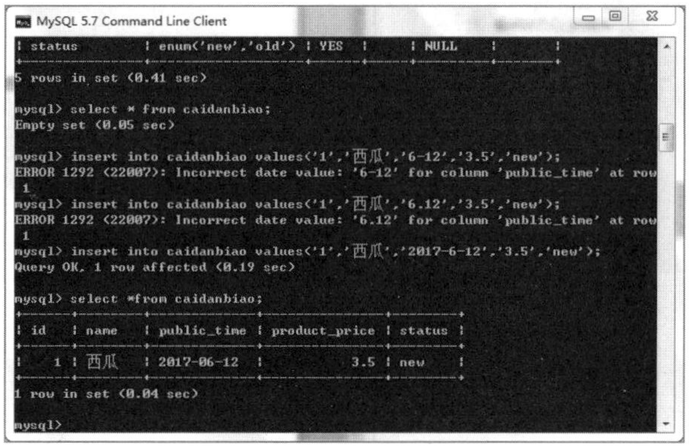

图 9-13　查看表的数据

（9）删除某些记录或更改某些内容。可以使用 DELETE 和 UPDATE 语句，如图 9-14 所示。

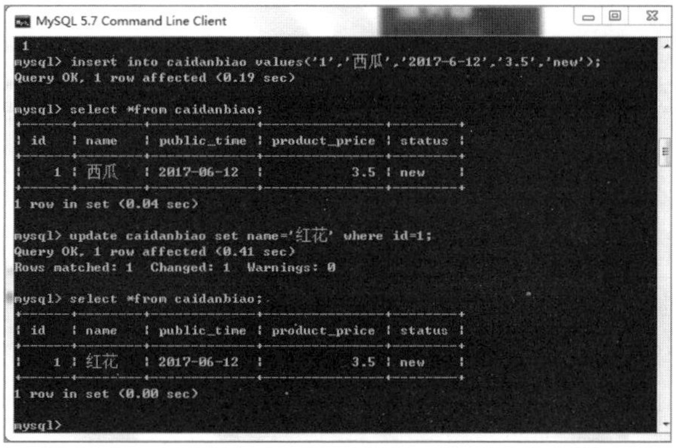

图 9-14　更新数据

用 update 修改记录：

```
UPDATE tbl_name SET 要更改的列 ;
WHERE 要更新的记录 ;
```

用 SELECT 命令查看表中的数据：

```
mysql>select  *  from 表名 ;
```

（10）将表中记录清空。

```
mysql>delete  from 表名 ;          // 能够保留表的结构
describe  tablename;               // 表的详细描述
```

如图 9-15 所示。

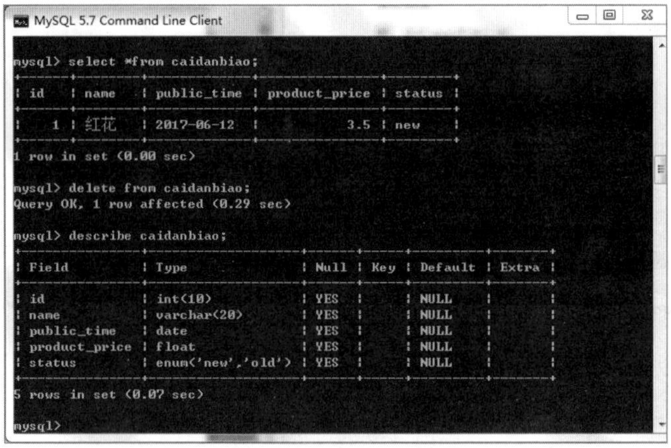

图 9-15　清空数据

（11）删除数据库。

```
drop database name;             // 直接删除数据库，不提醒（drop 内部命令）
```

例如：

```
mysql>drop  database  数据库名
```

9.2　MySQL 管理工具 phpMyAdmin

视频 phpMyAdmin 操作

MySQL 是一个功能强大、快速而价格低廉的数据库，又有 PHP 对它的支持，很受网站开发人员的青睐。但 MySQL 是通过使用命令进行各种操作的，感到命令难记，操作不直观。是否可以通过图形界面操作 MySQL 数据库？当然可以，近年出现 MySQL 图形管理程序，其中 phpMyAdmin 最受人们欢迎。

phpMyAdmin 是 PHP 环境下管理 MySQL 数据库的 PHP 程序，可以方便地对 MySQL 数据库进行各种管理。

9.2.1 phpMyAdmin 的安装与配置

先下载 phpMyAdmin 安装软件，此处以 phpMyAdmin 2.9.1 为例，所以下载的安装软件是 phpMyAdmin- 2.9.1-rc1.zip。下载后解压，得到 phpMyAdmin 文件夹（可以修改此文件夹的名称），把这个文件夹安放到 Apache 网站的根目录下。假如 Apache 网站的根目录已设定为 WebRoot，就把 phpMyAdmin 文件夹安放在 WebRoot 目录下，成为 WebRoot 的一个子目录。

在这个目录中，有 config.sample.inc.php 文件（有些版本为 config.inc.php）。打开此文件进行编辑：

```
/* Authentication type */
$cfg['Servers'][$i]['auth_type']='cookie';
/* Server parameters */
$cfg['Servers'][$i]['host']='localhost'; //服务器主机名，如在自己的计算机上调试时通常用 localhost，如果 MySQL 安装在另一台主机上，就用该主机的 IP 地址或域名
$cfg['Servers'][$i]['connect_type']='tcp';
$cfg['Servers'][$i]['compress']=false;
/* Select mysqli if your server has it */
$cfg['Servers'][$i]['extension']='mysql';
/* User for advanced features */
$cfg['Servers'][$i]['controluser']='pmausr';
$cfg['Servers'][$i]['controlpass']='pmapass';
/* Advanced phpMyAdmin features */
$cfg['Servers'][$i]['pmadb']='phpmyadmin';
$cfg['Servers'][$i]['bookmarktable']='pma_bookmark';
$cfg['Servers'][$i]['relation']='pma_relation';
$cfg['Servers'][$i]['table_info']='pma_table_info';
$cfg['Servers'][$i]['table_coords']='pma_table_coords';
$cfg['Servers'][$i]['pdf_pages']='pma_pdf_pages';
$cfg['Servers'][$i]['column_info']='pma_column_info';
$cfg['Servers'][$i]['history']='pma_history';
/*  * End of servers configuration */
/* * Directories for saving/loading files from server */
$cfg['UploadDir']='';
$cfg['SaveDir']='';
```

在 phpMyAdmin 2.9.1 中，这些都已经配置好了，不用修改。较早的版本可能需作如下修改：

```
$cfg['Servers'][$i]['host']='localhost';
$cfg['Servers'][$i]['auth_type']='cookie';
$cfg['Servers'][$i]['user']='root'; //您的 MySQL 数据库用户名
$cfg['Servers'][$i]['password']=''; //您的 MySQL 数据库密码
$cfg['Servers'][$i]['only_db']='';  //If set to a db-name, only
$cfg['DefaultLang']='zh';           //使用汉字
```

注意：可以使用集成安装环境的 phpmyadmin，phpstudy 集成环境软件安装完成后，会自动出现 phpmyadmin，可以直接使用该软件进行数据库操作。

安装配置完成后，在 IE 地址栏中输入 http://localhost/phpMyAdmin/index.php，运行 phpMyAdmin 目录中的 index.php 程序，可以打开 MySQL 管理器界面，如图 9-16 所示。

图 9-16　MySQL 管理器登录界面

登录后的初始界面如图 9-17 所示。

图 9-17　初始界面

9.2.2　phpMyAdmin 的操作

不同版本的 phpMyAdmin 界面稍有不同，但基本操作大致相同，这里以集成环境 phpstudy 中的 phpMyAdmin 为例进行说明。

1. 删除一个已有的数据库

实例 9-2　phpMyAdmin 删除数据库

操作过程如下：

安装 MySQL 时，系统提供了一个空的数据库 test。如果不想要这个数据库，可以通过 MySQL 管理器删除，方法如下。

在左边窗口中打开“数据库”下拉列表，选中 test 数据库（见图 9-18）。在右边窗口单击右上角的“操作”按钮，然后选择“删除数据库”，如图 9-19 所示，管理器弹出“确认删除”对话框（见图 9-20）。单击“确定”按钮，test 数据库就删除了。这时，管理器右边窗口的上方显示“数据库‘test’已被删除”，如图 9-21 所示。

图 9-18　选中“test”数据库

图 9-19　删除数据库

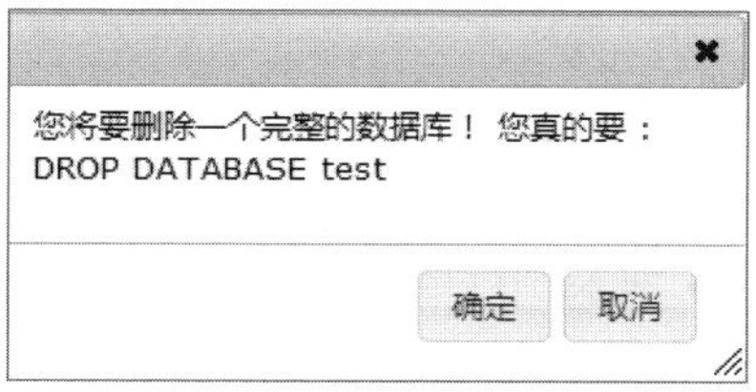

图 9-20　“确认删除”对话框

图 9-21　数据库 test 已经不存在

2. 创建一个数据库

实例 9-3 phpmyadmin 创建一个数据库

操作过程如下：

在“数据库”选项卡的“新建数据库”文本框（见图 9-22）中输入数据库名，如“test”，单击“创建”按钮，则管理器就立即创建一个名为 test 的数据库，如图 9-23 所示。

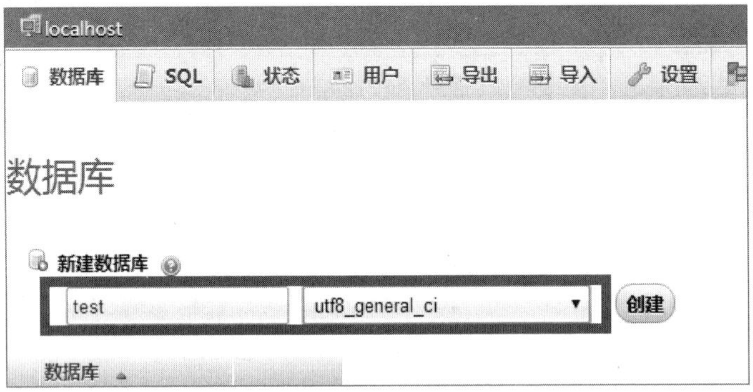

图 9-22 创建一个新的数据库

图 9-23 新创建的数据库 test

在图 9-23 中，左边窗口的数据库列表中已经列出了数据库“test”。双击已经创建的数据库“test”，可以看到一个提示“数据库中没有表”，并准备接受用户创建数据表，如图 9-24 所示。

图 9-24 空数据库

3. 创建一个数据表

实例 9-4 phpmyadmin 创建数据表

操作过程如下：

在图 9-24 的“新建数据表”区域的“名字”文本框中输入表名“user”，在“字段数”文本框中输入字段数，比如“4”（见图 9-25），单击“执行”按钮，即可创建一个数据表。

图 9-25　创建一个数据表

创建一个新的数据表后，管理器给出定义字段界面，如图 9-26 所示。

图 9-26　定义新表字段界面

按照图 9-27 所示定义字段。

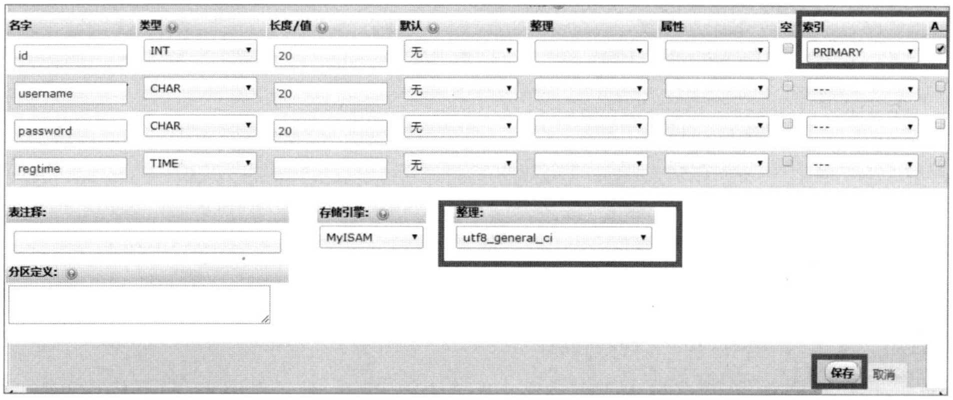

图 9-27　user 表字段的定义

注意：在图 9-27 中框起的几个位置进行设置，第一个是选中 id 复选框，并设置为主键，第二处是几个字段的类型设置，第三个是整理的选择，第四个是单击“保存”按钮，定义完成后，单击“保存”按钮，显示图 9-28 所示的界面，单击“结构”按钮，会显示 user 表的结构，如图 9-29 所示。

图 9-28　user 表的默认界面

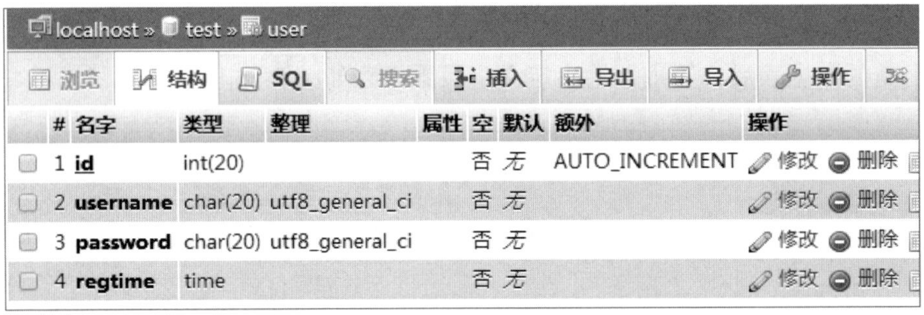

图 9-29　表的结构

4. 在数据表中插入数据

实例 9-5　phpmyadmin 向数据表插入数据

操作过程如下：

在图 9-29 中，单击“插入”按钮，进入插入数据对话框，如图 9-30 所示。在图 9-30 中插入记录。插入完成后，单击“执行”按钮，记录便插入表中。

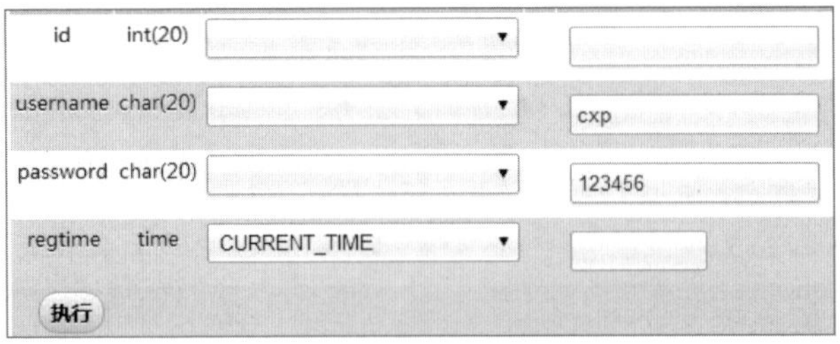

图 9-30　插入数据对话框

显示图 9-31 所示的页面，会显示插入语句，再次单击“执行”按钮，会插入第二条数据，这两条数据的值是一样的，除了 id 号和时间外。

注意：对于这种情况，在注册用户时，是不允许存在的，在教材后面的实例部分，会讲到对重名用户的检测，不让它注册一个相同的名字。

（a）　　　　　　　　　　（b）

图 9-31　再次执行插入数据操作

5. 查询

实例 9-6　phpmyadmin 查询数据表中的数据

操作过程如下：

在管理器左边窗口中选择数据库 test 和数据库中的表 user，单击右边窗口上部的“浏览”按钮，显示 user 表中的全部记录，如图 9-32 所示。

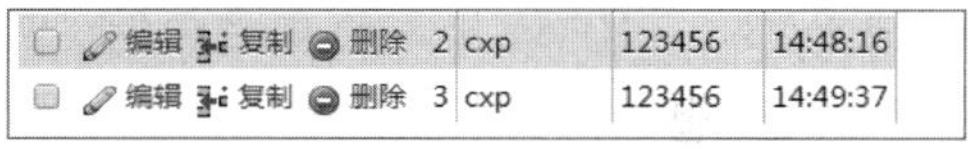

图 9-32　显示 user 表中的记录

MySQL 数据库管理器 phpMyAdmin 具有很全面的数据库管理功能。由于它是图形界面，而且是中文的，所以很容易操作。

小　　结

本章简要介绍了 MySQL 数据库的操作，介绍了 MySQL 软件的操作和 PhPmyadmin 的操作，读者自己上机操作熟悉。

习　　题

1. 如何打开 MySQL？
2. 如何创建数据库？
3. 如何创建表？
4. 如何登录 phpmyadmin？
5. 如何在 phpmyadmin 中创建数据库？
6. 如何在 phpmyadmin 中创建数据表？
7. 上机操作本章的所有内容。

第 10 章 PHP 操作数据库

本章主要介绍了 PHP 连接数据库的方法，没有数据库的连接，不能实现动态数据的交互功能，重点介绍了 PHP 连接库的重要功能，即对数据的增加、更新、删除功能。

学习目标

- ◆掌握 PHP 连接 MySQL 数据库的方法。
- ◆掌握 PHP 选择和使用 MySQL 数据库的方法。
- ◆掌握 PHP 连接 MySQL 数据库添加数据的方法。
- ◆掌握 PHP 连接 MySQL 数据库更新数据的方法。
- ◆掌握 PHP 连接 MySQL 数据库删除数据的方法。

10.1 PHP 操作 MySQL 数据库

在 PHP 中，支持对多种数据库的操作，且提供了相关的数据库连接函数或操作函数。特别是与 MySQL 数据库的组合，PHP 提供了强大的数据库操作函数，读者可直接在 PHP 中使用这些函数进行数据库的操作。操作数据库，首先需要进行数据库的连接，然后选择需要进行操作的数据库，再执行相关的数据库操作，最后需要关闭所建立的数据库连接。下面讲解如何在 PHP 中进行数据库的操作。

10.1.1 连接 MySQL 数据库

在 PHP 中，要对数据库进行操作，首先需要连接数据库。

连接数据库可使用 mysqli_connect( ) 函数，其语法格式如下所示。

```
resource mysqli_connect ([ string $server [, string $username [, string
$password [, bool $new_link [, int $client_flags ]]]]] )
```

其中，参数 server 为要连接的数据库服务器的名称或 IP；参数 username 为连接数据库的用户名，若没有设置该参数，则默认为服务器进程所有者的用户名；参数 password 为连接数据库的密码，如果未设置该参数，则默认为空。

若每一次都使用一样的参数进行连接，在 PHP 中将不会进行新的数据库连接，而是直接返回已打开的数据库连接标识。参数 new_link 则改变了此行为，若设置该参数为布尔值 true，则将在每一次使用 mysqli_connect() 函数进行数据库连接时打开新的数据库连接，甚至在之前曾使用同样的参数进行过数据库的连接。

参数 client_flags 为设置客户端信息，它可以是以下常用的组合。

MYSQLI_CLIENT_COMPRESS：在客户端使用压缩的通信协议。

MYSQLI_CLIENT_IGNORE_SPACE：允许在函数名后留空格位。

MYSQLI_CLIENT_INTERACTIVE：允许设置断开连接之前所空闲等候的 interactive_timeout 时间。

MYSQLI_CLIENT_SSL：使用 SSL 协议进行加密。

该函数尝试打开或重复使用一个已打开的 MySQL 数据库服务器的连接。若成功连接，MySQL 数据库服务器返回一个 MySQL 连接标识，否则返回布尔值 false。

实例 10-1　在 PHP 脚本中进行 MySQL 数据库服务器的连接

代码如下所示。

```
<?php
$link=mysqli_connect("localhost","root","root");
// 连接至本地 MySQL 服务器，用户名和密码均为 root
 if($link){

    echo " 连接服务器成功 ";
 }
 else
 {
    echo " 连接服务器失败 ";
 }
 ?>
```

视频

实例1-2

经测试输出下面信息。

```
连接服务器成功
```

分析：在上述代码中创建了一个变量 $link 来获取连接服务器的值，使用 mysqli_connect() 函数连接本地 MySQL 数据库服务器，连接数据库的用户名和密码均为 root，最后对该变量 $link 进行判断，如果有值，则提示连接服务器成功，否则提示连接服务器失败。

注意：若数据库服务器不可用，或连接数据库的用户名或密码错误，则可能会引起如下所示的 PHP 警告信息。

```
    Warning: mysqli_connect() [function.mysql-connect]: Access denied for user
'root'@'localhost' (using
    password: YES) in D:\xampplite\htdocs\book\source\18\10.1.php on line 2
```

在该警告信息中，提示使用用户名 root 无法连接本地 MySQL 数据库，并且该警告信息并不能停止脚本的继续执行。同时也将暴露数据库连接的敏感信息，很不利于数据库的数据安全。为此通常在进行数据库连接时，在连接函数前使用“@”符号抑制错误信息的输出，然后在连接函数后使用 die() 函数指定错误信息并停止脚本的执行。

实例 10-2 在 PHP 脚本中安全地连接 MySQL 数据库服务器

代码如下所示：

```
<?php
$link=@mysqli_connect("localhost","root","root")      or die("服务器连接失败！ ");
                                                          //连接本地数据库服务器
if($link){

    echo "连接服务器成功";
 }
?>
```

测试输出下面的信息。

```
连接服务器成功
```

分析：在上述程序中，使用“@”符号抑制连接数据库服务器错误信息的输出，并使用 die( ) 函数抛出定制的错误信息，终止整个脚本执行，在代码中定义了一个变量 $link 来接收获取到的服务器的值，并进行判断。

注意：包含创建数据库连接的脚本一结束，与服务器的连接就被关闭，除非之前已经明确调用 mysqli_close( ) 函数关闭了数据库连接。

在实际的应用中，通常在多个脚本文件中都需要进行数据库的连接，此时为了维护方便和节省代码，可将数据库连接放在一个单独的文件中，在需要使用数据库连接的脚本中使用 include() 函数或 require() 函数引用该文件。也可将数据库连接作为一个单例，在每个需要使用的脚本中调用该单例。

10.1.2 断开与 MySQL 的连接

通常在完成数据库的使用后，需要断开与 MySQL 数据库服务器的连接。断开与 MySQL 数据库服务器的连接通常使用 mysqli_close( ) 函数，其语法格式如下：

```
bool mysqli_close([resource $link_identifier])
```

其中，参数 link_identifier 为数据库连接标识。若没有该参数，则关闭上一个已打开的非持久数据库连接。函数关闭指定的连接标识所关联的非持久数据库连接。

注意：mysqli_close( ) 函数不会关闭由 mysql_Pconnect( ) 函数所建立的持久连接。

实例 10-3 在 PHP 脚本中关闭一个由 mysqli_connect( ) 函数所建立的数据库连接

代码如下所示：

```
<?php
$link=@mysqli_connect("localhost","root","root")      or die("服务器连接失败！ ");
```

```
                              //连接数据库服务器
if($link){
    echo "连接服务器成功";
 }
mysqli_close($link);                    //关闭数据服务器连接
?>
```

视频

实例3-4

分析：在上述代码中，定义变量 $link 接收获取到的服务器的值，并进行判断。使用 mysqli_close( ) 函数关闭一个已创建的非持久数据连接，注意在该关闭函数中加入定义的变量 $link。

虽然在前面已讲到，创建数据库连接的脚本一结束，其数据库连接自动关闭。但是从节省服务器资源层面上讲，在使用完数据库连接后，使用 mysqli_close( ) 函数关闭数据库连接能更有效地节省服务器资源。

10.1.3　选择和使用 MySQL 数据库

在进行数据库的连接后，需要在 PHP 脚本中选择需要进行操作的 MySQL 数据库。选择数据库可使用 mysqli_select_db( ) 函数，其语法格式如下：

```
bool mysqli_select_db(string $database_name[,resource $ link_identifier])
```

其中，参数 database_name 为要进行操作的数据库，参数 link_identifier 为创建的数据库连接标识。如果没有指定数据库连接标识，则使用上一个已打开的数据库连接标识；若没有已打开的数据库连接标识，函数将尝试使用无参数调用 mysqli_connect( ) 函数创建数据库连接并使用。函数尝试设定与指定的连接标识符所关联的 MySQL 数据库服务器上的当前激活数据库。若操作成功，则返回布尔值 true，否则返回 false。

实例 10-4　在 PHP 脚本中选择 MySQL 数据库服务器上的数据库

代码如下所示：

```
<?php
$link=@mysqli_connect("localhost","root","root")or die("数据库连接失败！");
$conn=@mysqli_select_db($link,"mydb")or die("选择的数据库不存在或不可用！");
if($conn){

echo "数据库连接成功";

}
mysqli_close($link);
?>
```

测试输出信息。

```
数据库连接成功
```

分析：在上述程序中，使用当前数据库连接选择 mydb 数据库作为当前活动数据库，对数据库的所有操作都将作用于该活动数据库。读者可以看出，这时选择数据作为当前活动数据库，其实就相当于在 MySQL 命令行所使用的 use 命令。

10.1.4 执行 MySQL 指令

在 PHP 中操作数据库时，需要使用 mysqli_query( ) 函数执行 MySQL 指令。其语法格式如下：

```
resource mysqli_query ( string $query [, resource $link_identifier ])
```

其中，参数 query 为要执行的 MySQL 语句，参数 link_indentifier 为打开的数据库连接。若没有设置参数 link_indentifier，函数则使用上一个已打开的数据库连接；如果没有已打开的数据库连接，该函数则尝试以无参数方式调用 mysql_connect( ) 函数创建一个数据库连接并使用。

函数向参数 link_indentifier 所关联的数据库服务器中的当前活动数据库发送一条查询。函数仅对 select、show、explain 和 describe 语句返回一个资源标识符用于存储 SQL 语句的执行结果，若执行不成功则返回 false。

对于其他类型的 SQL 语句，函数在执行成功时返回 true，出错时将返回 false。因此，任何非 false 的返回值意味着此次查询合法并能够被 SQL 服务器成功执行，但并不意味着影响或者返回的行数，因为有可能此次 SQL 语句成功执行，但是并没有影响到或返回任何一行。

视 频

实例5

实例 10-5 在 PHP 脚本中执行 SQL 语句

代码如下所示：

```
<?php
$link=@mysqli_connect("localhost","root","root") or die("数据库连接失败！");
//连接数据库服务器
$conn=@mysqli_select_db($link,"mydb") or die('选择的数据库不存在或不可用！');
//选择数据库，先判断数据库是否连接成功，该判断语句在调试程序中可使用，调试成功后，可不用该判断
if($conn){

echo "数据库连接成功";

}
//执行 SQL 语句
$myquery = mysqli_query($link,"select * from userinfo") or die("SQL 语句执行失败！");
//执行 SQL 语句
//判断 SQL 语句是否执行
if($myquery){
   echo "SQL 语句执行成功";
}
mysqli_close($link);            //关闭数据库连接
?>
```

测试输出信息：

```
数据库连接成功 SQL 语句执行成功
```

分析：在上述程序中，进行了一次完整的数据库连接操作。首先连接数据库服务器，然后选择数据库，执行 SQL 语句，最后关闭数据库连接。使用了 mysqli_query( ) 函数执行 SQL 语句。

除了 mysqli_query( ) 函数能够执行 SQL 语句外，PHP 还提供了 mysqli_db_query( ) 函数。该函数与 mysqli_query( ) 函数具有相同的功能，其区别在于 mysqli_db_query( ) 函数在执行 SQL 语句时可以同时选择数据库。其语法格式如下：

```
resource mysqli_db_query(string $database,string $query[,resource $ link_identifier])
```

其中，参数 database 为要执行 SQL 语句的数据库，参数 query 为要执行的 SQL 语句，参数 link_indentifier 为数据库连接标识符。若没有设置该参数，函数将打开上一个已创建的数据库连接；若找不到已打开的数据库连接，则尝试以无参数方式调用 mysqli_connect( ) 函数创建一个数据库连接。

函数在执行成功时根据查询结果返回一个 MySQL 结果资源号，出错时将返回 false。函数会对 INSERT、UPDATE 和 DELETE 语句返回 true 或 false 指示执行成功或失败。

注意： 在使用该函数后，不会自动切换回先前使用 mysqli_ select_db( ) 函数连接的数据库。若想再次使用先前连接的数据库，需要再次手动指定，因此建议在查询时使用 database.table 的格式替换该函数。

10.1.5　分析结果集

在每一次成功执行 SQL 语句后，mysqli_query( ) 函数总是会返回一个结果集。要对结果集进行分析，首先需要获取所执行的 SQL 语句影响的行数。

1. 获取影响的行数

对于该结果集中包含的记录数，可使用 mysqli_num_rows( ) 函数获取。其语法格式如下：

```
int mssqli_num_rows(resource $result)
```

其中，参数 result 为函数 mysqli_query( ) 所返回的结果集。函数返回结果集中的记录数。

实例 10-6　在 PHP 脚本中获取结果集中的记录数

代码如下所示：

视频

实例6

```
<?php
$link=@mysqli_connect("localhost","root","root") or die("数据库连接失败！");
                                                    //连接数据库服务器
$conn=@mysqli_select_db($link,"mydb") or die("选择的数据库不存在或不可用！");
                                                    //选择数据库
$myquery=@mysqli_query($link,"select * from userinfo") or die("SQL 语句执
行失败！");                                          //执行 SQL 语句
echo "结果集中的行数为：" . mysqli_num_rows($myquery); //获取结果集的记录数
mysqli_close($link);                                //关闭数据库连接
?>
```

测试输出信息。

```
结果集中的行数为：5
```

分析： 在上述程序中，使用 mysqli_num_rows() 函数获取结果集中的记录数。若在 mysqli_query() 函数中使用 INSERT、UPDATE 和 DELETE 语句，应使用 mysqli_affected_rows ( ) 函数获取所影响到的记录数。其语法格式如下：

```
int mysqli_affected_rows([resource $link_identifier])
```

其中，参数 link_indentifier 为已打开的数据库连接标识符。若未设置该参数，函数默认使用上一次所打开的数据库连接；若未找到该连接，函数将尝试以无参数方式调用 mysqli_connect( ) 函数建立数据库连接并使用；若发生意外，如找不到数据库连接或创建数据库连接失败时，将产生一条警告信息。

函数返回由参数 link_indentifier 所关联的数据库连接进行的 INSERT、UPDATE 和 DELETE 查询所影响的行数。函数执行成功则返回最近一次操作所影响的行数，若最近一次查询失败，则返回 -1。在使用 UPDATE 语句时，MySQL 不会将原值与新值一样的列进行更新，因此该函数所返回的值不一定就是使用 mysqli_query( ) 函数所影响的行数，此时只是返回真正被更新的行数。

2. 获取结果集中的数据

要显示对于使用 mysqli_query( ) 函数所返回的结果集，首先须获取结果集中的数据。

如果要用 mysqli_result 获取第 *x* 行第 *x* 列的数据，要使用 mysqli_result 获取结果集中指定位置（第 *x* 行、第 *x* 列）的数据，可以按照以下步骤进行操作。

（1）确保已经建立了与 MySQL 服务器的连接并选择了相应的数据库。

视频

实例 7

（2）通过执行 SQL 查询语句得到结果集对象 $result。

（3）使用 mysqli_data_seek() 函数将光标移动到所需的行号上，再使用 mysqli_fetch_row() 或 mysqli_fetch_assoc() 等函数从该行提取数据。

实例 10-7 在 PHP 脚本中获取第 *x* 行第 *x* 列记录

代码如下所示：

```
<?php
header("Content-Type:text/html;charset=GB2312");
$link=@mysqli_connect("localhost","root","root") or die("数据库连接失败! ");
                                              //连接数据库服务器
$conn=@mysqli_select_db($link,"mydb") or die("选择的数据库不存在或不可用!");
                                              //选择数据库
mysqli_query($link,"set names gb2312");    //设置输出编码
$result=@mysqli_query($link,"select * from userinfo") or die("SQL语句执行失败!");
                                              //执行 SQL 语句

//判断结果集是否有效
if(!$result || !is_object($result)) {
    echo "没有结果!";
    exit;
}

//设置结果集的内部指针到第二行，如果要查询第三行，则将 1 改为 2，要查询第 4 行，则将 1 改为 3
mysqli_data_seek($result, 1);
```

```
    //从当前行提取数据
    $rowData=mysqli_fetch_array($result);
    echo $rowData[3];                    //输出第四列的值，如果改为 2，则是第三列的值。

    //关闭连接
    mysqli_close($link);                 //关闭数据库连接
    ?>
```

测试输出信息如图 10-1 所示。

```
    重庆 1
```

userid	username	sex	address	email
1	陈学平	男	重庆	41800543@qq.cc
2	陈强	男	重庆1	2@163.com
4	李明	男	重庆2	3@qq.com
5	杨新	女	北京	4@qq.com
9	CCC	男	重庆3	1@1.COM

图 10-1　查询表中的数据

经测试，显示结果与表中的数据是对应的。

分析： 在上述程序中，mysqli_data_seek() 函数将光标移动到所需的行号，获取结果集中第 *x* 行的数据信息。

注意： 因 MySQL 服务器中存储数据的编码与浏览器显示结果的编码有可能不一致，所以在程序中使用 set names gb2312 直接指定其内容输出的编码。若未指定输出字符编码，则可能出现乱码。

以上实现了获取结果集中的某一行数据。其实通过 mysqli_fetch_all() 函数可以输出结果集中的所有数据。

实例 10-8　用 mysqli_result 获取结果集中的所有数据

使用 mysqli_fetch_all() 函数可以从 mysqli_result 对象中获取结果集中的所有数据。

代码如下所示：

```
    <?php
        header("Content-Type:text/html;charset=GB2312");
        $link=@mysqli_connect("localhost","root","root") or die("数据库连接失
败！");                                               //连接数据库服务器
        $conn=@mysqli_select_db($link,"mydb") or die("选择的数据库不存在或不可
用！");                                               //选择数据库
        mysqli_query($link,"set names gb2312");       //设置输出编码
        $result=@mysqli_query($link,"select * from userinfo") or die("SQL语句
执行失败！");                                          //执行SQL语句
    //$query="SELECT * FROM table";                    //SQL查询语句
```

视频

实例 8

```
//$result=mysqli_query($conn, $query);             // 执行 SQL 查询并返回结果集

if($result) {
    $data = mysqli_fetch_all($result, MYSQLI_ASSOC);   // 将结果集转换为关联数组形式

    foreach ($data as $row) {
        echo implode(", ", $row)."\n".'</br>';         // 输出每一行数据
    }
} else {
    echo "没有数据.";
}
```

分析：在上述程序中，implode() 函数返回一个由数组元素组合成的字符串。

foreach ($data as $row) 是专门针对 PHP 数组进行循环遍历的语法结构。循环数组 $data 将每个值赋给 $row 变量，并且数组指针会逐一地移动，直至到达最后一个数组元素。

通过对结果集进行循环，输出结果集中的所有数据信息。其输出结果如图 10-2 所示。

```
1, 陈学平, 男, 重庆, 41800543@qq.com
2, 陈强, 男, 重庆1, 2@163.com
4, 李明, 男, 重庆2, 3@qq.com
5, 杨新, 女, 北京, 4@qq.com
9, CCC, 男, 重庆3, 1@1.COM
```

图 10-2　显示结果

3. 逐行获取结果集中的记录

当需要在结果集中获取记录时，使用 mysqli_result( ) 函数显得有些复杂，并且处理效率较差。为此，PHP 提供了从结果集中获取整行记录的函数 mysqli_fetch_row( )，其语法格式如下：

```
array mysqli_fetch_row ( resource $result )
```

其中，参数 result 为 mysqli_query() 函数所返回的结果集。该函数从指定的结果集中取得一行数据并以数组的形式返回。数组以列的顺序依次进行分配。依次调用该函数将返回结果中的下一行，若没有更多行时则返回 false。

实例 10-9　采用 mysql_fetch_row() 函数获取结果集中的所有数据

代码如下所示：

视频

实例 9

```
 <?php
header("Content-Type:text/html;charset=GB2312");
$link=@mysqli_connect("localhost","root","root")or die("数据库连接失败！ ");
                                               // 连接数据库服务器
$conn=@mysqli_select_db($link,"mydb")or die("选择的数据库不存在或不可用！");
                                               // 选择数据库
mysqli_query($link,"set names GB2312");        // 设置输出字符编码
$myquery=@mysqli_query($link,"select * from userinfo")or die("SQL 语句
执行失败！");                                   // 执行 SQL 语句
```

```
    echo "<table border=\"1\"><tr><th>id</th><th> 姓名 </th><th> 性别 </th><th> 地址
</th><th> 邮件 </th></tr>";
    while($row=mysqli_fetch_row($myquery)){     //循环获取结果集中的每一行
       echo "<tr><td>" . $row[0] . "</td>";
       echo "<td>" . $row[1] . "</td>";
       echo "<td>" . $row[2] . "</td>";
       echo "<td>" . $row[3] . "</td>";
       echo "<td>" . $row[4] . "</td></tr>";
    }
    echo "</table>";
    mysqli_close($link);    //关闭数据库连接
    ?>
```

测试结果如图 10-3 所示。

id	姓名	性别	地址	邮件
1	陈学平	男	重庆	41800543@qq.com
2	陈强	男	重庆1	2@163.com
4	李明	男	重庆2	3@qq.com
5	杨新	女	北京	4@qq.com
9	CCC	男	重庆3	1@1.COM

图 10-3　测试结果

分析： 在上述程序中，使用 mysqli_fetch_row( ) 函数循环获取结果集中的每一行。读者可发现，其执行结果与前例结果完全相同。

在 mysqli_fetch_row( ) 函数所返回的每一行结果数组中，该行的第一列在数组中是以 0 开始，所以在实际应用中很不方便。PHP 提供了另一功能强大的函数 mysqli_fetch_array( )，其语法格式如下：

```
array mysqli_fetch_array(resource $result[,int $ result_type])
```

其中，参数 result 为使用 mysqli_query( ) 函数所返回的结果集，参数 result_type 为下列取值的一种。

MYSQL_ASSOC：返回根据结果集中的某一行所生成的关联数组。关联数组以数据库中的列名作为数组键名，其返回数组与 mysqli_fetch_assoc( ) 函数返回结果一样。

MYSQL_NUM：返回根据结果集中的某一行所生成的索引数组。索引数组中的键名以 0 开始依次顺序分配，其返回结果数组与 mysqli_fetch_row( ) 函数返回的结果一样。

MYSQL_BOTH：返回根据结果集中的某一行所生成的关联和索引数组，在未指定结果类型时默认为该值。

函数返回根据从结果集中取得的一行所生成的数组，若没有更多行时返回 false。

注意： 该函数所返回的数组中列名是区分大小写的。

实例 10-10 在 PHP 中使用 array mysqli_fetch_array() 函数获取结果集中的数据

代码如下所示：

视 频

实例 10

```
<?php
header("Content-Type:text/html;charset=GB2312");
$link=@mysqli_connect("localhost","root","root")or die("数据库连接失败！");
                                                  //连接数据库服务器
$conn=@mysqli_select_db($link,"mydb")or die("选择的数据库不存在或不可用！");
                                                  //选择数据库
mysqli_query($link,"set names GB2312");           //设置输出字符编码
$myquery = @mysqli_query($link,"select * from userinfo")or die("SQL语句
执行失败！");                                      //执行SQL语句
echo "<table border=\"1\"><tr><th>id</th><th>姓名</th><th>性别</
th><th>地址</th><th>邮件</th></tr>";
while($row = mysqli_fetch_array($myquery, MYSQLI_ASSOC)){ //循环获取结果集中的数据
    echo "<tr><td>" . $row["userid"] . "</td>";
    echo "<td>" . $row["username"] . "</td>";
    echo "<td>" . $row["sex"] . "</td>";
    echo "<td>" . $row["address"] . "</td>";
    echo "<td>" . $row["email"] . "</td></tr>";
}
echo "</table>";
mysqli_close($link);                       //关闭数据库连接
?>
```

分析：在上述程序中，使用 mysql_fetch_array() 函数循环获取结果集。读者可以发现，程序输出结果与前例结果完全一样。因该函数具有很强的灵活性，在实际应用中通常使用该函数。

当结果集很大时，使用上述方式会使页面很长，不美观，并且用户查询信息也很麻烦，因此需要对结果集进行分页显示。

实例 10-11 分页显示结果集中的数据

代码如下所示：

视 频

实例 11

```
<?php
header("Content-Type:text/html;charset=GB2312");
                                                  //连接数据库服务器
$link=@mysqli_connect("localhost","root","root")or die("数据库连接失败！");
                                                  //选择数据库
$conn=@mysqli_select_db($link,"mydb")or die("选择的数据库不存在或不可用！");
mysqli_query($link,"set names GB2312");           //设置输出字符编码
$myquery=@mysqli_query($link,"select * from userinfo")or die("SQL 语句执
行失败！");                                        //执行SQL语句
$page_size=3;                                     //每页显示记录数
$num_cnt=mysqli_num_rows($myquery);               //获取记录总数
$page_cnt=ceil($num_cnt/$page_size);              //计算总页数
if(isset($_GET['p'])){                            //设置第一页还是其他页
    $page=$_GET['p'];
}else{
```

```
        $page=1;
    }
    $query_start=($page-1)*$page_size;           // 计算每页开始的记录号
    // 使用 limit 获取记录
    $querysql="select * from userinfo limit $query_start, $page_size";
    $queryset=mysqli_query($link,$querysql);   // 执行 SQL 语句
    echo "<table border=\"1\"><tr><th>id</th><th> 姓名 </th><th> 性别 </th><th> 地址
</th><th> 邮件 </th></tr>";
    while($row=mysqli_fetch_array($queryset, MYSQLI_ASSOC)){       // 循环获取结果集
        echo "<tr><td>" . $row["userid"] . "</td>";
        echo "<td>" . $row["username"] . "</td>";
        echo "<td>" . $row["sex"] . "</td>";
        echo "<td>" . $row["address"] . "</td>";
        echo "<td>" . $row["email"] . "</td></tr>";
    }
    echo "</table><br>";
    $pager=" 共 $page_cnt 页 跳转至第 ";              // 显示分布
    if($page_cnt>1){                                  // 页面总数大于是则显示分布
        for($i=1; $i<=$page_cnt; $i++){
            if($page==$i){
               $pager .= " <a href='?p=$i ' ><b>$i</b></a> ";
            }else{
               $pager .= " <a href='?p=$i ' >$i</a> ";
               }
            }
            echo $pager . " 页 ";
    }
    mysqli_close($link);
    ?>
```

测试结果如图 10-4 所示。

id	姓名	性别	地址	邮件
1	陈学平	男	重庆	41800543@qq.com
2	陈强	男	重庆	1@1.com
3	廖凡	男	北京	2@QQ.com

共 2 页 跳转至第 **1** 2 页

图 10-4　分页显示

分析：在上述程序中，分页显示结果集时每一页显示 3 条记录。首先获取结果集的总数，然后根据每一页显示的记录数计算总的页数，再由当前页数和记录数计算每一页的起止记录数，并使用 SELECT 语句的 LIMIT 子句实现，最后加粗显示当前页码。

10.2 管理 MySQL 数据库中的数据

在 Web 系统中，常常需要用户在浏览器上通过表单对数据库中的数据进行操作，如添加数据记录、更新数据记录和删除数据记录等。下面将对用户在 HTML 表单上对数据进行操作，然后提交至服务器并使用 mysqli_query() 函数执行 SQL 语句的方式操作数据进行详细讲解。

10.2.1 添加数据

视 频

实例 12–13

在实际应用中，用户常常直接在浏览器表单中输入相关数据，然后提交表单。服务器站点接收到用户提交的数据后采用 mysqli_query() 函数执行相应的 INSERT 语句，将用户输入的数据添加至数据库。

实例 10-12 用户输入数据的 HTML 页面代码

代码如下所示。

```
<!DOCTYPE html PUBLIC "-//W3C//DTD XHTML 1.0 Transitional//EN" "http://www.w3.org/TR/ xhtml1/DTD/xhtml1-transitional.dtd">
<html xmlns="http://www.w3.org/1999/xhtml">
<head>
<meta http-equiv="Content-Type" content="text/html; charset=gb2312" />
<title>添加数据 </title>
</head>
<body>
<form id="form1" name="form1" method="post" action="13.php"> <table width="512" border="1">
<tr>
<td width="63">姓名：</td>
<td width="433"><input name="username" type="text" id="username" size="10"/></td> </tr>
<tr>
<td>性别：</td>
<td><input name="sex" type="text" id="sex" size="5" /></td> </tr>
<tr>
<td>地址：</td>
<td><input type="text" name="address" id="address" size="50" /></td> </tr>
<tr>
<td>邮件：</td>
<td><input name="email" type="text" id="email" size="20" /></td> </tr>
<tr>
<td> </td>
<td><input type="submit" name="submit" id="submit" value="提交 " /></td> </tr>
</table>
</form>
</body>
</html>
```

插入数据前端页面如图 10-5 所示。

图 10-5 插入数据前端页面

分析：在上述代码中，设置了一个用户输入数据的表单。在用户单击【提交】按钮后，将表单提交至服务器进行处理。

实例 10-13 服务器在接收到用户所提交的数据后，使用 mysql_qeury() 函数将用户所提交的数据添加至数据库

代码如下所示：

```
<?php
header("Content-Type:text/html;charset=GB2312");
$username=$_POST['username'];                          //获取表单数据
$sex=$_POST['sex'];
$address=$_POST['address'];
$email=$_POST['email'];
$ins_sql="insert into userinfo(username, sex, address, email) values
('$username', '$sex','$address', '$email')";          //组成 SQL 语句
$link=@mysqli_connect("localhost","root","root")or die("数据库连接失败！");
                                                       //连接数据库服务器
$conn=@mysqli_select_db($link,"mydb")or die("选择的数据库不存在或不可用！");
                                                       //选择数据库
$myquery=mysqli_query($link,$ins_sql);                 //执行 SQL 语句
if($myquery){
    echo "插入数据成功！";
}else{
    echo "插入数据失败！";
}
mysqli_close($link);   //关闭数据库连接
?>
```

测试结果如图 10-6 所示。

图 10-6 插入数据成功

分析：在上述程序中，首先获取表单数据，再将表单数据组成 SQL 语句，然后使用 mysqlIi_query( ) 函数执行该 SQL 语句，并根据返回结果输入不同的提示信息。

视 频

实例 14–16

10.2.2 更新数据

在实际应用中，用户常常需要对选择的数据进行修改。

实例 10-14 在页面中浏览数据

代码如下所示：

```
<?php
header("Content-Type:text/html;charset=GB2312");
$link=@mysqli_connect("localhost","root","root")or die("数据库连接失败！");
                                           //连接数据库服务器
$conn=@mysqli_select_db($link,"mydb")or die("选择的数据库不存在或不可用！");
                                           //选择数据库
mysqli_query($link,"set names GB2312");    //设置输出字符编码
$myquery=@mysqli_query($link,"select * from userinfo")or die("SQL 语句执行失败！");
                                           //执行 SQL 语句
$page_size=3;
$num_cnt=mysqli_num_rows($myquery);        //获取所有记录
$page_cnt=ceil($num_cnt / $page_size);     //计算所有页数
if(isset($_GET['p'])){
$page=$_GET['p'];
}else{
  $page=1;
  $query_start=($page - 1) * $page_size;   //计算每页开始记录号
  $querysql="select * from userinfo limit $query_start, $page_size";//组成 SQL 语句
  $queryset=mysqli_query($link,$querysql); //执行 SQL 语句
  echo "<table border=\"1\"><tr><th>id</th><th>姓名</th><th>性别</th><th>地址</th><th>邮件</th><th>操作</th></tr>";
  while($row=mysqli_fetch_array($queryset,  MYSQLI_ASSOC)){    //循环获取结果集
      echo "<tr><td>" . $row["userid"] . "</td>";
      echo "<td>" . $row["username"] . "</td>";
      echo "<td>" . $row["sex"] . "</td>";
      echo "<td>" . $row["address"] . "</td>";
      echo "<td>" . $row["email"] . "</td><td><a href='15.php?id=$row[userid]'>修改</a></td></tr>";
  }
  echo "</table><br>";
  $pager="共 $page_cnt 页 跳转至第";
  if($page_cnt>1){
  for($i=1; $i<=$page_cnt; $i++){
      if($page==$i){
         $pager .= "<a href='?p=$i'><b>$i</b></a> ";
      }else{
         $pager .= "<a href='?p=$i'>$i</a> ";
         }
      }
      echo $pager . "页";              //显示分页
  }
}
mysqli_close($link);                   //关闭连接
?>
```

测试结果如图 10-7 所示。

图 10-7　数据显示

分析：在上述程序中，以每页显示 3 行记录的方式进行浏览。用户单击每一行后的“修改”超链接时，将跳转至修改页面。

实例 10-15　根据 ID 号调用其信息并显示在 HTML 表单中

代码如下所示：

```
<?php
if(isset($_GET['id'])){          //若没有参数 ID，则显示出错信息
    $id=$_GET['id'];
    header("Content-Type:text/html;charset=GB2312");
    $link=@mysqli_connect("localhost","root","root")or die("数据库连接失败！");
                                                    //连接数据库服务器
    $conn=@mysqli_select_db($link,"mydb")or die("选择的数据库不存在或不可用！");
                                                    //选择数据库
    mysqli_query($link,"set names GB2312");         //设置输出字符编码
    $sql="select * from userinfo where userid='$id'";    //组成 SQL 语句
    $myquery=@mysqli_query($link,$sql)or die("SQL 语句执行失败！");      //执行 SQL 语句
    $row=mysqli_fetch_array($myquery, MYSQLI_ASSOC);     //获取结果集
    echo <<<Eof
    <!DOCTYPE html PUBLIC "-//W3C//DTD XHTML 1.0 Transitional//EN" "http://www.
w3.org/TR/ xhtml1/DTD/xhtml1-transitional.dtd">
    <html xmlns="http://www.w3.org/1999/xhtml">
    <head>
    <meta http-equiv="Content-Type" content="text/html; charset=gb2312" />
    <title>修改数据</title>
    </head>
    <form action="16.php" method="post" name="updinfo"> <table width="200"
border="1">
    <tr>
    <td>ID: </td>
    <td>$row[userid]</td>
    </tr>
    <tr>
    <td>姓名: </td>
    <td><input name="username" type="text" value="$row[username]" size="10" />
</td> </tr>
```

```
        <tr>
        <td> 性别：</td>
        <td><input name="sex" type="text" value="$row[sex]" size="5" /></td> </tr>
        <tr>
        <td> 地址：</td>
        <td><input  name="address"  type="text"  value="$row[address]"  size="50"/>
</td> </tr>
        <tr>
        <td> 邮件：</td>
        <td><input name="email" type="text" value="$row[email]" size="30" /></td> </tr>
        <tr>
        <td><input type="hidden" name="hid"  value="$row[userid]"></td>
        <td><input name="submit" type="submit" value=" 提交 " /></td> </tr>
        </table>
        </form>
        <body>
        </body>
        </html>
        Eof;
        mysqli_close($link);
    }else{
        echo "ID 号错误，请 <a href='14.php'> 浏览 </a>";
    }
    ?>
```

修改数据如图 10-8 所示。

图 10-8　修改数据

分析：在上述程序中，根据用户提交的 ID，从数据库获取信息，并显示在 HTML 表单上。用户可以自行修改其中信息，然后提交表单。

实例 10-16　根据用户提交的表单中的信息进行修改

代码如下所示：

```
<?php
```

```
    $hid=$_POST['hid'];                            //获取表单 USERID
    $username=$_POST['username'];                  //获取表单姓名
    $sex=$_POST['sex'];                            //获取表单性别
    $address=$_POST['address'];                    //获取表单地址
    $email=$_POST['email'];                        //获取表单邮件地址
    $upd_sql="update userinfo set username='$username', sex='$sex', address= '$address',
email='$email' where userid = '$hid'";             //组成 SQL 语句
    header("Content-Type:text/html;charset=GB2312");
    $link=@mysqli_connect("localhost","root","root")or die("数据库连接失败！");
                                                   //连接数据库服务器
    $conn=@mysqli_select_db($link,"mydb")or die("选择的数据库不存在或不可用！");
                                                   //选择数据库
    mysqli_query($link,"set names GB2312");        //设置输出字符编码
    $myquery=mysqli_query($link,$upd_sql);         //执行 SQL 语句
    if($myquery){                                  //根据返回值给出不同提示信息
        echo "更新数据成功！";
    }else{
        echo "更新数据失败！";
    }
    echo "<a href='14.php'>浏览</a>";
    mysqli_close($link);                           //关闭数据库连接
    ?>
```

测试结果如图 10-9 所示。

图 10-9　更新成功

查看更新的数据如图 10-10 所示。

id	姓名	性别	地址	邮件	操作
1	陈学平	男	沙坪坝	41800543@qq.com	修改
2	陈强	男	重庆1	2@163.com	修改
10	陈老师	男	重庆	163@163.com	修改

图 10-10　查看更新数据

分析：在上述程序中，根据用户提交的表单数据，组成 SQL 语句，再使用 mysql_query( ) 函数执行该语句完成资料修改。

10.2.3 删除数据

视频 实例17–18

视频 实例17–18补充

在实际应用中，常常需要提供删除功能。通常使用的方式是让用户自行选择要删除的资料，再给出提示框，让用户确认是否删除该信息。

实例 10-17 用户在选择要删除的资料时弹出相应的窗口

代码如下所示：

```
<script language="javascript">

function chk(id){        // 确认删除函数
    if(confirm(" 确定要删除该资料？ ")){
        window.location="18.php?id="+id;
    }else{
        return false;
    }
}
</script>
<?php
header("Content-Type:text/html;charset=GB2312");
$link=@mysqli_connect("localhost","root","root")or die(" 数据库连接失败！ ");
                                                // 连接数据库服务器
$conn=@mysqli_select_db($link,"mydb")or die(" 选择的数据库不存在或不可用！");
                                                // 选择数据库
mysqli_query($link,"set names GB2312");         // 设置输出字符编码
$myquery=@mysqli_query($link,"select * from userinfo")or die("SQL 语句执
行失败！");                                      // 执行 SQL 语句
$page_size=3;                                   // 设置每页显示记录数
$num_cnt=mysqli_num_rows($myquery);             // 获取总的记录数
$page_cnt=ceil($num_cnt/$page_size);            // 计算总的页数
if(isset($_GET['p'])){
    $page=$_GET['p'];
}else{
    $page=1;
}
$query_start=($page-1) * $page_size; // 计算每页开始的记录号
$querysql="select * from userinfo limit $query_start, $page_size";
$queryset=mysqli_query($link,$querysql);    // 执行 SQL 语句
echo  "<table border=\"1\"><tr><th>id</th><th> 姓名 </th><th> 性别 </th>
<th> 地址 </th><th> 邮件 </th><th> 操作 </th></tr>";
while($row = mysqli_fetch_array($queryset,  MYSQLI_ASSOC)){  // 循环获取结果集
    echo "<tr><td>" . $row["userid"] . "</td>";
    echo "<td>" . $row["username"] . "</td>";
    echo "<td>" . $row["sex"] . "</td>";
    echo "<td>" . $row["address"] . "</td>";
    echo "<td>" . $row["email"] . "</td><td><a href='15.php?id=$row[userid]'> 修改
</a> <a href='javascript:void(0);' onclick='chk($row[userid]);'> 删除 </a> </td></tr>";
}
echo "</table><br>";
$pager=" 共 $page_cnt 页 跳转至第 ";
```

```
    if($page_cnt>1){
        for($i=1; $i<=$page_cnt; $i++){
          if($page==$i){
              $pager .= "<a href='?p=$i'><b>$i</b></a> ";
          }else{
              $pager .= "<a href='?p=$i'>$i</a> ";
          }
        }
        echo $pager . " 页 ";        //显示分页
    }
    mysqli_close($link);            //关闭数据库连接
    ?>
```

测试结果如图 10-11 所示。

id	姓名	性别	地址	邮件	操作
1	陈学平	男	沙坪坝	41800543@qq.com	修改 删除
2	陈强	男	重庆1	2@163.com	修改 删除
10	陈老师	男	重庆	163@163.com	修改 删除

共 2 页 跳转至第**1** 2 页

图 10-11 显示数据

分析：在上述程序中，用户在单击“删除”超链接时，将弹出图 10-12 所示的删除对话框，用户确认需要删除该数据，才跳转至删除页面进行删除。

此处单击删除陈老师这一条记录进行测试。

图 10-12 删除对话框

实例 10-18 采用 mysql_query() 函数执行删除语句

代码如下所示：

```
<?php
$userid=$_GET['id'];                //获取要删除的 ID
$upd_sql="delete from userinfo where userid='$userid'"; //组成 SQL 语句
header("Content-Type:text/html;charset=GB2312");
$link=@mysqli_connect("localhost","root","root")or die("数据库连接失败! ");
                                        //连接数据库服务器
$conn=@mysqli_select_db($link,"mydb")or die("选择的数据库不存在或不可用!");
                                        //选择数据库
mysqli_query($link,"set names GB2312");     //设置输出字符编码
```

```
$myquery=mysqli_query($link,$upd_sql);        // 执行 SQL 语句
if($myquery){                                 // 根据删除结果显示不同信息
    echo " 删除数据成功！ ";
}else{
    echo " 删除数据失败！ ";
}
echo "<a href='17.php'> 浏览 </a>";
mysqli_close($link);                          // 关闭数据库连接
?>
```

显示效果如图 10-13 所示。

单击“浏览”超链接，返回到删除前页面，显示第三条记录已经删除了，如图 10-14 所示。

图 10-13　提示删除成功

id	姓名	性别	地址	邮件	操作
1	陈学平	男	沙坪坝	41800543@qq.com	修改 删除
2	陈强	男	重庆1	2@163.com	修改 删除
4	李明	男	重庆2	3@qq.com	修改 删除

共 2 页 跳转至第1 2 页

图 10-14　数据成功删除

分析：在上述程序中，首先获取需要删除的记录 ID，然后组成 SQL 语句，再使用 mysql_query( ) 函数执行 SQL 语句，根据返回的结果显示不同的提示信息。

小　　结

本章主要介绍了 PHP 与 MySQL 数据库之间连接、选择、读取数据表数据等操作。着重介绍了数据的显示、修改和删除等功能。后面章节介绍 PHP 实例，让读者更进一步理解 PHP 与 MySQL 数据库的操作。

习　　题

1. 完成本章节所有的上机内容。
2. 简述 PHP 连接数据库的方法。
3. 简述 PHP 读取数据库的方法。
4. 简述 PHP 显示数据的方法。
5. 如何实现 PHP 的分页显示？
6. PHP 如何实现数据插入操作？
7. PHP 如何实现数据更新操作？为什么更新数据要加一个隐藏按钮传值？
8. PHP 如何实现数据删除操作？如何在数据删除前给出一个提示删除的信息？

第 11 章 PHP 用户注册与登录

本章主要介绍 PHP 的用户系统设计实例，该实例涉及数据库及数据表的创建、PHP 数据库的连接、PHP 数据的插入、PHP 数据的读取及登录的判断等功能，在习题部分增加了更新数据、删除数据、搜索数据、显示数据功能的练习。

学习目标

- ◆了解用户系统的功能构成。
- ◆掌握创建数据库的方法。
- ◆掌握 PHP 连接数据库的方法。
- ◆掌握 PHP 实现用户注册的方法。
- ◆掌握 PHP 实现用户登录的方法。
- ◆掌握 PHP 实现用户中心数据显示的方法。

11.1 需求分析

网站用户注册与登录是很常用的一个功能，下面介绍 PHP 开发用户注册与登录模块的知识。主要功能分为用户注册、用户登录、用户退出、用户中心四部分。

1. 用户注册

用户注册主要功能有：

（1）注册信息表单填写界面 JavaScript 脚本初步检测用户输入的注册信息。

（2）注册处理模块检测注册信息是否符合要求。

（3）检测用户名是否已存在。

（4）将注册信息写入数据表，注册成功。

2. 用户登录

用户登录主要功能有：

（1）登录表单界面 JavaScript 脚本初步检测用户输入的登录信息。

（2）登录模块将用户输入信息与数据库数据进行核对。

（3）登录信息正确，则提示登录成功，将用户设置为登录状态（session）。

（4）登录信息不正确，则提示登录失败，用户可以再次尝试登录。

3. 用户退出

用户退出主要功能有：

无条件注销 session。

4. 用户中心

用户中心主要功能有：

（1）判断用户是否登录，如果没有登录，则转到登录界面。

（2）如果用户是登录状态，则读出用户相关信息。

11.2　数据表设计

根据功能需求分析，用于记录用户信息的 user 表需要的字段见表 11-1。

表 11-1　user 表字段信息

字段名	数据类型	说　明
uid	mediumint(8)	主键，自动增长
username	char(15)	注册用户名
password	char(32)	MD5 加密后的密码
email	varchar(40)	用户 E-mail
regdate	int(10)	用户注册时间戳

建表的 SQL 语句参考如下：

```
CREATE TABLE 'user' (
  'uid' mediumint(8) unsigned NOT NULL auto_increment,
  'username' char(15) NOT NULL default ' ',
  'password' char(32) NOT NULL default ' ',
  'email' varchar(40) NOT NULL default ' ',
  'regdate' int(10) unsigned NOT NULL default '0',
  PRIMARY KEY ('uid')
) ENGINE=MyISAM  DEFAULT CHARSET=utf8 AUTO_INCREMENT=1 ;
```

11.3　页面组成

各页面的功能如下：

reg.html：用户注册信息填写表单页面。

conn.php：数据库连接包含文件。
reg.php：用户注册处理程序。
login.html：收集用户填写的登录信息。
login.php：处理用户登录与退出动作。
my.php：用户中心。

11.4　PHP 用户注册

视频
数据库创建及导入并测试

11.4.1　注册页面

reg.html 负责收集用户填写的注册信息。这里只给出关键的代码片段。

1. 注册表单

```
<fieldset>
<legend>用户注册</legend>
<form name="RegForm" method="post" action="reg.php" onSubmit="return InputCheck(this)">
<p>
<label for="username" class="label">用户名:</label>
<input id="username" name="username" type="text" class="input" />
<span>(必填，3-15字符长度，支持汉字、字母、数字及_)</span>
<p/>
<p>
<label for="password" class="label">密 码:</label>
<input id="password" name="password" type="password" class="input" />
<span>(必填，不得少于6位)</span>
<p/>
<p>
<label for="repass" class="label">重复密码:</label>
<input id="repass" name="repass" type="password" class="input" />
<p/>
<p>
<label for="email" class="label">电子邮箱:</label>
<input id="email" name="email" type="text" class="input" />
<span>(必填)</span>
<p/>
<p>
<input type="submit" name="submit" value="提交注册" class="left" />
</p>
</form>
</fieldset>
```

2. JavaScript 检测代码

```
<script language=JavaScript>
<!--

function InputCheck(RegForm)
```

```
{
  if(RegForm.username.value=="")
  {
    alert("用户名不可为空！");
    RegForm.username.focus();
    return (false);
  }
  if (RegForm.password.value=="")
  {
    alert("必须设定登录密码！");
    RegForm.password.focus();
    return(false);
  }
  if(RegForm.repass.value!=RegForm.password.value)
  {
    alert("两次密码不一致！");
    RegForm.repass.focus();
    return (false);
  }
  if(RegForm.email.value=="")
  {
    alert("电子邮箱不可为空！");
    RegForm.email.focus();
    return (false);
  }
}

//-->
</script>
```

3. CSS 样式

```
<style type="text/css">
    html{font-size:12px;}
    fieldset{width:520px; margin: 0 auto;}
    legend{font-weight:bold; font-size:14px;}
    label{float:left; width:70px; margin-left:10px;}
    .left{margin-left:80px;}
    .input{width:150px;}
    span{color: #666666;}
</style>
```

4. 注册表单效果图

注册表单效果如图 11-1 所示。

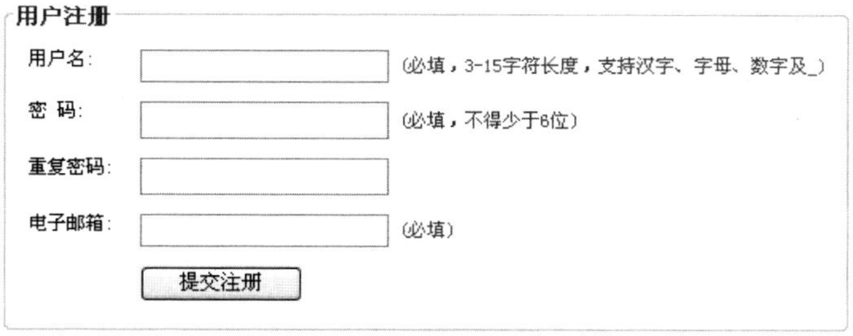

图 11-1　注册表单效果

11.4.2　数据库连接

数据库连接代码如下：

```
<?php

$conn=@mysqli_connect("localhost","root","root");
if(!$conn){
    die("连接数据库失败：" . mysqli_error($conn));
}
mysqli_select_db($conn,"db_user" );
//字符转换，读库
mysqli_query($conn,"set character set 'gbk'");
//写库
mysqli_query($conn,"set names 'gbk'");
?>
```

11.4.3　注册后台处理

reg.php 负责处理用户注册信息。

1. 注册检测

视 频

用户注册

```
if(!isset($_POST['submit'])){
    exit('非法访问！');
}
$username=$_POST['username'];
$password=$_POST['password'];
$email=$_POST['email'];
//注册信息判断
if(!preg_match('/^[\w\x80-\xff]{3,15}$/', $username)){
    exit('错误：用户名不符合规定。<a href="javascript:history.back(-1);">返回</a>');
}
if(strlen($password) < 6){
    exit('错误：密码长度不符合规定。<a href="javascript:history.back(-1);">返回</a>');
}
if(!preg_match('/^w+([-+.]w+)*@w+([-.]w+)*.w+([-.]w+)*$/', $email)){
    exit('错误：电子邮箱格式错误。<a href="javascript:history.back(-1);">返回</a>');
}
```

本段代码首先检测是否 POST 提交访问该页，接下来根据注册要求（用户名 3 ～ 15 字符长度，支持汉字、字母、数字及 _；密码不得少于 6 位）对用户提交的注册信息进行检测。在检测用户名和电子邮箱时采用了正则检测，关于正则表达式可以参考正则表达式部分内容。

2. 数据库交互

```
    //包含数据库连接文件
    include('conn.php');

    $result=@mysqli_query($conn,"select uid from user222 where username=
'$username'") or die("SQL 语句执行失败！");//执行 SQL 语句
    //查询记录
    $num=mysqli_fetch_row($result);
    //检测用户名是否已经存在
    if($num>0)
    {
        exit('用户名重名！点击此处<a href="reg.html">返回</a>重试');
    }
    else
    //写入数据
    $password=MD5($password);
    $regdate=time();
    $sql="INSERT INTO user222(username,password,email,regdate)VALUES('$username',
'$password','$email',$regdate)";

    if($conn->query($sql)===TRUE){
        exit('用户注册成功！点击此处 <a href="login.html">登录</a>');
    } else {
        echo '抱歉！添加数据失败：',mysqli_error($conn),'<br />';
        echo '点击此处 <a href="javascript:history.back(-1);">返回</a> 重试';
    }
    //
    mysqli_close($conn);
```

该段代码首先检测用户名是否已经存在，如果存在则输出提示信息并立即终止程序执行。如果用户名不存在则把注册信息写入数据库，并输出对应提示信息。

图 11-2　注册处理页面

注册处理页面如图 11-2 所示。

11.5　PHP 用户登录与退出

视频

用户登录 退出

11.5.1　登录页面

login.html 负责收集用户填写的登录信息。

```
<fieldset>
<legend>用户登录</legend>
```

```
    <form name="LoginForm" method="post" action="login.php" onSubmit="return
InputCheck(this)">
    <p>
    <label for="username" class="label">用户名:</label>
    <input id="username" name="username" type="text" class="input" />
    <p/>
    <p>
    <label for="password" class="label">密 码:</label>
    <input id="password" name="password" type="password" class="input" />
    <p/>
    <p>
    <input type="submit" name="submit" value="  确 定  " class="left" />
    </p>
    </form>
    </fieldset>
```

JavaScript 检测及 CSS 样式可参考 reg.html，本部分略去，可直接查看代码。

登录前端页面如图 11-3 所示。

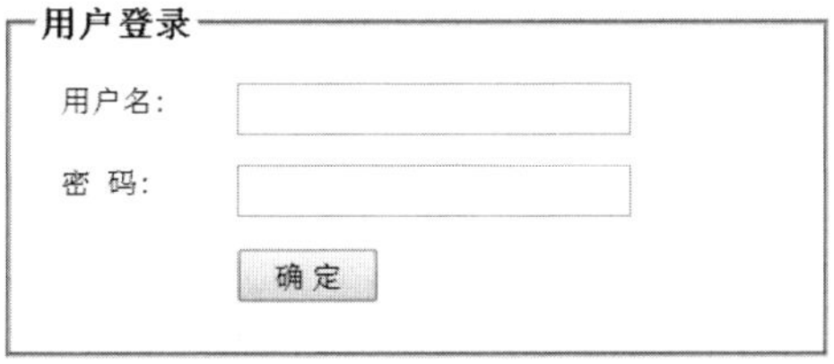

图 11-3　登录前端页面

11.5.2　登录处理

login.php 负责处理用户登录与退出动作。

```
    <?php
    session_start();
    if(!isset($_POST['submit'])){
        exit('非法访问!');
    }

    $username=$_POST['username'];
    $password=$_POST['password'];

    //包含数据库连接文件
    include('conn.php');

    //检测用户名及密码是否正确

        $result=mysqli_query($conn,"select uid from user222  where username=
'$username' and password='$password' limit 1");
```

```
    if($row=mysqli_fetch_array($result))
    {
        //登录成功
        $_SESSION['username']=$username;
        //$_SESSION['userid']=$row['uid'];
        echo $username,' 欢迎你! 进入 <a href="my.php">用户中心</a><br />';
        echo "<a href='logout.php'>注销</a>";
        // exit;
    }
    else
    {
        exit('登录失败! 点击此处 <a href="login.html">返回</a> 重试');
    }

?>
```

该段代码首先确认如果是用户登录的话，必须是 POST 动作提交。然后根据用户输入的信息去数据库核对是否正确，如果正确，注册 session 信息，否则提示登录失败，用户可以重试。

该段代码需要在页面开头启用 session_start() 函数，可参见退出处理代码部分。

登录处理页面如图 11-4 所示。

图 11-4　登录处理页面

11.5.3　退出处理

```
 echo "<a href='logout.php'>注销</a>";
```

在登录页面中通过上面的代码，将注销功能传送到另一个页面处理，该页面是 logout.php。代码如下：

```
<?php
   header('Content-type:text/html; charset=utf-8');
   //注销后的操作
   session_start();
   //清除 session
   $username=$_SESSION['username'];  //用于后面的提示信息
   $_SESSION=array();
   session_destroy();

   //清除 Cookie
```

```
    setcookie('username', '', time()-99);
    setcookie('code', '', time()-99);

    //提示信息
    echo "欢迎下次光临，".$username.'<br>';
    echo "<a href='login.html'>重新登录</a>";

 ?>
```

该段代码实现了注销功能，同时将用户的姓名信息存储，欢迎用户下次光临。具体逻辑参看提供的实例代码。单击“注销”超链接则会注销。

显示效果如图 11-5 所示。

图 11-5　退出登录显示效果

视频

个人中心

11.6　用户中心

my.php 是用户中心。

```
<?php
session_start();
include("conn.php");
//检测是否登录，若没登录则转到登录界面
if(!isset($_SESSION['username'])){
    header("Location:login.html");
    exit();
}
if (!$conn) {
    die("连接失败：" . mysqli_connect_error());
}

  $username=$_SESSION['username'];
 $result=mysqli_query($conn,"SELECT * FROM user222
WHERE username='$username'");
if($result===FALSE) {
    echo "没有数据";
}
else {
    while($row=mysqli_fetch_array($result))
    //while($row=$result->fetch_array())
    {
        // echo $row['username'] . " " . $row['email'];
        // echo "<br>";
```

```
            echo '用户信息: <br />';
            echo '用户 ID: ',$row['uid'],'<br />';
            echo '用户名: ',$username,'<br />';
            echo '邮箱: ',$row['email'],'<br />';
            echo '注册日期: ',date('Y-m-d',$row['regdate']),'<br />';
            echo "<a href='logout.php'> 注销 </a>";

        }
    }
    exit;
    mysqli_close($conn);
    ?>
```

用户中心显示效果如图 11-6 所示。

图 11-6　用户中心显示效果

提示

（1）用户注册登录涉及用户信息与数据库的交互，因此要特别注意用户提交的信息不能为非法信息，本例中注册部分已经使用正则表达式做了限制，对登录部分只简单使用了 htmlspecialchars() 函数处理，实际应用时可更严格一些。

（2）本例只是简单演示用户注册与登录的过程，其代码仅供学习参考。

（3）本例中对于用户登录成功后采用 session 来管理，也可以采用 cookie 来管理，尤其对于有时限要求的情况。

（4）为了提高用户体验，用户注册部分可以结合 AJAX 检测用户输入的信息而不必等单击“提交”按钮后再检测。

小　　结

本章主要介绍了用户系统的设计，需要用到数据库、数据库连接、数据显示、数据插入、读取数据进行用户登录，读者自己多上机操作。在后面的习题部分要求读者进一步完善用户系统，将习题中的用户系统结合正则表达式，实现用户数据的限制，同时结合数据更新知识，实现用户数据的修改、用户的查询。

习 题

1. 完成本章用户系统的操作。

• 创建数据库及表。

• 设计用户注册页面。

• 设计用户登录页面。

2. 根据下面的内容完成上机操作。

• 完成的功能如下：

• 创建数据库及表。

• 用户注册及注册判断、用户数据插入。

• 用户登录。

• 用户修改资料。

• 用户资料搜索。

• 用户资料显示及转到详细页。

相应截图如图 11-7 和图 11-8 所示。

图 11-7

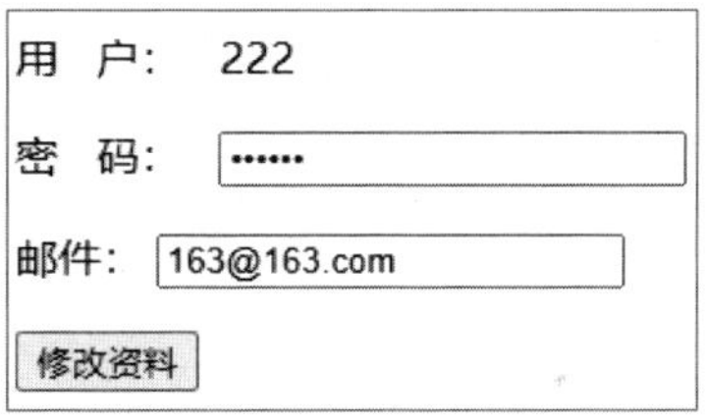

图 11-8

视 频 用户更新资料

视 频 用户查询数据

视 频 删除数据

可以修改一下邮件进行测试，如图 11-9 和图 11-10 所示。

图 11-9

图 11-10

• 要求对输入内容进行正则判断。

搜索页面，要求通过对输入值的判断进行数据输出（见图 11-11）。可以参考作者录制的教学视频。

搜索 222 这个用户，如图 11-12 所示。

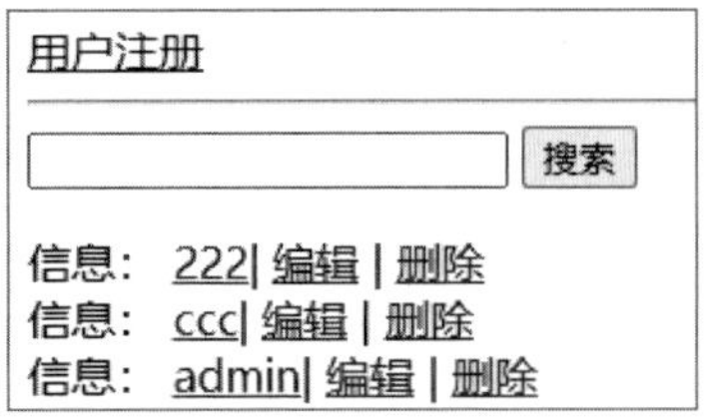

图 11-11

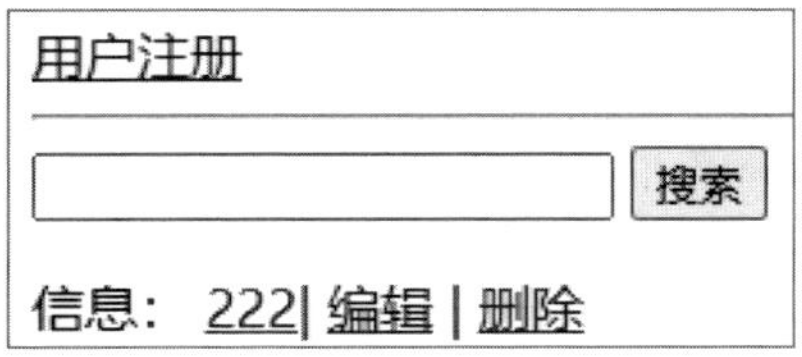

图 11-12

搜索一个没有的用户数据页面，如图 11-13 所示。

单击 222 姓名的详细页面，如图 11-14 所示。

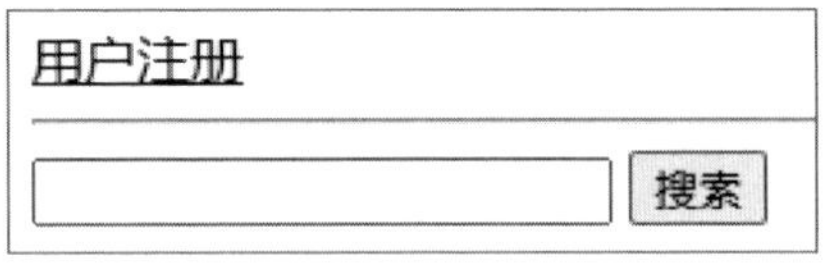

图 11-13

图 11-14

单击“编辑”超链接后修改页面，如图 11-15 所示。

删除 222 用户，如图 11-16 所示。

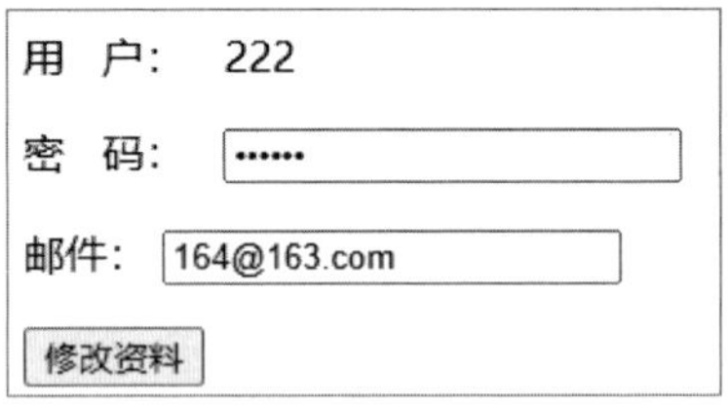

图 11-15

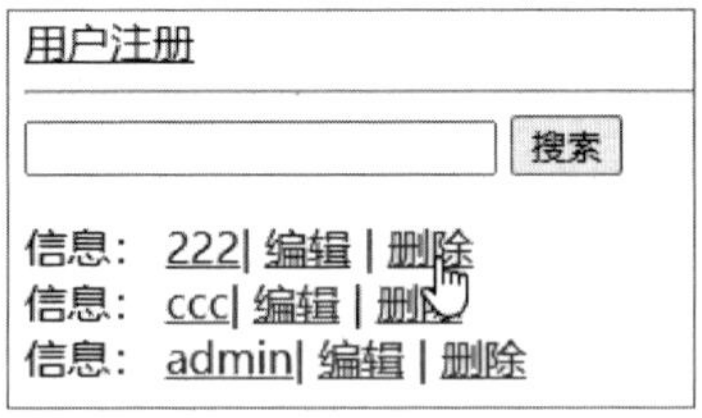

图 11-16

删除 222 用户后页面如图 11-17 所示。

图 11-17

要求能够控制表单的输入和输入值的有效性，用正则表达式控制数据有效性。

第 12 章 PHP 留言板制作

本章主要介绍PHP留言系统设计实例,该实例涉及数据库及数据表的创建、PHP数据库的连接、PHP数据的插入、PHP数据的读取、PHP数据删除、PHP对于单条数据的回复及登录判断等功能,在习题部分增加投票系统、注册用户发送激活邮件功能的练习。

学习目标

- ◆了解留言系统的功能。
- ◆掌握 PHP 留言系统数据库的设计。
- ◆掌握 PHP 连接数据库的方法。
- ◆掌握 PHP 实现留言数据插入的方法。
- ◆掌握 PHP 实现留言数据显示的方法。
- ◆掌握 PHP 实现留言后台登录的方法。
- ◆掌握 PHP 实现回复留言的方法。
- ◆掌握留言删除的方法。
- ◆掌握 PHP 实现页面分页的方法。

12.1 PHP 留言板制作简介

留言板（留言本）虽然功能简单，但涉及的基础知识比较多。下面重点介绍 PHP 留言板程序的开发实现过程，其中涉及以下基础知识：

数据库操作：留言板涉及对 MySQL 数据表记录的添加、更新与删除操作。

表单处理：PHP 中预定义 $_POST 和 $_GET 全局变量，用来接收用户表单和 URL 参数信息。

留言分页显示：留言分页显示，需要了解分页显示的方法。

管理员登录：留言板提供了留言管理功能，系统需要对管理员进行登录认证管理，登录处理可以参考第 11 章的内容。

session 管理：管理员对留言进行管理时，需要通过 session 会话保证其管理权限。

12.2 PHP 留言板功能需求分析

功能需求：用户利用留言板可以发表自己的留言，管理员可以在后台对留言进行回复或删除管理。

主要功能分为：前台用户留言展示与后台留言管理两部分。

1. 前台用户留言展示

前台用户留言展示详细功能需求如下：

（1）从数据库中读出已有的留言信息，最新的留言显示在前面。

（2）当留言数据较多时，需要分页显示。

（3）留言表单留言者可以输入的信息为：昵称、电子邮箱（前台不显示）及留言内容，并通过 JavaScript 脚本初步检测用户输入的信息。

（4）留言处理部分需要对输入的信息再做长度限制及安全性处理，并将合法信息写入数据表中。

（5）如果留言成功，使用 html meta 的 refresh 属性自动返回留言显示页面。

2. 后台留言管理

后台留言管理详细功能需求如下：

（1）管理员输入管理密码（默认 admin 账号），该密码与 user 表的信息进行比较验证，也可与配置文件中配置的密码比对。

（2）验证通过后，回到留言管理界面，每一条留言都提供一个表单以便于回复留言。

（3）对于不恰当的留言，管理员可以直接删除。

12.3 PHP 留言板页面构成

视频

数据库创建导入

各页面对应功能如下：

conn.php：数据库连接包含文件。

config.php：系统配置文件，用于配置每页显示留言条数等。

index.php：留言板主界面，用于留言读取显示及用户留言表单（留言表单在留言显示下方）。

liuy.php：处理留言者提交的留言信息。

login.html 管理员登录前台页面。

login.php：管理员登录及验证页面。

Logout：登录注销页面。

admin.php：留言管理主界面，读取留言数据、提供回复表单及删除等操作界面。

reply.php：用于留言回复、删除等具体操作。

网页显示效果如图 12-1 至图 12-4 所示。

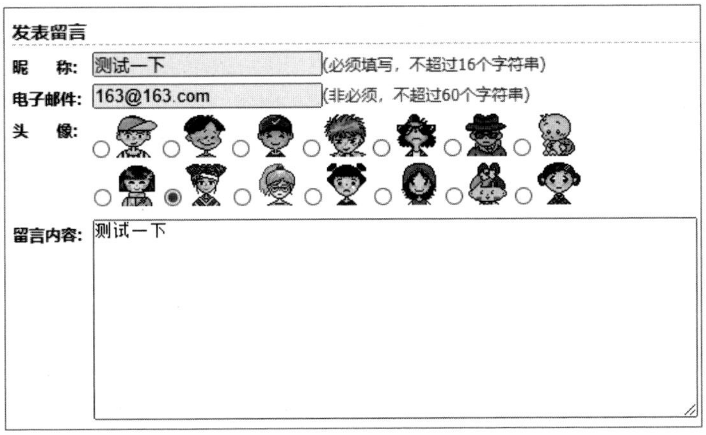

图 12-1　留言页面

图 12-2　留言成功

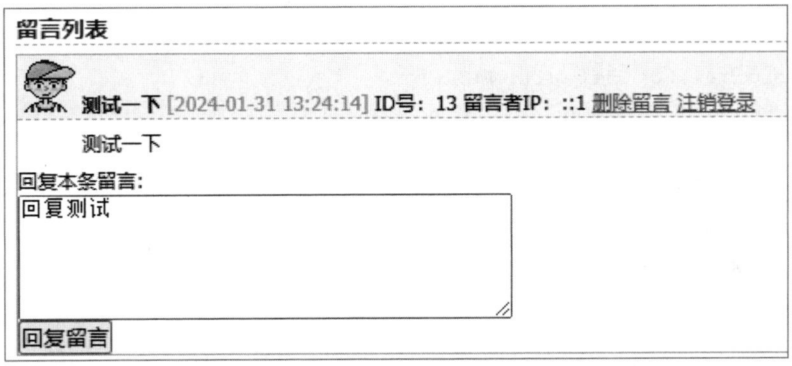

图 12-3　回复留言

显示留言和回复留言如图 12-5 所示。

图 12-4　回复成功

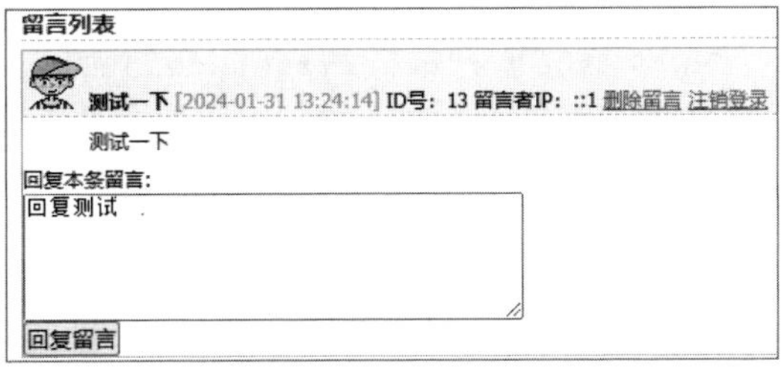

图 12-5　显示回复

12.4 PHP 留言板数据库表设计

1. 留言板数据库表设计

根据前文留言板功能需求分析，对应的 guestbook 表结构见表 12-1。

表 12-1 guestbook 表结构

字段名	数据类型	NULL 属性	说　明
id	mediumint	NOT NULL	主键，自动增长
nickname	char(16)	NOT NULL	留言者称呼
email	varchar(60)	NULL	留言者 E-mail
content	text	NOT NULL	留言内容
createtime	int	NOT NULL	留言时间戳
reply	text	NULL	管理员回复内容
replytime	int	NULL	回复时间戳

建表 SQL 语句参考如下：

```
CREATE TABLE 'guestbook' (
  'id' mediumint(8) unsigned NOT NULL auto_increment,
  'nickname' char(16) NOT NULL default ' ',
  'email' varchar(60) default NULL,
  'content' text NOT NULL,
  'createtime' int(10) unsigned NOT NULL default '0',
  'reply' text,
  'replytime' int(10) unsigned default NULL,
  PRIMARY KEY ('id')
) ENGINE=MyISAM  DEFAULT CHARSET=utf8 AUTO_INCREMENT=1;
```

2. 留言板表设计扩展

上面的 SQL 语句只是涉及一些基本的数据库字段，如果需要扩展数据库，可以添加如下字段（在上面建表 SQL 语句中直接加入）：

```
  'face' tinyint(2) unsigned NOT NULL default '1',
  'clientip' char(64) NOT NULL default ' ',
  'homepage' varchar(250) default NULL,
  'qq' varchar(20) default NULL,
```

上述字段依次记录留言者选择的头像、IP 地址、主页及 QQ 号码，这些字段可根据实际需要进行选择。

12.5 PHP 留言板留言信息读取展示

1. conn.php 数据库连接

conn.php 记录着留言板与数据库交互时的连接信息，在需要连接操作数据库时，使用 PHP require 语句引用该文件即可，而无须在每个页面都重复使用该段连接数据库的代码。

该文件的具体内容如下：

```
<?php
/******************************
* 数据库连接
******************************/
$conn=@mysqli_connect("localhost","root","root");
if(!$conn){
   die("连接数据库失败：" . mysqli_error());
}
mysqli_select_db($conn,"test");
//字符转换，读库
mysqli_query($conn,"set character set 'gbk'");
//写库
mysqli_query($conn,"set names 'gbk'");
?>
```

2. config.php 系统配置文件

系统配置文件用于配置一些系统需要的参数，如本例中每页留言显示的数目等：

```
<?php
$pagesize=3;              //每页显示的留言数，可根据实际情况调节
$gb_password=123456;      //留言本管理密码，在不做数据库验证时使用
//其他更多配置参数
?>
```

3. index.php 留言读取显示

视频 首页留言显示

index.php 用于留言板留言数据的读取显示。一般留言都会有较多条，因此从数据库中读取并显示留言时需要用到数据分页。

关键代码片段如下：

```
//读取并显示当前页留言
//引用相关文件
require("./conn.php");
require("./config.php");

//确定当前页数 $p 参数
@$p=$_GET['p']?$_GET['p']:1;
//数据指针
$offset=($p-1)*$pagesize;

$query_sql="SELECT * FROM guestbook ORDER BY id DESC LIMIT  $offset , $pagesize";
$result=mysqli_query($conn,$query_sql);
//如果出现错误并退出
if(!$result) exit('查询数据错误：'.mysqli_error());
//循环输出
while($gb_array=mysqli_fetch_array($result)){
?>
<div class="guestbook-list">
```

```
    <p class="guestbook-head">
    <img src="images/<?=$gb_array['face']?>.gif" />
    <span class="bold"><?=$gb_array['nickname']?></span> <span class="guestbook-time">
[<?=date("Y-m-d H:i", $gb_array['createtime'])?>]</span></p>
    <p class="guestbook-content"><?=nl2br($gb_array['content'])?></p>
    <?php
       // 回复
       if(!empty($gb_array['replytime'])) {
          ?>
          <p class="guestbook-head">管理员回复： <span class="guestbook-time">[<?=date
("Y-m-d H:i", $gb_array['replytime'])?>]</span></p>
          <p class="guestbook-content"><?=nl2br($gb_array['reply'])?></p>
          <?php
       }      // 回复结束
    ?>
```

4. 输出分页格式

注意添加 $conn：

```
    $count_result=mysqli_query($conn,"SELECT count(*) FROM guestbook");
    $count_array=mysqli_fetch_array($count_result);

    <?php
    //计算留言页数
    $count_result=mysqli_query($conn,"SELECT count(*) FROM guestbook");
    $count_array=mysqli_fetch_array($count_result);
    $pagenum=ceil($count_array['count(*)']/$pagesize);
    echo '共 ',$count_array['count(*)'],' 条留言';
    if($pagenum>1) {
       for($i=1;$i<=$pagenum;$i++) {
           if($i==$p) {
              echo ' [',$i,']';
           } else {
              echo ' <a href="index.php?p=',$i,'">'.$i.'</a>';
           }
       }
    }
    ?>
```

5. 显示效果

视频

实现留言

可以在数据库中手动（利用 phpMyAdmin）写入若干条测试数据以测试显示效果。在保证读取显示无误后，后面设计用户留言入库出现问题时，便可排除是数据读取显示的问题。

运行显示效果如图 12-6 所示。

图 12-6　显示留言

到此已经完成了数据的读取显示，对于留言板具体的美化细节此处不再过多介绍。

12.6　PHP 留言板留言表单及留言处理

12.6.1　留言表单

留言板的留言表单位于 index.php 页面的下面部分，在显示完当前页的留言信息后显示留言表单以供来访用户输入并提交留言：

```
    <form id="form1" name="form1" method="post" action="liuy.php" onSubmit="return
InputCheck(this)">
    <h3> 发表留言 </h3>
    <p>
    <label for="title"> 昵      称 :</label>
    <input id="nickname" name="nickname" type="text" /><span>( 必须填写，不超过 16 个字
符串 )</span>
    </p>
    <p>
    <label for="title"> 电子邮件 :</label>
    <input id="email" name="email" type="text" /><span>( 非必须，不超过 60 个字符串 )</span>
    </p>
    <p>
    <label for="title"> 留言内容 :</label>
    <textarea id="content" name="content" cols="50" rows="8" ></textarea>
    </p>
```

```
<input type="submit" name="submit" value="  确 定  " />
</form>
```

12.6.2 JavaScript 检测代码

JavaScript 检测代码用于检测表单信息是否填写完整。在本实例中，要求留言者必须输入昵称及留言内容，而对于电子邮件可以不用必须输入：

```
<script language="JavaScript">
function InputCheck(form1)
{
  if (form1.nickname.value == "")
  {
    alert("请输入您的昵称。");
    form1.nickname.focus();
    return (false);
  }
  if (form1.content.value == "")
  {
    alert("留言内容不可为空。");
    form1.content.focus();
    return (false);
  }
}
</script>
```

需要说明的是，JavaScript 检测代码只是在当前页面友好地提醒用户将必须填写的信息填写完整，但不能保证提交到处理页面的信息也是完整的（如浏览器可以禁用 JavaScript 代码而使之失效）。因此在处理表单信息的 PHP 程序中仍需对表单信息进行检测。

12.6.3 留言表单信息处理

liuy.php 用于处理留言者提交的留言信息。该页面分为两部分：留言信息预处理与留言信息写入数据表。

1. 留言信息预处理

留言信息预处理部分首先要对信息的安全性进行处理，其次对有长度要求或格式要求（如 E-mail 格式）的进行处理：

```
//表单信息处理
$nickname=$_POST['nickname'];
$email=$_POST['email'];
$content=$_POST['content'];
```

接下来对昵称及电子邮件的长度限制进行检测，注意在本例中没有进行邮箱格式检测。

```
if(strlen($nickname)>16){
   exit('错误：昵称不得超过16个字符串 [ <a href="javascript:history.back()">返 回</a> ]');
}
if(strlen($nickname)>60){
```

```
    exit('错误：邮箱不得超过60个字符串 [ <a href="javascript:history.back()">返 回</a> ]');
}
```

2. 留言信息写入数据表

当留言信息处理完毕之后，可将数据写入对应的留言表：

```
//数据写入库表
require("./conn.php");
require("./function.php");

$createtime=time();
$ip=$ip1;
//$ip=$_SERVER["REMOTE_ADDR"];
//数据写入库表
$insert_sql="INSERT INTO guestbook(nickname,email,face,content,createtime,clientip)
VALUES";
$insert_sql.="('$nickname','$email',$_POST[face],'$content',$createtime,'$ip')";

if(mysqli_query($conn,$insert_sql)){
?>
```

要注意的是 IP 的获取方法

```
$ip=$ip1;
```

在 function.php 中编写代码获取 ip。

```
<?php
/******************************
* function.php 公共函数文件
******************************/

//获取客户端IP地址
$ip1=$_SERVER["REMOTE_ADDR"];

//echo $ip1;
// ?>
```

这里是很普通的 mysqli_query () 函数数据写入操作。由于写入成功后要使用 html meta 的 Refresh 属性自动转至留言主界面，因此在两段 PHP 代码间插入了 html 代码。

至此，整个 PHP 留言板程序的前台用户留言及展示部分已经完成。

12.7　PHP 留言板后台管理登录

12.7.1　登录表单

登录前台页面是 login.html。

login.html 用于输出留言板后台管理登录表单及处理登录用户名 / 密码验证。登录表单代码如下：

```
    <form id="form1" name="form1" method="post" action="login.php" onSubmit="return
InputCheck(this)">
    <h1> 请输入管理员密码 </h1>
    <p>
    <input type="hidden" name="username" value="admin" />
    <label for="password"> 密  码 :</label>
    <input id="password" name="password" type="password" />
    </p>
    <input type="submit" name="submit" value=" 确  定 " />
    </form>
```

测试结果如图 12-7 所示。

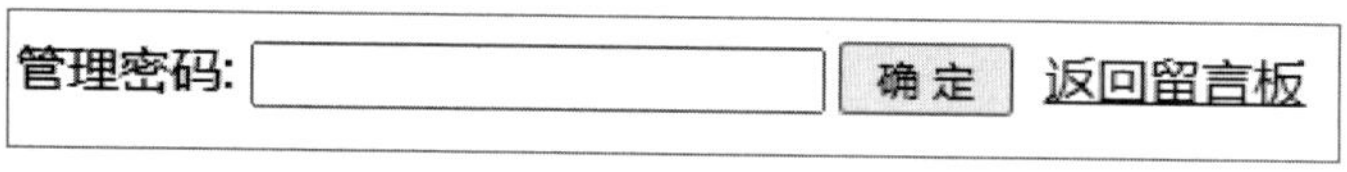

图 12-7　登录表单测试结果

12.7.2　JavaScript 检测代码

本段 JavaScript 代码的功能仅仅是要求密码不可为空：

```
<script language="JavaScript">
function InputCheck(form1)
{
  if(form1.password.value=="")
  {
    alert(" 请输入密码。");
    form1.password.focus();
    return (false);
  }
}
</script>
```

12.7.3　登录密码检测

该段代码用于从 user 表中检测管理员账户 / 密码正确与否：

```
    <?php
    /*****************************
    * login.php 登录验证处理文件
    *****************************/
    session_start();
    header('Content-type:text/html; charset=gb2312');


    // 如果检测到已登录，直接跳转至管理页面
    if(isset($_SESSION['username'])){
       header("Location: http://".$_SERVER['HTTP_HOST'].rtrim(dirname($_SERVER
['PHP_SELF']), '/\\')."/admin.php");
```

```
        exit;
    }


    @$username=$_POST['username'];
    @$password=$_POST['password'];

    //包含数据库连接文件
    include('conn.php');

    //检测用户名及密码是否正确

        $result = mysqli_query($conn,"select uid from user  where username=
'$username' and password='$password' limit 1");

    if($row=mysqli_fetch_array($result))
    {
        //登录成功
        $_SESSION['username']=$username;
        $_SESSION['userid']=$row['uid'];
        echo $username,' 欢迎你！进入 <a href="admin.php">管理中心</a><br />';
         echo "<a href='logout.php'>注销</a>";
        // exit;
    }
    else
    {
        exit('登录失败！点击此处 <a href="login.html">返回</a> 重试');
    }
    ?>
```

登录成功后，进入 login.php 页面，如图 12-8 所示。单击“管理中心”超链接，进入 admin.php，如图 12-9 所示。

图 12-8　管理后台

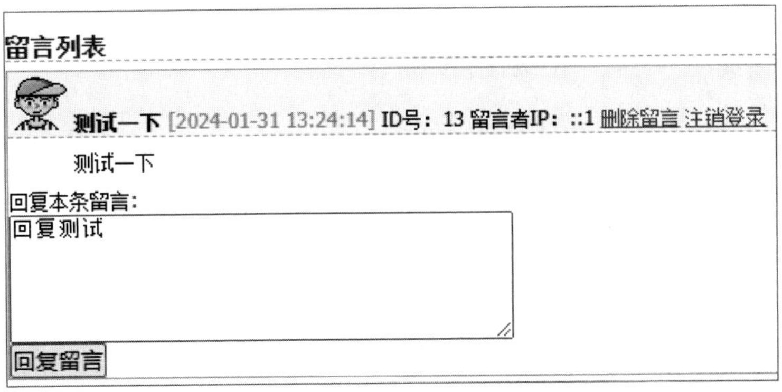

图 12-9　管理员回复页面

对于数据库用户名 / 密码验证可参考 PHP 用户登录与退出。

说明：

（1）这段用户名 / 密码检测的代码应该是放置于整个页面开始部分，也就是登录表单上面，只是为了便于理解，此处先列出了表单登录部分内容。

（2）登录表单中默认设置用户名为 admin，可根据实际情况进行修改或者修改成输入用户名的方式。

（3）如果需要将本登录与其他登录一起管理（如网站整站登录管理），可以省略本登录页面，在留言板程序的 admin.php、reply.php 需要权限验证的页面中设定与其他管理同样的权限验证条件即可。

12.8 PHP 留言板系统后台管理

12.8.1 后台管理功能分析

admin.php 用于留言板系统的后台管理，其逻辑基本与 index.php 相同，分页输出各条留言，只是增加了如下功能：

登录检测：在此页面开始部分增加管理用户登录判断，如果是未登录而直接访问该页面，则重定向至登录页面 login.php。

回复、删除等管理功能：每条回复提供一个回复表单及一个删除超链接。

在 reply.php 文件中处理 admin.php 表单提交过来的留言回复及对留言的删除。另外，reply.php 也要进行用户登录判断，以防止非法操作。

12.8.2 后台管理主页面 admin.php

视频

管理员登录

1. 登录检测

在需要权限才能操作的界面都应该先进行用户登录检测，复杂情况下还要进行权限检测。本留言板实例需要进行登录检测的有 admin.php 和 reply.php 两个页面。

登录检测代码如下：

```
session_start();
//未登录则重定向到登录页面
if(!isset($_SESSION['username'])){
      header("Location: http://".$_SERVER['HTTP_HOST'].rtrim(dirname
($_SERVER['PHP_SELF']), '/\\')."/login.php");
     exit;
}
```

2. 留言列表管理功能

留言管理界面需要加入的管理功能为留言回复表单与留言删除超链接，这里大部分代码与 index.php 页面一致，因此部分重复代码会省略：

```
require("./conn.php");
```

```
    require("./config.php");

    //…

    while($gb_array=mysqli_fetch_array($result)){
        echo $gb_array['nickname'],' ';
        echo '发表于: ',date("Y-m-d H:i", $gb_array['createtime']);
        echo ' ID号: ',$gb_array['id'],'<br />';
        echo '内容: ',nl2br($gb_array['content']),'<br />';

    ?>
    <div id="reply">
    <form id="form1" name="form1" method="post" action="reply.php">
    <p><label for="reply">回复本条留言:</label></p>
    <textarea id="reply" name="reply" cols="40" rows="5"><?=$gb_array['reply']?></textarea>
    <p>
    <input name="id" type="hidden" value="<?=$gb_array['id']?>" />
    <input type="submit" name="submit" value="回复留言" />
    <a href="reply.php?action=delete&id=<?=$gb_array['id']?>">删除留言</a>
    </p>
    </form>
    </div>
    <?
        echo '<hr />';
    }
```

// 以下是分页显示代码，只需将 index.php 相应代码处的 index.php 改成 admin.php 即可。

3. 补充说明

在回复的表单中，增加了隐藏元素用于标识该条留言的 id：

```
<input name="id" type="hidden" value="<?=$gb_array['id']?>" />
```

如果回复已存在，则直接显示在文本框中：

```
<textarea id="reply" name="reply"><?=$gb_array['reply']?></textarea>
<?=$gb_array['reply']?> 是一种 PHP 代码的简写，常用于简短输出，其效果相当于：
<?php
echo $gb_array['reply'];
?>
```

12.9　PHP 留言板后台管理回复及删除留言处理

视频

管理员回复及删除数据

12.9.1　留言回复

reply.php 文件用于留言板中处理管理员对留言的回复及删除功能。

同样为防止未经登录的非法操作，需要做登录检测：

```
    session_start();
    //未登录则重定向到登录页面
    if(!isset($_SESSION['username'])){
        header("Location: http://".$_SERVER['HTTP_HOST'].rtrim(dirname($_SERVER['PHP_SELF']),
'/\')."/login.php");
        exit;
    }
    下面是对留言的回复处理代码:
    require("./conn.php");
    if($_POST){
       $reply=$_POST['reply'];

        // 回复为空时，将回复时间置为空
        $replytime=$reply?time():'NULL';
        $update_sql="UPDATE guestbook SET reply = '$reply',replytime = $replytime
WHERE id=$_POST[id]";
        if(mysqli_query($update_sql)){
              exit('<script language="javascript">alert("回复成功！ ");self.location="admin.
php";</script>');
        } else {
            exit('留言失败: '.mysql_error().'[ <a href="javascript:history.back()">返 回
</a> ]');
        }
    }
```

上面对于时间的处理需要注意一下，当回复内容为空时，那么认为是将原来的回复内容清空，这时候需要将对应的回复时间也设置为空（replytime = NULL）。

在回复成功时，这里采用 JavaScript 重定向到 admin.php 页面，与 submiting.php 页面中留言成功基于 meta Refresh（实现页面自动刷新）重定向方式略有不同，具体采用哪种方式视实际情况或个人喜好而定。

12.9.2 留言删除

留言板程序中删除留言的处理很简单，只要判断为以 HTTP GET 方式请求该页并且 URL 参数中 action=delete，那么就执行删除相关留言记录的 SQL 语句。

下面是对留言的删除处理代码：

```
    //删除留言
    if($_GET['action']=='delete'){
        $delete_sql="DELETE FROM guestbook WHERE  id=$_GET[id]";
        if(mysqli_query($conn,$delete_sql)){
            exit('<script language="javascript">alert("删除成功！ ");self.location="admin.php";
</script>');
        } else {
            exit('留言失败: '.mysql_error().'[ <a href="javascript:history.back()">返
回</a> ]');
        }
    }
```

注意该句代码添加了 $conn：

```
if(mysqli_query($conn,$delete_sql)){
```

留言删除用了 delete 语句，主要是要传递 id 值。

小　　结

本章主要介绍了数据操作的留言功能，该功能涉及数据的插入、读取、用户登录，数据的删除、分页显示等，读者需要自己多加练习。

习　　题

1. 完成本章的所有上机内容。
2. 根据录制的视频上机操作其他留言板制作。
3. 练习 PHP 用户投票系统和用户注册发送邮件的方法。

参 考 文 献

[1] 传智播客高教产品研发部 . PHP 程序设计基础教程 [M]. 北京：中国铁道出版社，2015.

[2] 明日科技 . PHP 入门到精通 [M]. 北京：清华大学出版社，2017.